Photoshop CS6 从新手到高手

凤凰高新教育 陈梦园◎编著

内容提要

Photoshop是图像处理与广告设计界应用最广泛、使用者最多的图像软件，而Photoshop CS6是当前市面上使用最多的版本。本书针对Photoshop初学者设计内容，共分13章，通过43个实例、31个技能拓展、12个同步实训、14个综合案例，讲解Photoshop CS6图像处理入门操作，选区的创建与编辑，图像的绘制与修饰修复，图层、路径、文字、蒙版、通道的应用，图像色彩调整方法，滤镜的应用，文件自动化处理，Web图像及动画的制作等技能知识。最后，为增强读者的动手能力，安排了18个商业案例实训（分为初级版、中级版、高级版），由浅入深，层层递进，来巩固读者的学习技能及综合应用能力。

本书非常适合广大Photoshop初学者，也适合有一定的操作技能水平，想提高图像处理与设计能力的进阶者。同时，本书还可以作为广大职业院校及计算机培训学校相关专业的教材参考用书。

图书在版编目(CIP)数据

Photoshop CS6从新手到高手：超值全彩版 / 凤凰高新教育，陈梦园编著. —北京：北京大学出版社，2018.1

ISBN 978-7-301-28872-6

Ⅰ. ①P… Ⅱ. ①凤… Ⅲ. ①图象处理软件 Ⅳ. ①TP391.413

中国版本图书馆CIP数据核字(2017)第253494号

书　　名　Photoshop CS6从新手到高手（超值全彩版）
　　　　　Photoshop CS6 CONG XINSHOU DAO GAOSHOU
著作责任者　凤凰高新教育　陈梦园　编著
责任编辑　尹　毅
标准书号　ISBN 978-7-301-28872-6
出版发行　北京大学出版社
地　　址　北京市海淀区成府路205号　100871
网　　址　http://www.pup.cn　新浪微博：@北京大学出版社
电子信箱　pup7@pup.cn
电　　话　邮购部62752015　发行部62750672　编辑部62580653
印 刷 者　北京大学印刷厂
经 销 者　新华书店
　　　　　880毫米×1230毫米　32开本　10印张　352千字
　　　　　2018年1月第1版　2018年1月第1次印刷
印　　数　1—3000册
定　　价　49.00元

前言

Preface

⋆ 如果你是一个PS图像处理菜鸟，只会简单的PS图像处理技能。

⋆ 如果你已熟练使用PS，但想利用碎片时间来不断提升PS技能。

⋆ 如果你想成为职场达人，轻松搞定日常工作。

那么，这本《Photoshop CS6从新手到高手（超值全彩版）》是您最佳的选择！

一、本书特色

■ 案例教学，操作性强

本书最大的特点就是以“案例讲解＋任务驱动”方式为写作线索，通过43个实例、31个技能拓展、12个同步实训、14个综合案例，系统并全面地讲解Photoshop CS6图像处理与设计的相关技能。同时在书的附录部分还添加了18个“上机实训题”案例，实训内容由易到难，由浅到深，巩固读者所学知识。

■ 双栏排版，全彩印刷

本书采用“双栏高清”排版方式，信息容量是传统单栏排版图书的两倍，并且采用“全彩印刷”模式，真实还原案例实际效果及操作界面，让读者看得清楚，直接提高学习效率。

■ 书盘结合，易学易会

本书还配有一张超大容量的多媒体教学光盘，内容丰富，既有与书同步的学习素材资源文件、案例效果文件，也有同步的视频教学文件，以及其他相关资源。读者可以书盘结合学习，效果倍增。

二、超值光盘

1. 素材文件与结果文件

素材文件：即本书中所有章节实例的素材文件。全部收录在光盘中的“素材文件\第*章”文件夹中。读者在学习时，可以参考图书讲解内容，打开对应的素材文件进行同步操作练习。

结果文件：即本书中所有章节实例的最终效果文件。全部收录在光盘中的“结果文件\第*章”文件夹中。读者在学习时，可以打开结果文件，查看其实例的制作效果，为自己在学习中的练习操作提供参考帮助。

2. 视频教学文件

赠送与书同步的长达 7 小时的视频教程。读者可以通过相关的视频播放软件（Windows Media Player、暴风影音等）打开每章中的视频文件进行学习，并且有语音讲解，非常适合无基础读者学习。

赠送长达 10 小时的 PS 商业广告设计实战教学视频。让读者掌握 Photoshop 图像处理技能的同时，也能通过本视频内容的学习，从“小白”快速成长为一位 PS 商业广告设计大师。

3.PPT 课件

本书为教学老师们提供了非常方便的 PPT 教学课件，各位老师选择该书作为教材，不用再担心没有教学课件，自己也不必再劳心费力地制作课件内容。

4.PS 设计资源

丰富的图像处理与设计资源，读者不必再花心血去搜集设计资料，拿来即用，包括 37 个图案、40 个样式、90 个渐变组合、185 个相框模版、187 个形状样式、249 个纹理样式、175 个特效外挂滤镜资源、408 个笔刷、1560 个动作。

5. 职场高效人士必会

赠送高效办公电子书。内容包括“手机办公 10 招就够”“商业广告设计印刷必备手册”电子书。

赠送“5 分钟学会番茄工作法”视频教程。教会读者在职场中高效地工作、轻松应对职场。

赠送“10 招精通超级时间整理术”视频教程。专家传授 10 招时间整理术，教会您如何整理时间、有效利用时间。

温馨提示：以上光盘内容，还可以通过登录精英网（www.elite168.top），注册为网站用户，点击“资源下载”链接，选择与本书对应的图书，输入提取密码（4i17）进行免费下载。

三、本书作者

本书由凤凰高新教育策划，由 Photoshop 教育专家陈梦园老师执笔编写。陈老师具有丰富的 Photoshop 应用技巧和设计实战经验，对于辛勤付出在此表示衷心的感谢！同时，由于计算机技术发展非常迅速，书中疏漏和不足之处在所难免，敬请广大读者及专家指正。

投稿信箱：pup7@pup.cn

读者信箱：2751801073@qq.com

读者交流 QQ 群：218192911（办公之家）、363300209

目录

Contents

第1章 Photoshop CS6 快速入门

Photoshop CS6 功能强大，使用范围非常广泛。本章将带领读者学习 Photoshop CS6 的基础知识，使用户对 Photoshop CS6 软件有初步的了解。

※ 认识 Photoshop CS6 ※ Photoshop CS6 的应用范围
※ 图像的基础知识 ※ Photoshop CS6 的入门操作
※ 更改颜色模式和文件格式 ※ 调整浮动面板 ※ 调整工作界面

案例展示

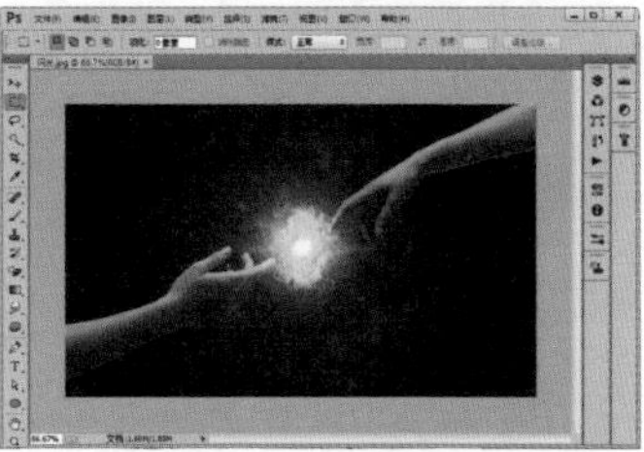

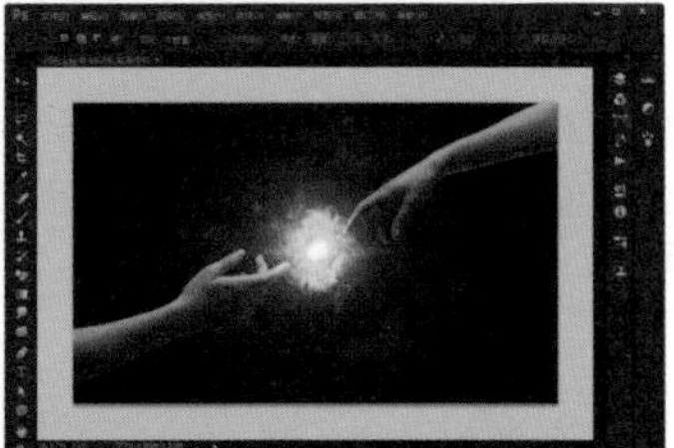

1.1 Photoshop CS6 介绍

Photoshop 经过近 20 年的发展完善，应用极其广泛，被誉为“神奇的魔术师”。

1.1.1 认识 Photoshop CS6

Adobe Photoshop，简称“PS”，是由 Adobe Systems 公司开发和发行的图像处理软件。Photoshop 主要处理由像素所构成的数字图像。CS6 是它的版本编号。

1.1.2 Photoshop CS6 的应用范围

Photoshop CS6 的应用十分广泛，包括平面设计 、3D 动画、数码艺术、网页制作、矢量绘画、多媒体制作等。

1. 平面设计

在平面设计与制作中，Photoshop 完全渗透于平面广告、包装、海报、POP、书籍装帧、印刷、制版等各个方面。

2. 网页设计

Photoshop 可用于设计和制作网页界面，将制作好的网页页面导入 Dreamweaver 中进行处理。

3. 插画设计

使用 Photoshop 可以绘制风格多样的插画和插图，其范围延伸到网络、广告、CD 封面、T 恤等，插画已成为新文化群体表达文化意识形态的利器。

4. 界面设计

在界面设计中，Photoshop 承担着主要的作用，通过渐变、图层样式和滤镜等功能可制作出各种真实质感与特殊效果，广泛应用于软件界面、游戏界面、手机操作界面、MP4、智能家电等的设计。

5. 绘画与数码艺术

Photoshop 拥有超强的图像编辑功能，为数码艺术品的创作带来无限广阔的创作空间，可对图像进行修改、合成，制作出充满想象力与艺术力的作品。

6. 数码照片处理

在数码摄影后期处理中，Photoshop 更是占据了举足轻重的地位，可以使用它对数码作品进行二次创作，即对作品进行校色、图像修饰修复、创意特效制作与合成等。

7. 动画与 CG 设计

使用 Photoshop 可以制作效果逼真的人物皮肤贴图、场景贴图和各种质感的材质，还可以较快地进行动画渲染。

8. 效果图后期

制作建筑或室内效果图时，渲染出的图片通常都要在 Photoshop 中做后期处理。例如，人物、车辆、植物、天空、景观和各种装饰品都可以在 Photoshop 中进行添加，这样可以增加画面的美感，并节省渲染时间。

1.2 实例 1：更改图像、画布大小和文件格式

本案例主要通过更改图像、画布大小和文件格式，学习 Photoshop CS6 的基础操作，包括打开、存储和关闭文件等操作。

1.2.1 打开文件

在 Photoshop CS6 中编辑图像文件时，需要先将其打开，具体操作步骤如下。

Step01 选择“文件”菜单命令，在打开的子菜单中，选择“打开”命令。

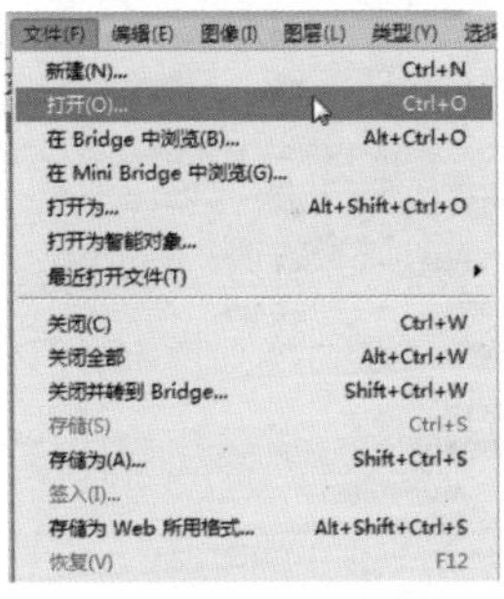

Step02 打开“打开”对话框，在左上角选择文件路径，然后选择一个要打开的文件（光盘\素材文件\第 1 章\画.jpg），单击“打开”按钮。

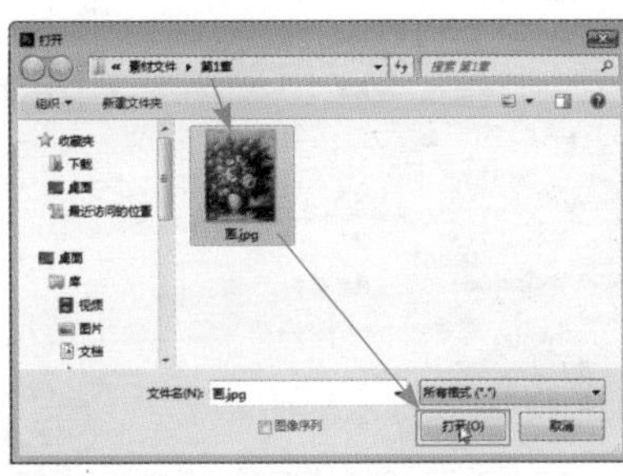

Step03 通过前面的操作，在 Photoshop CS6 中打开文件。

小技巧

在 Photoshop CS6 操作界面中，双击空白区域可以快速打开“打开”对话框。

1.2.2 更改图像大小

通常情况下，图像尺寸越大，图像文件所占空间也越大。

执行“图像”→“图像大小”命令，打开“图像大小”对话框。

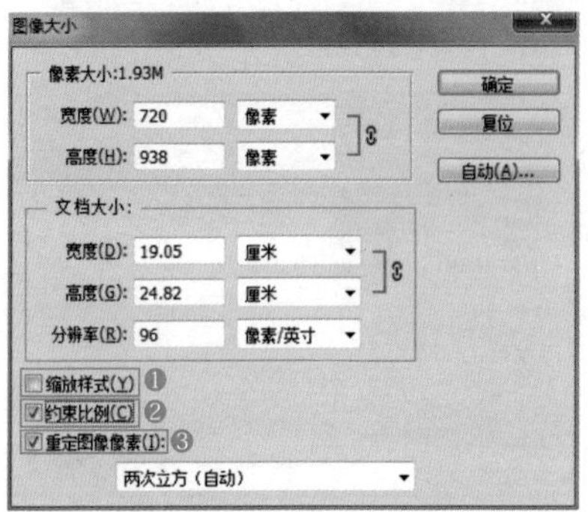

“图像大小”对话框中最下面几个复选框的含义如下。

❶	**缩放样式：**如果文档中的图层添加了图层样式，选择该复选框后，可在调整图像的大小时自动缩放样式效果
❷	**约束比例：**选中此复选框时，在单独改变图像的宽度或高度时，高度或宽度也会随之成比例改变；如果不选此复选框，则在改变其中一项时，另一项不会发生改变

续表

❸	**重定图像像素：**选中此复选框，当改变图像大小时，图像所包含的像素量也会随之增加或减少。其中，当图像变大时，其增添像素的方式由后面的下拉菜单决定。“两次立方”是最精确的一种增添像素的方式，但速度最慢；如果不选中此复选框，则“文档大小”栏中的三个数值项都被锁定，无论图像是变大，还是变小，都是通过自动调整分辨率的大小来适应大小变化，不会引起像素总量的增减

接下来通过“图像大小”命令调整图像的大小。

Step01 执行“图像”→“图像大小”命令，在打开的“图像大小”对话框中，取消选中“约束比例”复选框，设置“宽度”和“高度”为 10 厘米，单击“确定”按钮。

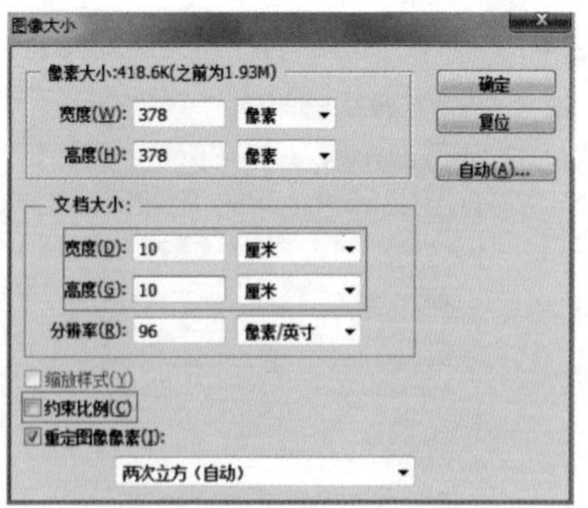

Step02 通过前面的操作，更改图像大小。

按“Alt+Ctrl+I”组合键，可以快速打开“图像大小”对话框。

1.2.3 更改画布大小

画布就是绘画时使用的纸张。在Photoshop CS6 中，可以随时调整画布（纸张）的大小。

执行“图像”→“画布大小”命令，打开“画布大小”对话框，对话框中各选项含义如下。

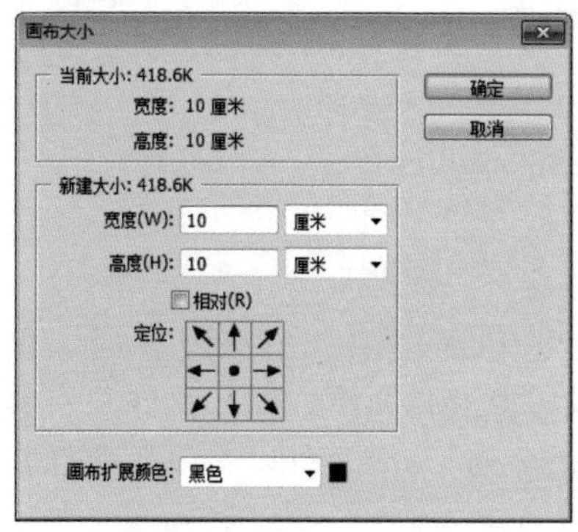

当前大小	显示了图像宽度和高度的实际尺寸和文档的实际大小
新建大小	在“宽度”和“高度”框中输入画布的尺寸。当输入的数值大于原来尺寸时会增加画布，反之则减小画布
相对	选中该项，“宽度”和“高度”复选框中的数值将代表实际增大或者减小的区域的大小
定位	单击不同的方格，可以指示当前图像在新画布上的位置
画布扩展颜色	在该下拉列表中可以选择填充新画布的颜色

使用“画布大小”命令为图像创建灰色边框的具体操作步骤如下。

Step01 执行“图像”→“画布大小”命令，打开“画布大小”对话框。

设置“宽度”和“高度”均为 11 厘米，“画布扩展颜色”为灰色，单击“确定”按钮。

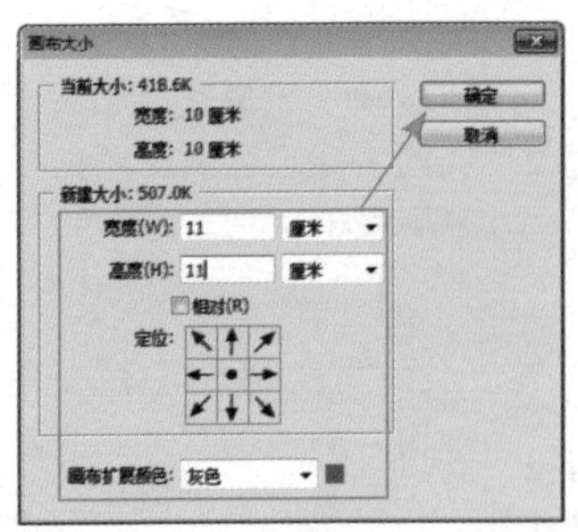

Step02 通过前面的操作，为图像添加灰色边框。

1.2.4 更改文件格式并另存文件

文件格式是计算机记录图像文件的方式。用户可以选择最适用的保存方式，具体操作步骤如下。

Step01 执行“文件”→“存储为”命令，打开“另存为”对话框，在左上角选择存储路径，在下方设置“文件名”。在“保存类型”下拉列表框中选择需要更改的文件格式，如选择 BMP 格式，单击“保存”按钮。

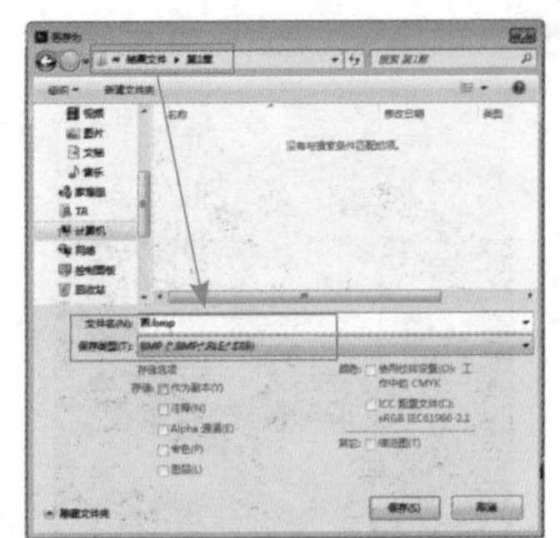

Step02 弹出相应文件格式设置对话框，单击“确定”按钮。

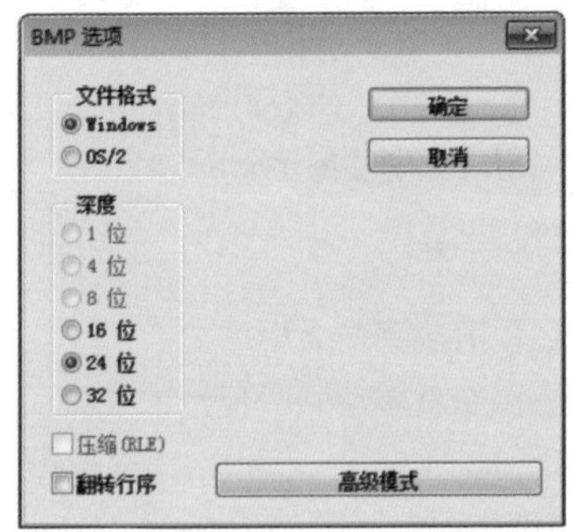

小技巧

执行“文件”→“存储”命令，或按“Ctrl+S”组合键将直接保存文件。

1.2.5 关闭文件

执行“文件”→“关闭”命令，可以关闭当前文件。执行“文件”→“关闭全部”命令，可以关闭所有打开文件。

1.3 实例 2：调整工作界面

本案例主要通过调整工作界面，使用户熟练掌握调整 Photoshop CS6 操作界面的方法。

1.3.1 拆分面板

启动 Photoshop CS6，打开文件后，进入默认操作界面。操作界面包括菜单栏、工具选项栏、文档窗口、状态栏及面板等组件，具体操作步骤如下。

Step01 按住鼠标左键，选中对应的图标或标签，将其拖至工作区中的空白位置。

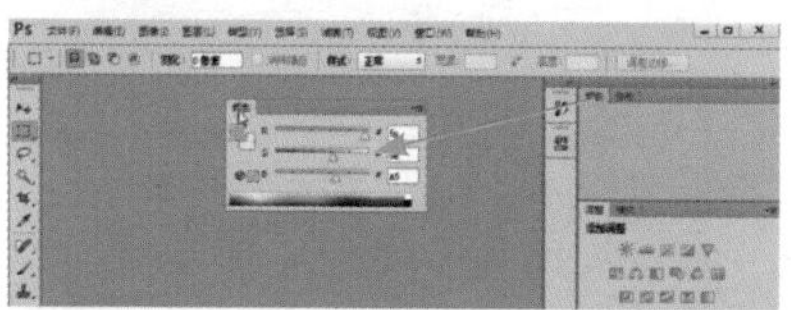

Step02 释放鼠标左键，面板就被拆分开来。

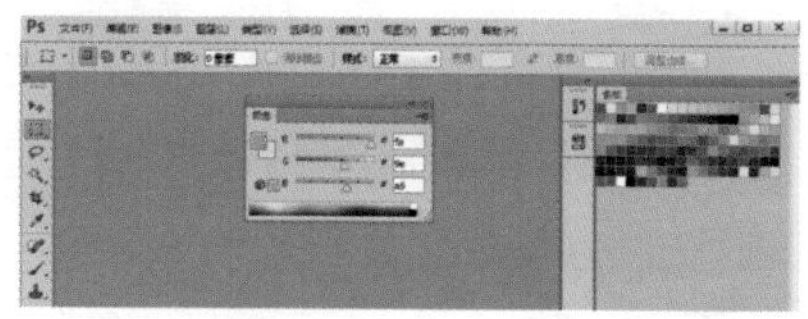

1.3.2 组合面板

组合面板可以将两个或者多个面板合并到一个面板中，具体操作步骤如下。

Step01 执行“窗口”→“信息”命令，打开“信息”面板组。将鼠标指针放在面板的标题栏上，单击并将其拖动到另一个面板的标题栏上。

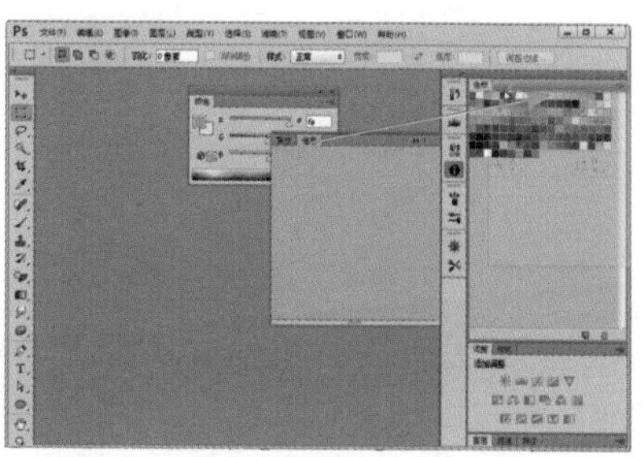

Step02 出现蓝色框时，释放鼠标，即可完成对面板的拼合操作。

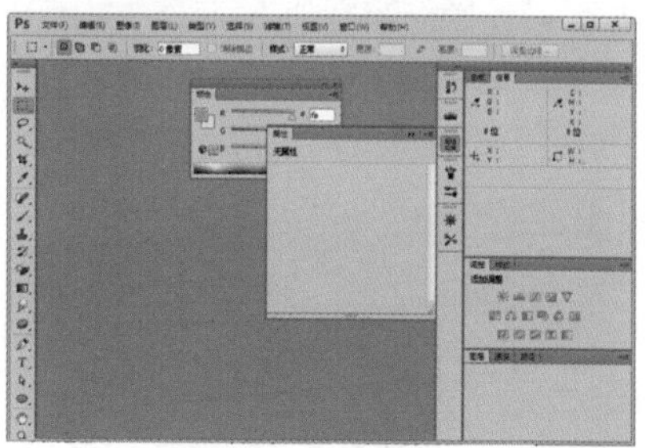

1.3.3 关闭面板

当不再需要某些面板时，可以将它关闭，使操作界面更加简洁，具体操作步骤如下。

Step01 单击拆分出的“颜色”面板右上角的“关闭”按钮 x 将其关闭。

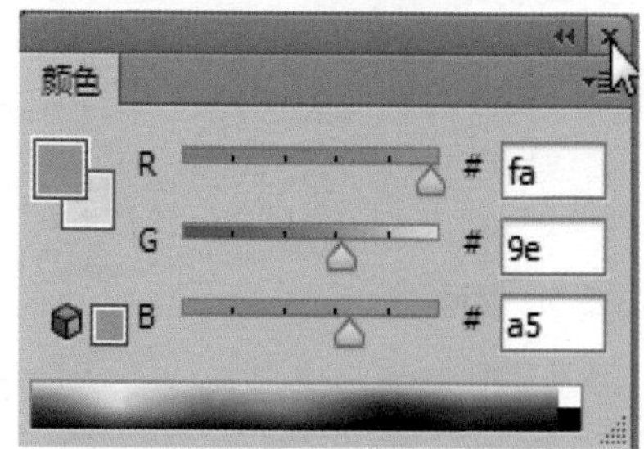

Step02 使用相同的方法，关闭“属性”面板。

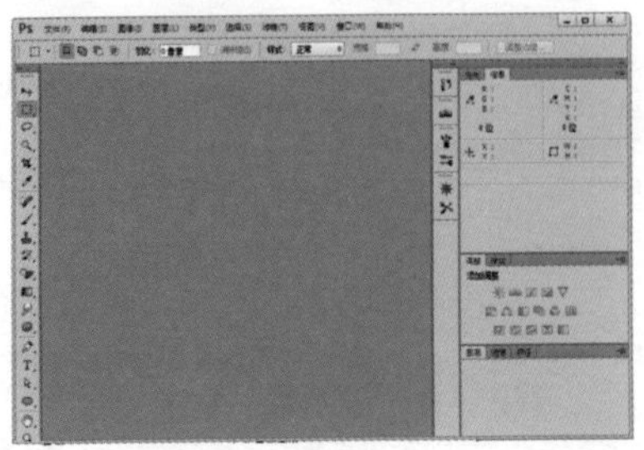

1.3.4 折叠 / 展开面板

为了节省操作空间，可以折叠面板，具体操作步骤如下。

Step01 单击面板右上角的“折叠”按钮。

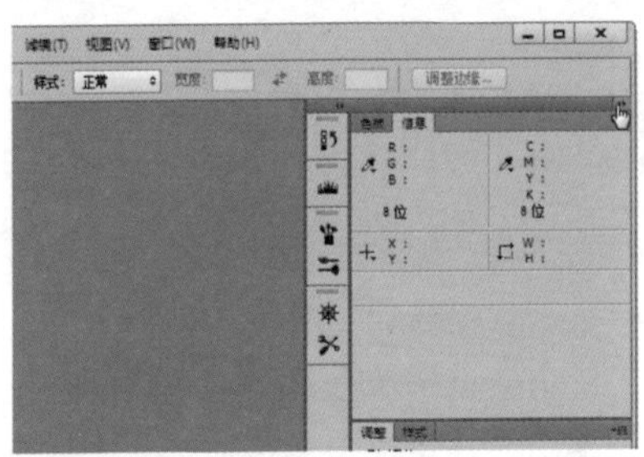

Step02 通过前面的操作，可以将面板折叠为图标。

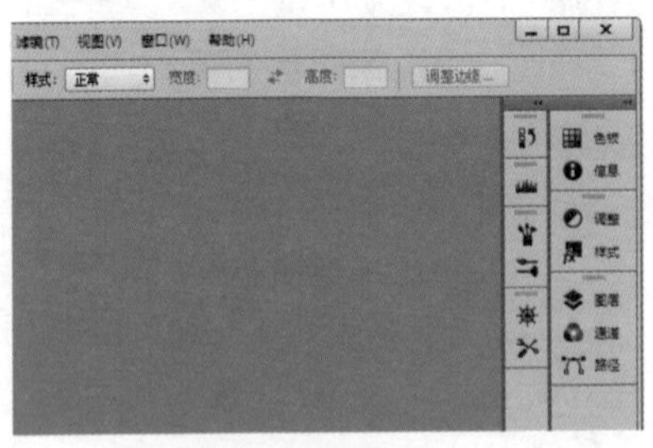

1.3.5 调整面板大小

面板处于浮动状态时，移动鼠标指针至面板(左)右侧边框，当鼠标指针变为⟺形状时，拖动可调整面板宽度。

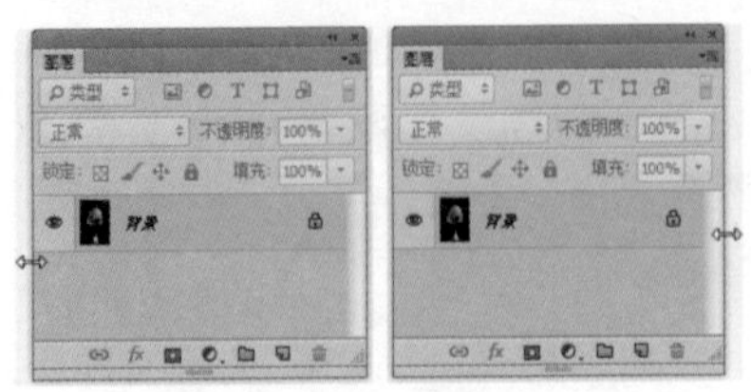

移动鼠标指针至面板下侧边框，当鼠标指针变为⇕形状时，拖动可调整面板高度。

移动鼠标指针至面板(左)右下角边框，当鼠标指针变为⤡形状时，拖动可同时调整面板宽度和高度。

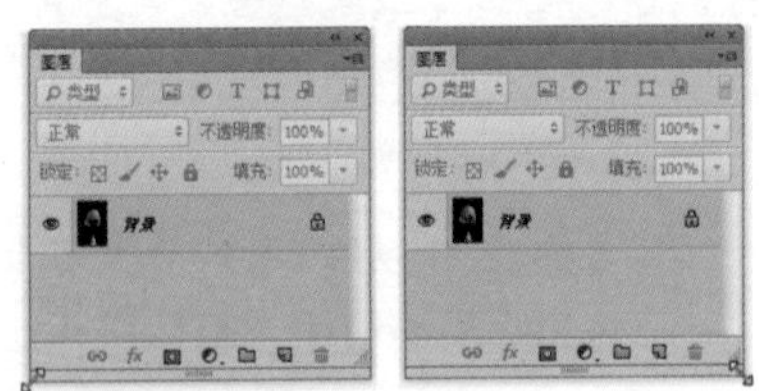

1.3.6 窗口排列方式

如果打开了多个图像文件，可选择文档窗口的排列方式。具体操作步骤如下。

Step01 启动 Photoshop CS6 后，打开

多个图像文件。

Step02 执行“窗口”→“排列”命令，在子菜单中，选择排列方式，例如，选择“双联水平”命令。

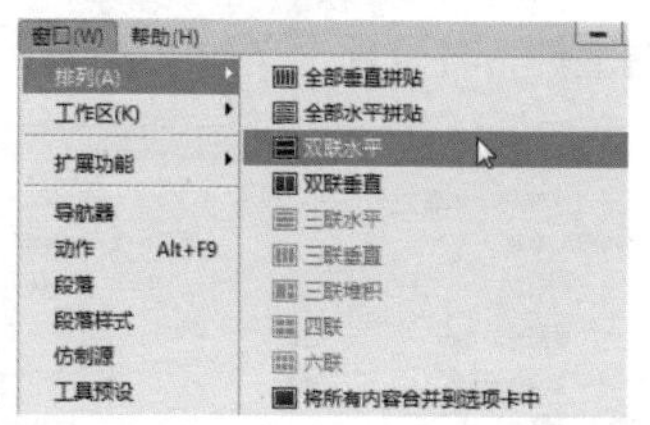

Step03 通过前面的操作，得到双联水平排列方式。

小技巧

默认情况下，窗口的排列方式是“将所有内容合并到选项卡中”，它的含义是全部屏幕只显示一个图像，其他图像最小化到选项卡中。

1.3.7 屏幕模式

Photoshop CS6 为用户提供了一组屏幕模式，切换也很方便，具体操作步骤如下。

Step01 单击工具箱底部的“屏幕模式”按钮，显示一组用于切换屏幕模式的命令，包括标准屏幕模式、带有菜单栏的全屏模式、全屏模式。例如，选择“全屏模式”命令。

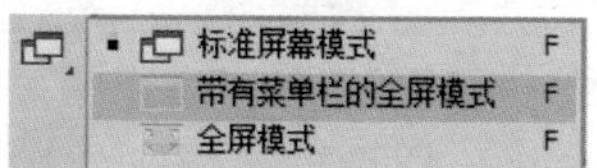

Step02 通过前面的操作，切换到带有菜单栏的全屏模式中。

小技巧

按“F”键可在各个屏幕模式间切换。

1.3.8 预设工作区

Photoshop CS6 为简化工作，专门为用户设计了几种预设工作区，包括绘画、摄影和动画等。

下面以摄影工作区为例，介绍工

作区的切换方法。具体操作步骤如下。

Step01 启动 Photoshop CS6，打开文件后，使用默认工作区。

Step02 执行“窗口”→“工作区”→“摄影”命令，切换到摄影工作区，该工作区会列出摄影图像常用的操作面板。

小技巧

长时间进行绘图操作后，工作界面通常会变得杂乱。执行“窗口”→“工作区”→“复位摄影”命令，可以恢复默认摄影工作区。其他工作区的复位方式相同。

·技能拓展·

一、新建文件

启动 Photoshop CS6 程序后，除了打开图像进行处理外，还可以新建一个文件。

执行“文件”→“新建”命令，打开“新建”对话框，在对话框中输入文件名称，设置文件尺寸、分辨率、颜色模式和背景内容等选项，完成设置后，单击“确定”按钮，即可新建一个空白文件，各选项含义如下表所示。

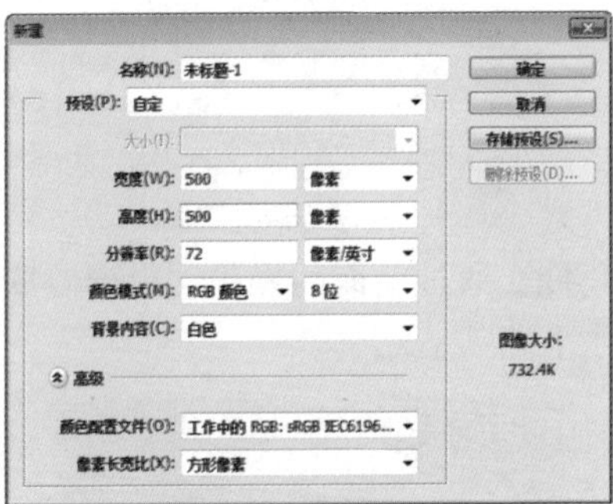

名称	可输入文件的名称，也可以使用默认的文件名“未标题 -1”
预设	提供了各种尺寸的照片、Web、A3、A4 打印纸、胶片和视频等常用的文档尺寸预设
宽度 / 高度	可输入文件的宽度和高度。在右侧的选项中可以选择单位

续表

分辨率	可输入文件的分辨率。在右侧选项可以选择分辨率的单位
颜色模式	可以选择文件的颜色模式
背景内容	可以选择文件背景内容，包括“白色”“背景色”和“透明”

小技巧

按“Ctrl+N”组合键快速打开“新建”对话框；按“Ctrl+O”组合键快速打开“打开”对话框。

二、图像基础知识

计算机中的图像可分为位图和矢量图两种类型。Photoshop 是典型的位图处理软件，但也包含矢量图处理功能。

1. 位图

位图也称为点阵图、栅格图像、像素图，它是由像素组成的。

位图的特点是可以表现色彩的变化和颜色的细微过渡，产生逼真的效果，但在保存时，需要记录每一个像素的位置和颜色值，因此，占用的存储空间也较大。

位图包含固定数量的像素，在对其缩放或旋转时，Photoshop 无法生成新的像素，它只能将原有的像素变大以填充多出的空间，产生的结果往往会使清晰的图像变得模糊。例如，放大眼睛位置，图像会变得模糊。

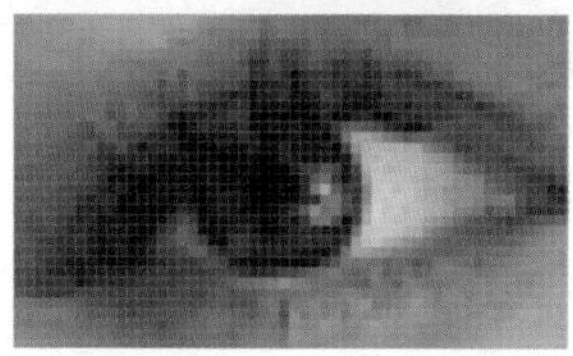

2. 分辨率

分辨率是指单位长度内包含的像素点的数量，它的单位通常为像素 / 英寸（ppi），如 72ppi 表示每英寸包含 72 个像素点。分辨率决定了位图细节的精细程度，通常情况下，分辨率越高，包含的像素越多，图像就越清晰。

3. 矢量图

矢量图也称为向量图，就是缩放不失真的图像格式。

矢量的最大优点是轮廓的形状更容易修改和控制，但是对于单独的对象，色彩上变化的实现没有位图方便。矢量图形与分辨率无关，即可以将它们缩放到任意尺寸，可以按任意分辨率打印，而不会丢失细节或降低清晰度。

三、常用文件格式

常用的图像文件格式包括 PSD 格式、JPEG 格式、TIFF 格式。

1．PSD 格式

PSD 格式是 Photoshop 默认的文件格式，它可以保留文档中的所有图层、蒙版、通道、路径、未栅格化文字、图层样式等。

2．JPEG 格式

JPEG 格式是由联合图像专家组开发的文件格式。它采用有损压缩方式，具有较好的压缩效果，但是将压缩品质数值设置较大时，会损失掉图像的某些细节。

3．TIFF 格式

TIFF 是一种通用的文件格式，所有的绘画、图像编辑和排版程序都支持该格式。而且，几乎所有的桌面扫描仪都可以产生 TIFF 图像。

· 同步实训 ·

更改操作界面的颜色

根据工作环境的不同，用户可以设置 Photoshop CS6 操作界面的颜色的具体操作步骤如下。

Step01 启动 Photoshop CS6，打开图像文件，进入 Photoshop CS6 操作界面。

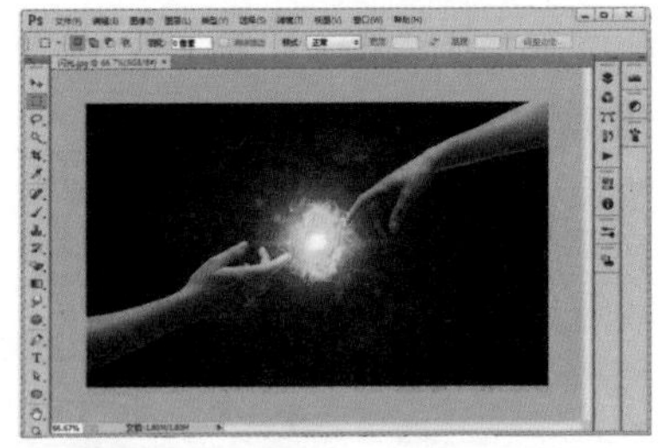

Step02 执行“编辑”→“首选项”→“界面”命令；在“外观”栏中，设置“颜色方案”为黑色。

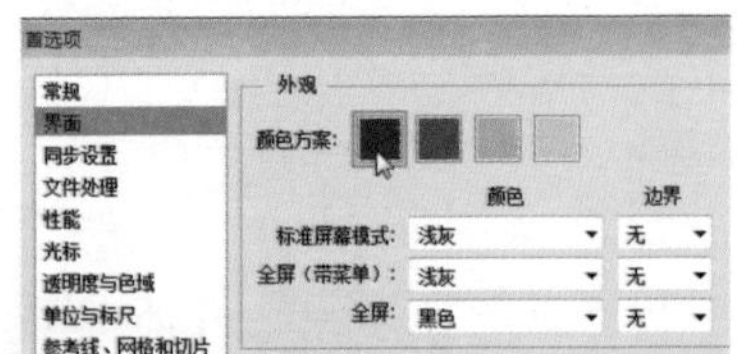

Step03 在“外观”栏中，在“标准屏幕模式”下拉列表框中选择“选择自定颜色”选项。

	颜色	边界
标准屏幕模式:	选择自定颜色...	无
全屏（带菜单）:	浅灰	无
全屏:	黑色	无

Step04 在弹出的“拾色器(自定画布颜色)”对话框中，在“#”文本框中输入颜色值(f6d3c4)，单击“确定”按钮。

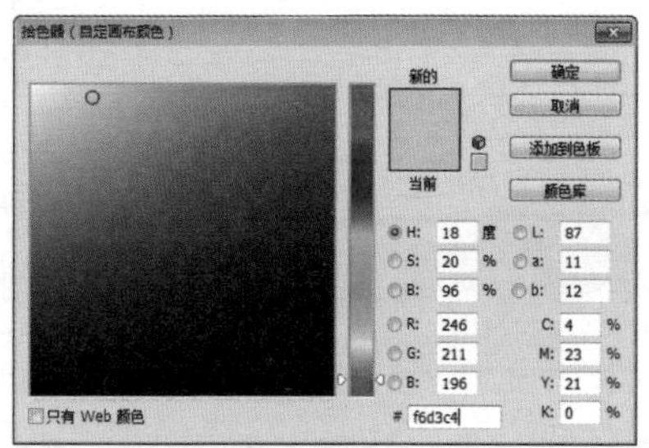

小技巧

在“拾色器(自定画布颜色)”对话框中，“#”文本框中是三位十六进制数，分别代表红、绿、蓝。

00 00 00：值最小，表示三色皆无，视为黑色。

FF FF FF：值最大，表示红、绿、蓝三原色混合后为白色。

Step05 在“标准屏幕模式”列表框中，设置“标准屏幕模式”的“边界”为投影。

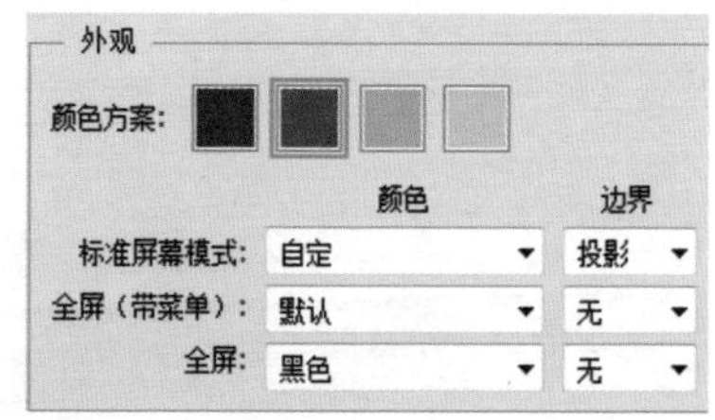

Step06 通过前面的操作，更改 Photoshop CS6 操作界面颜色为黑色，画布颜色为浅红色，并添加图像边界投影。

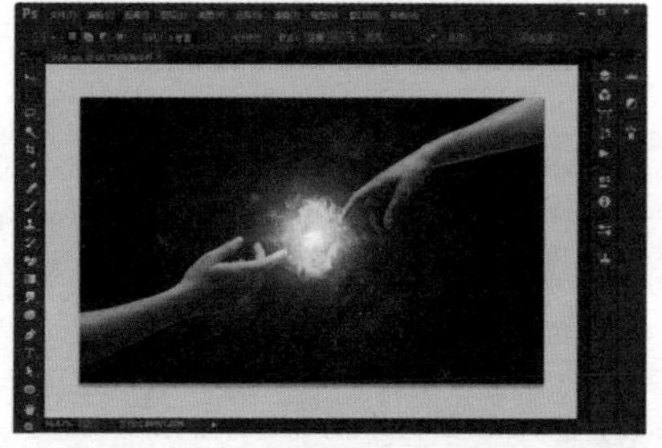

学习小结

本章主要介绍 Photoshop CS6 软件的入门操作、软件操作界面、图像颜色模式和文件格式等相关知识。重点内容包括图像存储格式、图像颜色模式、文件的基本操作等。熟练掌握这些入门操作知识，可以为进一步学习好 Photoshop CS6 打下基础。

第 2 章

图像处理的基础技能

图像处理的基础技能是学习 Photoshop 的阶梯。本章将带领读者学习图像处理的基础技能，使用户掌握 Photoshop CS6 的基础操作。

※ 调整视图　※ 变换图像　※ 裁剪图像
※ 画布大小　※ 图像大小　※ 辅助工具

案 例 展 示

2.1 实例 3：调整视图

本案例主要通过调整视图的大小、位置和方向，学习 Photoshop CS6 的基本视图操作。

2.1.1 缩放视图

选择工具箱中的"缩放工具"，其选项栏中常用参数的作用如下表所示。

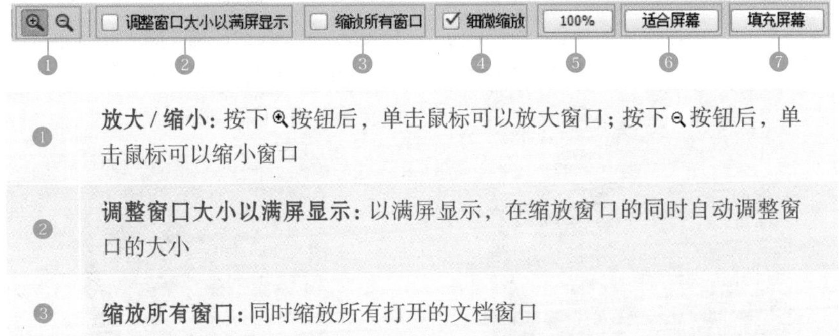

❶	**放大 / 缩小：** 按下 按钮后，单击鼠标可以放大窗口；按下 按钮后，单击鼠标可以缩小窗口
❷	**调整窗口大小以满屏显示：** 以满屏显示，在缩放窗口的同时自动调整窗口的大小
❸	**缩放所有窗口：** 同时缩放所有打开的文档窗口

续表

❹	**细微缩放：**选中该复选框后，在画面中单击并向左侧或右侧拖动鼠标，能够以平滑的方式快速放大或缩小窗口；取消选中时，在画面中单击并拖动鼠标，可以拖出一个矩形选框，放开鼠标后，矩形选框内的图像会放大至整个窗口。按住“Alt”键操作，可以缩小矩形选框内的图像
❺	**100%：**单击该按钮，图像以实际像素即 100% 的比例显示。也可以双击缩放工具来进行同样的调整
❻	**适合屏幕：**单击该按钮，可以在窗口中最大化显示完整的图像。也可以双击抓手工具来进行同样的调整
❼	**填充屏幕：**单击该按钮，可以在整个屏幕范围内最大化显示完整的图像

使用“缩放工具”放大视图的具体操作步骤如下。

Step01 打开“光盘\素材文件\第 2 章\颜料.jpg”文件。在工具箱中，单击“缩放工具”图标。

Step02 将鼠标指针放在画面中，鼠标指针会变成可放大状态，单击可以放大窗口的显示比例。

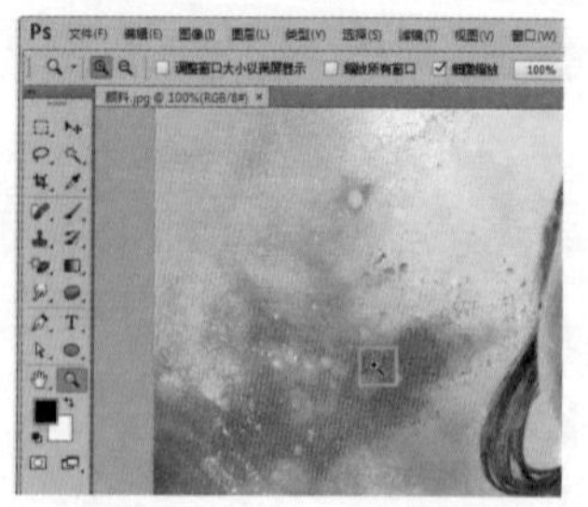

小技巧

按住“Alt”键，鼠标指针变成形状时，单击可缩小窗口的显示比例。

按“Ctrl++”组合键可以快速放大视图，按“Ctrl+−”组合键可以快速缩小视图。

2.1.2 平移视图

放大窗口的显示比例而不能显示全部图像时，可以使用“抓手工具”移动画面，查看图像的不同区域。

使用“抓手工具”，单击并拖动鼠标，即可移动画面。

小技巧

使用其他工具时，按住空格键可切换到“抓手工具”。

2.1.3 旋转视图

使用“旋转视图工具”旋转画布，就像在纸上绘画一样方便，具体操作步骤如下。

Step01 选择“旋转视图工具”，在窗口中单击，出现一个罗盘，红色指针指向北方。

Step02 按顺时针或逆时针方向拖动鼠标，即可旋转视图方向。

2.2 实例 4：为图像添加心形装饰

本案例主要通过为图像添加心形装饰，学习 Photoshop CS6 的基本变换操作，包括缩放、旋转、扭曲和斜切等。

2.2.1 选择图像

“移动工具”是最常用的工具之一，无论是移动图层、选区内的图像，还是将其他文档中的图像拖入当前文档，都需要使用“移动工具”。

选择工具箱中的“移动工具”，其选项栏中常用参数的作用如下表所示。

1	**自动选择：**如果文档中包含多个图层或组，选择“图层”，使用移动工具在画面中单击时，可以自动选择包含像素的最顶层的图层；选择“组”，可以选择包含像素的最顶层的图层所在的图层组
2	**显示变换控件：**选中该复选框后，选择一个图层时，就会在图层内容的周围显示定界框，可以拖动控制点来对图像进行变化操作
3	**对齐图层：**选择了两个或者两个以上的图层时，可单击相应的按钮将所选图层对齐。这些按钮包括顶对齐、垂直居中对齐、底对齐、左对齐、水平居中对齐和右对齐
4	**分布图层：**如果选择了 3 个或 3 个以上的图层，可单击相应的按钮使所选图层按照一定的规则均匀分布。这些按钮包括顶分布、垂直居中分布、按底分布、按左分布、水平居中分布和按右分布

使用“移动工具”选择和复制图像的具体操作步骤如下。

Step01 打开“光盘\素材文件\第 2 章\背影.psd”，使用“移动工具”单击选中心形图像。

Step02 按住“Alt”键，向左侧拖动，即可复制图像。

2.2.2 水平翻转

水平翻转是水平镜像变换图像。执行“编辑”→“变换”→“水平翻转”命令，即可水平翻转图像。

小技巧

执行“编辑”→“变换”→“垂直翻转”命令，即可垂直翻转图像。

2.2.3 旋转与缩放图像

图像变换是对图像进行形状大小调整，其中，旋转和缩放称为变换操作。接下来旋转和缩放心形，具体操作步骤如下。

Step01 按住“Alt”键，向左上方拖动复制心形。

Step02 执行“编辑”→“变换”→“缩放”命令，进入缩放状态。

小技巧

进入变换状态后，图像周围会出现定界框与控制点，默认情况下，控制点位于对象的中心，它用于定义对象的变换中心，拖动它可以移动变换中心点的位置。

Step03 将鼠标指针放在定界框四周控制点上，当鼠标指针变成可缩放状态↖↘时，单击并拖动鼠标可缩放对象。

Step04 执行“编辑”→“变换”→“旋转”命令，进入旋转状态。将鼠标指针放在定界框外，当鼠标指针变成可旋转状态↪时，单击并拖动鼠标旋转对象。

Step05 操作完成后，在定界框内双击或按“Enter”键确认操作。

2.2.4 斜切与扭曲对象

斜切可以沿垂直或水平方向变换对象，扭曲可以任意方向和角度变换对象。具体操作步骤如下。

Step01 复制心形，执行“编辑”→“变换”→“斜切”命令，显示定界框，将鼠标指针放在定界框外侧，单击并拖动鼠标可以沿垂直或水平方向斜切对象。

Step02 复制心形，执行“编辑”→“变换”→“扭曲”命令，显示定界框，将鼠标指针放在定界框周围的控制点上，单击并拖动鼠标可以扭曲对象。

Step03 使用相同的方法复制多个心形，并进行变换，使心形的层次变得丰富。

2.3 实例 5：为台灯贴图

本案例主要通过为台灯贴图，学习 Photoshop CS6 的透视和变形操作。

2.3.1 透视

顾名思义，透视可以对图像进行透视变换，具体操作步骤如下。

Step01 打开“光盘 \ 素材文件 \ 第 2 章 \ 台灯 .jpg”文件。

Step01 打开“光盘\素材文件\第 2 章\女 .tif”文件，将女孩图像拖动到台灯图像中。

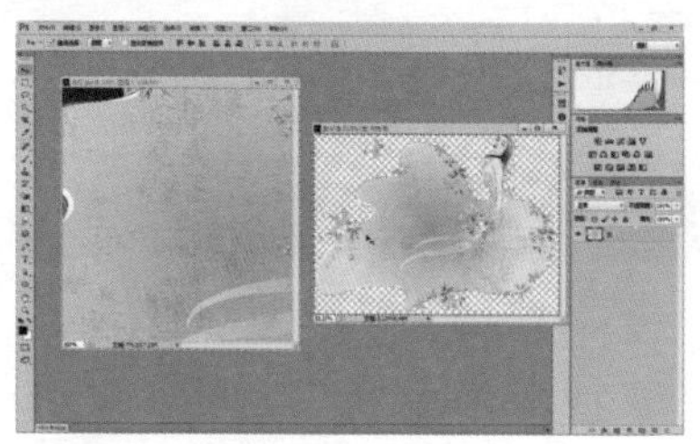

Step02 使用前面介绍的方法缩小图像，并移动到适当位置。

Step03 执行“编辑”→“变换”→“透视”命令，显示定界框，单击右上角的控制点，透视变换对象。

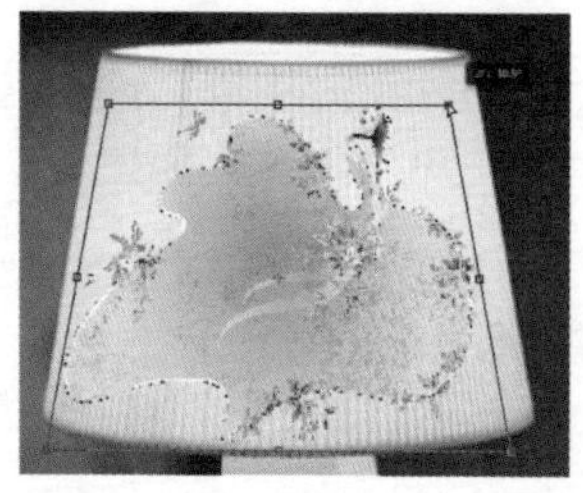

2.3.2 变形

变形命令会在图像中创建变形网格，可以进行更精确的变换。接下来变形图像，使其与台灯更贴合，具体操作步骤如下。

Step01 执行“编辑”→“变换”→“变形”命令，显示变形网格。

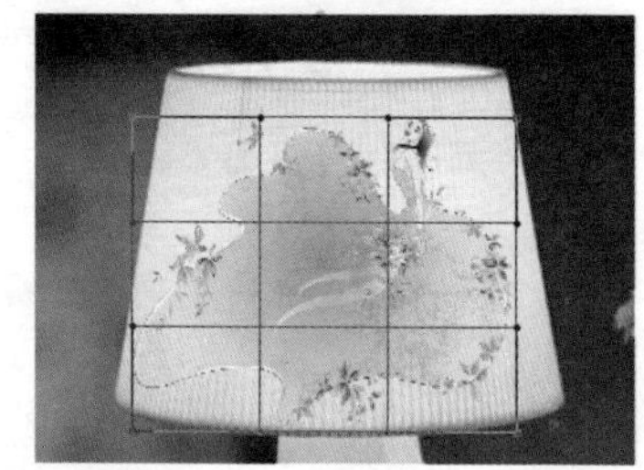

Step02 将鼠标指针放在网格内，鼠标指针变成可变形状态▶，单击并拖动网格控制点即可进行变形。

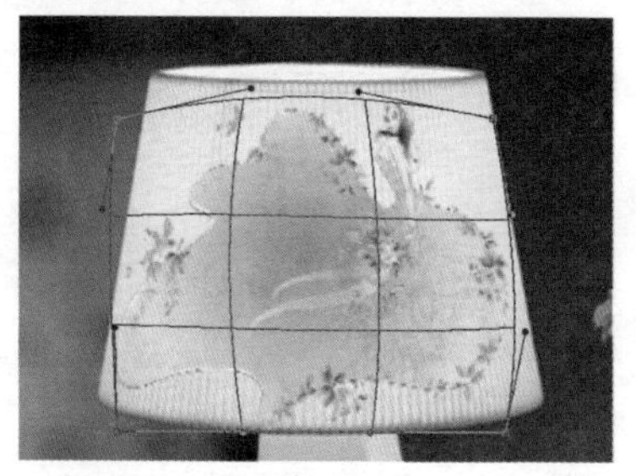

小技巧

执行“编辑”→“自由变换”命令，或按“Ctrl+T”组合键可以进入自由变换状态。在自由变换状态中，可以对图像进行缩放和旋转变换。

2.4 实例 6：制作脸部特写

本案例主要通过制作脸部特写，学习 Photoshop CS6 的裁剪、翻转图像操作。

2.4.1 裁剪图像

图像过宽、空白太多或想突出图像的某个区域时，都可以使用“裁剪工具” 进行裁剪。

选择工具箱中的“裁剪工具” ，其选项栏中常见参数的作用如下表所示。

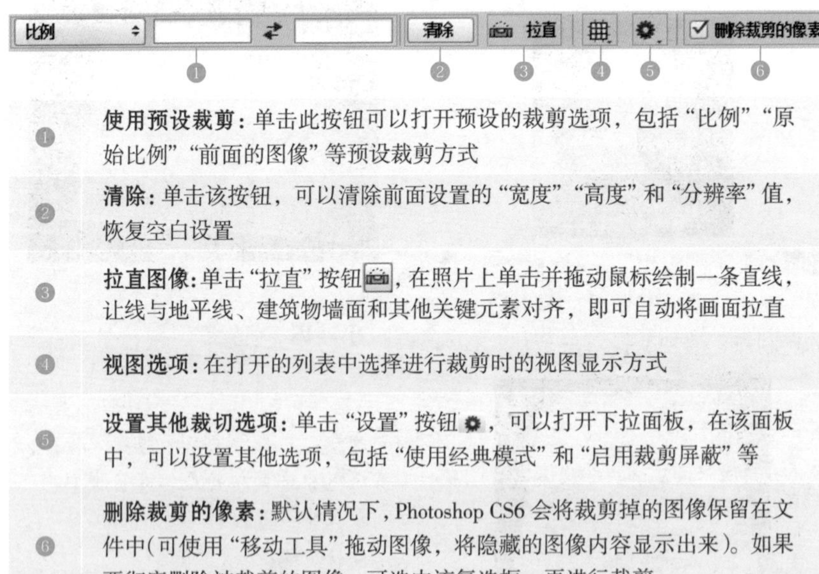

❶	**使用预设裁剪：**单击此按钮可以打开预设的裁剪选项，包括“比例”“原始比例”“前面的图像”等预设裁剪方式
❷	**清除：**单击该按钮，可以清除前面设置的“宽度”“高度”和“分辨率”值，恢复空白设置
❸	**拉直图像：**单击“拉直”按钮，在照片上单击并拖动鼠标绘制一条直线，让线与地平线、建筑物墙面和其他关键元素对齐，即可自动将画面拉直
❹	**视图选项：**在打开的列表中选择进行裁剪时的视图显示方式
❺	**设置其他裁切选项：**单击“设置”按钮，可以打开下拉面板，在该面板中，可以设置其他选项，包括“使用经典模式”和“启用裁剪屏蔽”等
❻	**删除裁剪的像素：**默认情况下，Photoshop CS6 会将裁剪掉的图像保留在文件中(可使用“移动工具”拖动图像，将隐藏的图像内容显示出来)。如果要彻底删除被裁剪的图像，可选中该复选框，再进行裁剪

裁剪图像的具体操作步骤如下。

Step01 打开“光盘\素材文件\第 2 章\彩妆.jpg”文件。

Step02 选择工具箱中的“裁剪工具”，将鼠标指针移动至图像中按住鼠标左键不放，任意拖出一个裁剪框，释放鼠标后，裁剪区域外部屏蔽图像变暗。

Step03 将光标移动到定界框内，拖动鼠标可以移动定界框，拖动定界框上的控制点可以调整定界框的大小。

Step04 调整所裁剪的区域后，按“Enter”键确认完成裁剪。

2.4.2 旋转画布

使用旋转画布功能可以调整图像旋转角度，具体操作步骤如下。

Step01 执行“图像”→“图像旋转”命令，在弹出的子菜单中，可以选择旋转角度，包括 180 度、90 度（顺时针）、

90 度(逆时针)、任意角度等。例如，选择“水平翻转画布”命令。

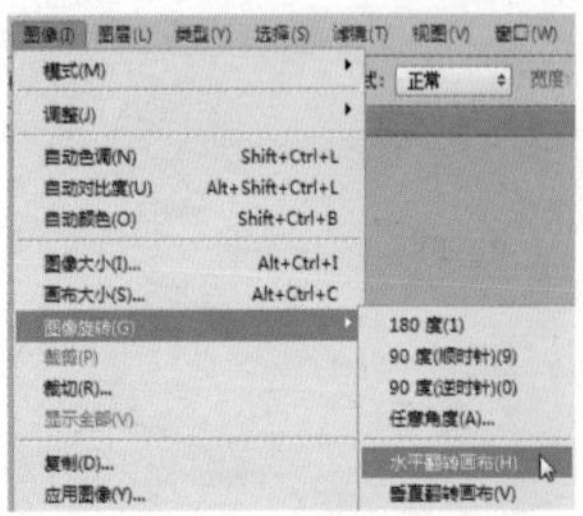

Step02 通过前面的操作，水平翻转画布。

2.5 实例 7：制作双人体操效果

本案例主要通过制作双人体操效果，使用户熟悉内容识别填充、操控变形功能。

2.5.1 内容识别填充

内容识别填充是“填充”命令的一个实用技能，它能够快速填充选区，填充选区的像素是通过感知周围内容得到的，填充结果会和周围环境自然融合，具体操作步骤如下。

Step01 打开“光盘 \ 素材文件 \ 第 2 章 \ 体操 .psd”文件，在工具箱中，选择“矩形选框工具”。

Step02 在人物背部黑色划痕处，从左上角往右下角拖动鼠标，创建矩形选区。

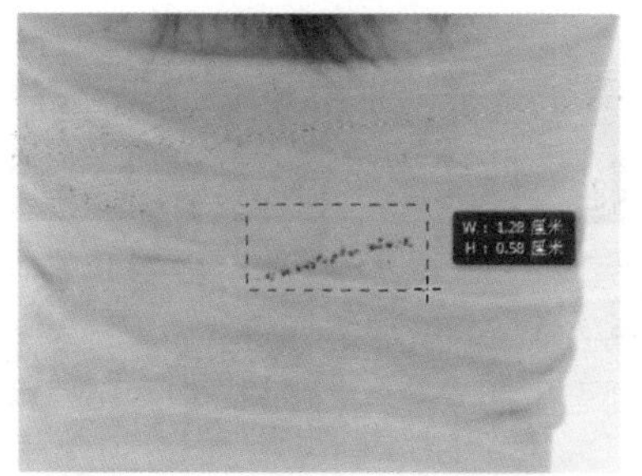

Step03 执行“编辑”→“填充”命令，在打开的“填充”对话框中，设置“使用”为内容识别，单击“确定”按钮。

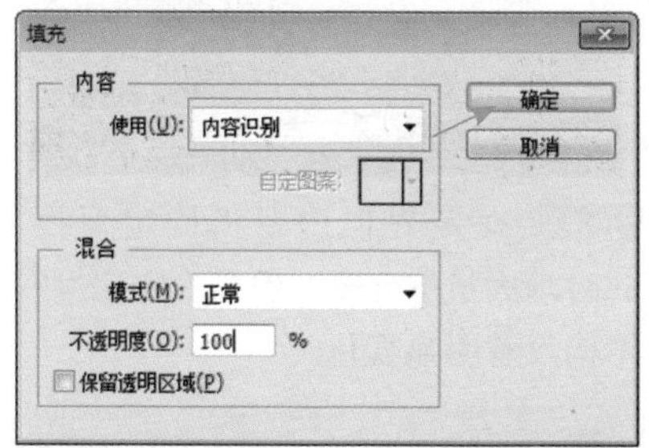

Step04 通过前面的操作，人物背部黑色划痕被清除。

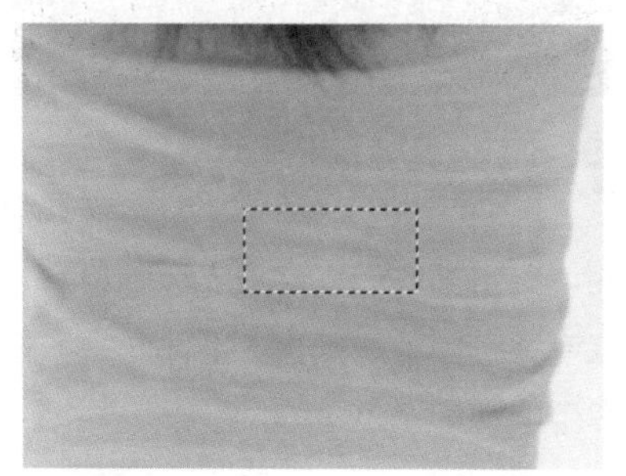

2.5.2 操控变形

Photoshop CS6 中，操控变形的功能比变形网格还要强大，用户可以在图像的关键点上放置图钉，然后通过拖动图钉来对图像进行变形操作。

接下来使用操控变形命令调整人物的姿势，具体操作步骤如下。

Step01 执行“编辑”→“操控变形”命令，在人物图像上显示变形网格。

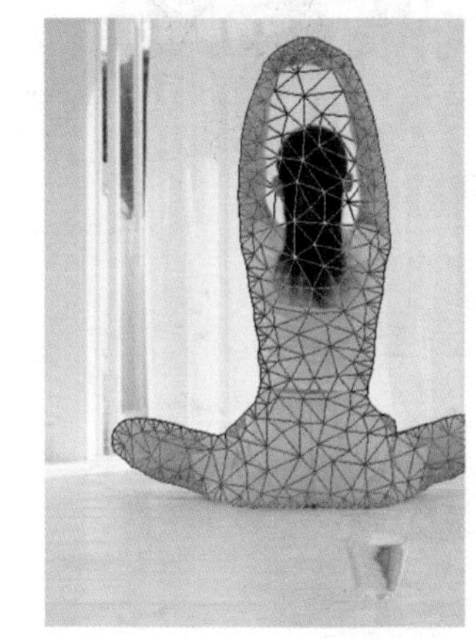

Step02 当鼠标指针呈图钉状时，将鼠标指针指向需要变形的关键位置单击，添加图钉。在调整前可以取消选中选项栏中的“显示网格”复选框。

Step03 向左拖动人物手掌与脖子处的图钉，可以改变其动作姿势，使人物向左倾斜，再单击选项栏中的“提交变换”☑按钮，确定变换。

· 技能拓展 ·

一、内容识别缩放

内容识别缩放是一项非常实用的缩放功能。普通缩放在调整图像时会影响所有的像素，而内容识别缩放则主要影响没有重要可视内容的区域中的像素。

下面通过等比例缩放调整背景大小，具体操作步骤如下。

Step01 打开“光盘\素材文件\第2章\骆驼.jpg”文件。按住“Alt”键双击“背景”图层，将其转换为普通图层。

Step02 执行“编辑”→“内容识别比例”命令，显示定界框，向下拖动控制点压低天空。

Step03 在定界框内双击确定变换，此时画面虽然变窄，但是人物比例和结构没有明显变化。

二、辅助工具的应用

辅助工具不能用于编辑图像，但却可以帮助我们更好地完成选择、定位或编辑图像的操作。下面介绍一些常用的辅助工具。

1. 标尺

使用标尺可以精确地确定图像

或元素的位置，按“Ctrl+R”组合键可以快速显示标尺，标尺会出现在当前文件窗口的顶部和左侧。标尺内的标记可显示出指针移动时的位置。

小技巧

标尺的原点位于窗口左上角（0,0）标记处。将鼠标指针放到原点上，单击并向右下方拖动，可以更改原点位置。

在窗口的左上角双击，可以恢复默认原点。

2. 参考线

在进行图像处理时，为了对齐操作，可以绘出一些参考线。这些参考线浮动在图像上方，且不会被打印出来。

执行“视图”→“标尺”命令，显示标尺，将鼠标指针放在水平（垂直）标尺上，单击并向下（右）拖动鼠标，可拖出水平（垂直）参考线。

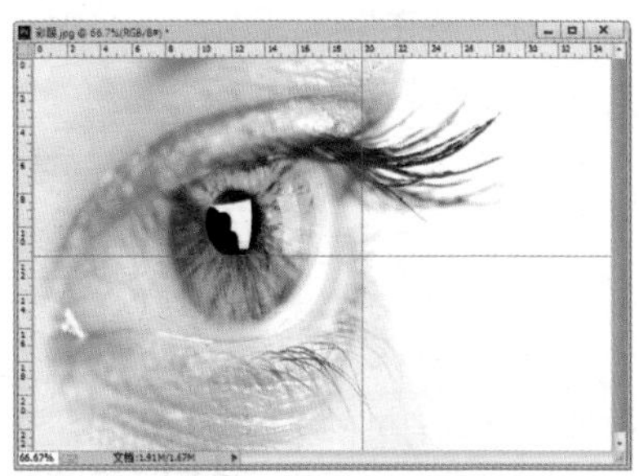

小技巧

执行“视图”→“锁定参考线”命令，可以锁定参考线；执行“视图”→“显示”→“参考线”命令，可以隐藏和显示参考线。执行“视图”→“清除参考线”命令，可以清除参考线。

3. 智能参考线

执行“视图”→“显示”→“智能参考线”命令，即可启用智能参考线，系统会根据用户操作自动显示参考线。

4. 网格

执行“视图”→“显示”→“网格”命令，就可以显示网格。

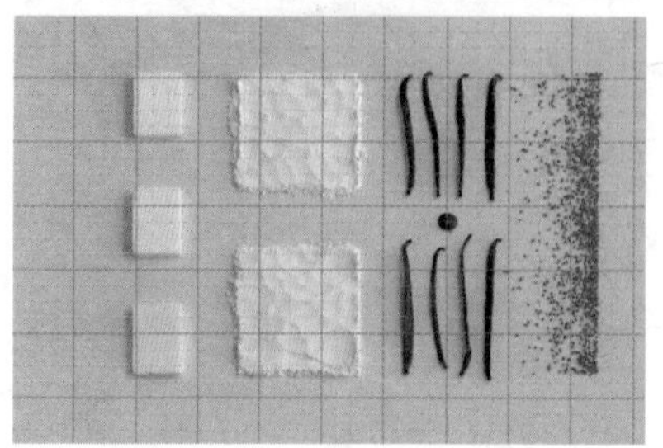

5. 对齐功能

如果要启用对齐功能，首先需要执行“视图”→“对齐”命令，使该命令处于选中状态，然后在“视图”→“对齐到”下拉菜单中选择一个对齐项目，包括参考线、图层、网格、文档边界等。带有“✔”标记的命令表示启用了该对齐功能。

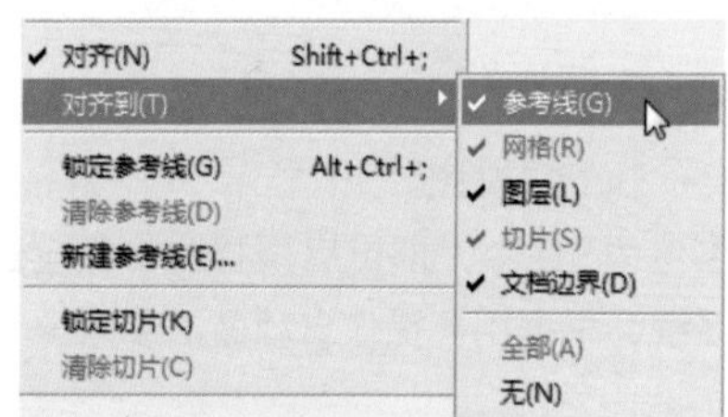

· 同步实训 ·

制作重复背景

本实例主要制作重复背景效果，使图像以一定的规律重复排列，体现规律美与规矩感，具体操作步骤如下。

Step01 打开“光盘\素材文件\第2章\旋转.jpg”文件。按住“Alt”键双击“背景”图层，将其转换为普通图层。

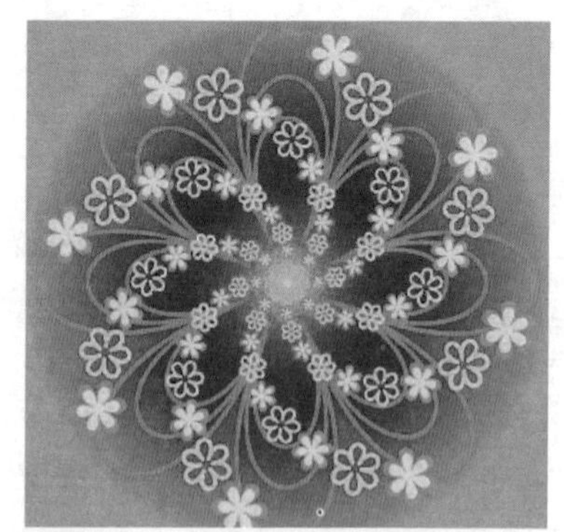

Step02 执行“编辑”→“画布大小”命令，记下“宽度”和“高度”值。

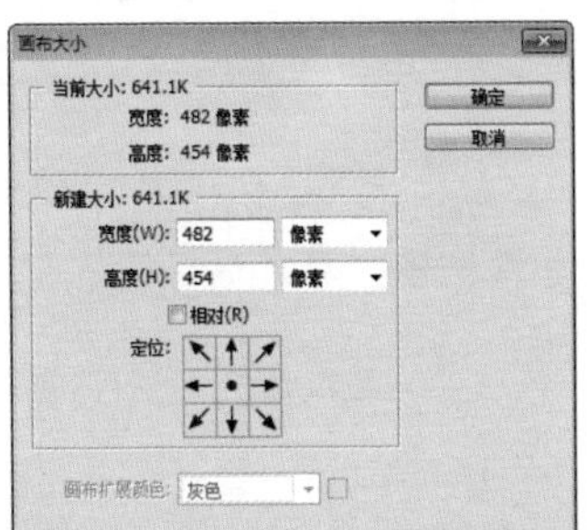

Step03 在“画布大小”对话框中，将宽度和高度值增大五倍，即设置“宽度”为 2410 像素，“高度”为 2270 像素，“定位”在图像左上角，单击“确定”按钮。

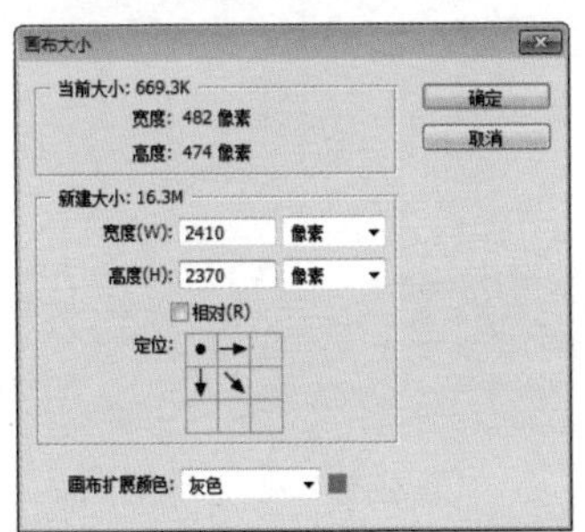

Step04 通过前面的操作，增大画布，并将当前图像定位于左上角。

Step05 执行“视图”→“显示”→“智能参考线”命令，按住“Alt”键，向右侧拖动复制图像。图像自动吸附到边缘。

Step06 使用相同的方法，继续拖动复制图像。按住“Shift”键，依次单击选中所有图像。

Step07 按住“Alt”键，向下方拖动复制图像。图像自动吸附到边缘。

Step08 使用相同的方法，复制图像，直到铺满整个画布。

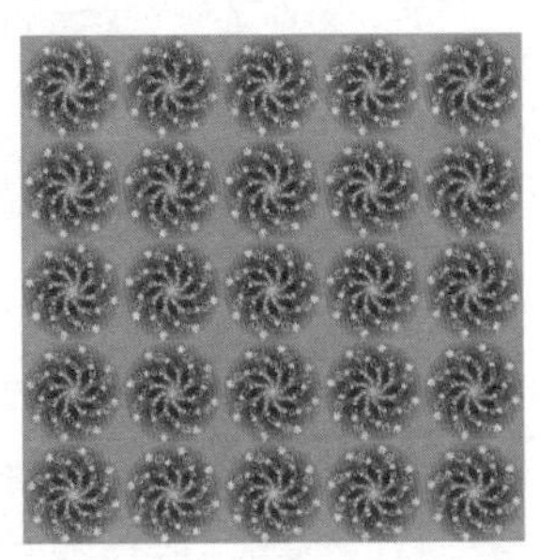

学习小结

本章主要介绍 Photoshop CS6 图像处理的基础技能，包括调整视图、变换图像、画布和图像大小、裁剪图像等相关知识。重点内容包括调整视图、裁剪图像、变换图像等。

掌握图像处理的基础技能，可以为学习更高级的图像处理技能打下坚实的基础。

第 3 章

图像选区的创建与编辑

使用选区功能可以圈出图像的作用范围。本章将带领读者学习 Photoshop CS6 选区的创建和修改，使用户掌握 Photoshop CS6 的选区操作。

※ 规则选区工具　※ 不规则选区工具　※ 选区修改
※ 选区运算　※ 选区的存储和载入　※ 填充和描边选区

案 例 展 示

3.1 实例 8：绘制卡通头像

本案例主要通过绘制卡通头像，学习 Photoshop CS6 创建规则选区的工 具，包括矩形选框工具、椭圆选框工具、移动选区、选区运算、取消选区等。

3.1.1 矩形选框工具

选择“矩形选框工具”后，其选项栏中常用参数的作用如下表所示。

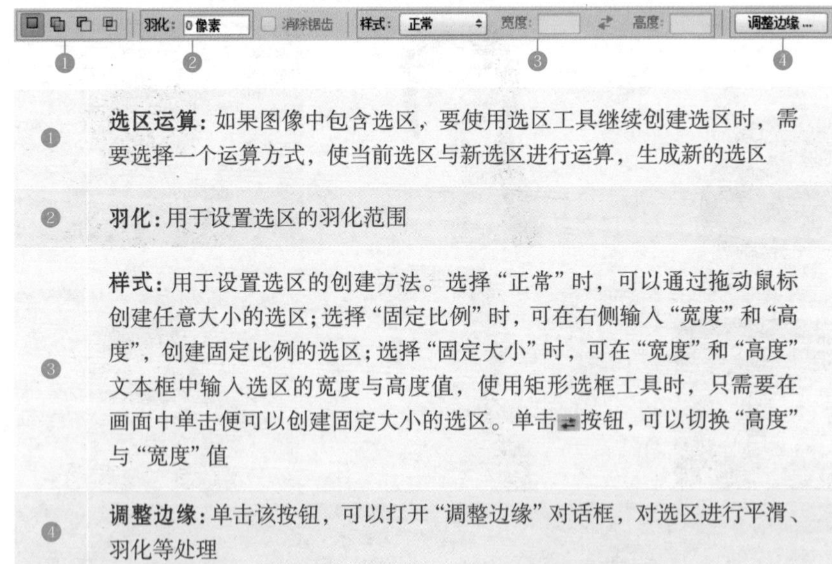

1	**选区运算**：如果图像中包含选区，要使用选区工具继续创建选区时，需要选择一个运算方式，使当前选区与新选区进行运算，生成新的选区
2	**羽化**：用于设置选区的羽化范围
3	**样式**：用于设置选区的创建方法。选择“正常”时，可以通过拖动鼠标创建任意大小的选区；选择“固定比例”时，可在右侧输入“宽度”和“高度”，创建固定比例的选区；选择“固定大小”时，可在“宽度”和“高度”文本框中输入选区的宽度与高度值，使用矩形选框工具时，只需要在画面中单击便可以创建固定大小的选区。单击按钮，可以切换“高度”与“宽度”值
4	**调整边缘**：单击该按钮，可以打开“调整边缘”对话框，对选区进行平滑、羽化等处理

使用“矩形选框工具” 创建矩形选区的具体操作步骤如下。

Step01 按“Ctrl+N”组合键，执行“新建”命令，设置“宽度”为 10 厘米，“高度”为 7 厘米，“分辨率”为 200 像素 / 英寸，单击“确定”按钮。

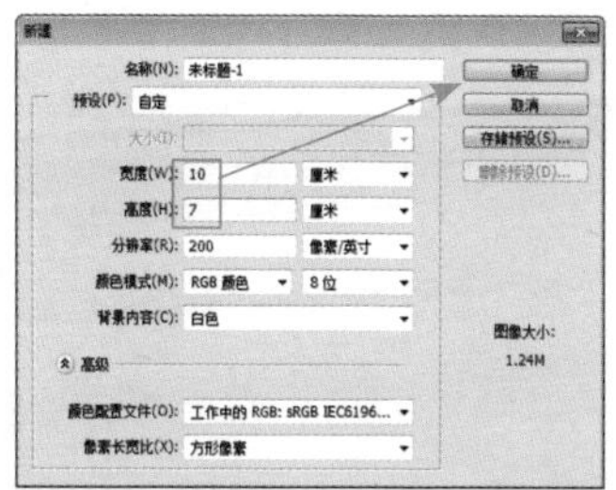

Step02 在工具箱中，单击“设置前景色”图标。在弹出的“拾色器(前景色)”对话框中，设置颜色值 #e5ffce，单击“确定”按钮。

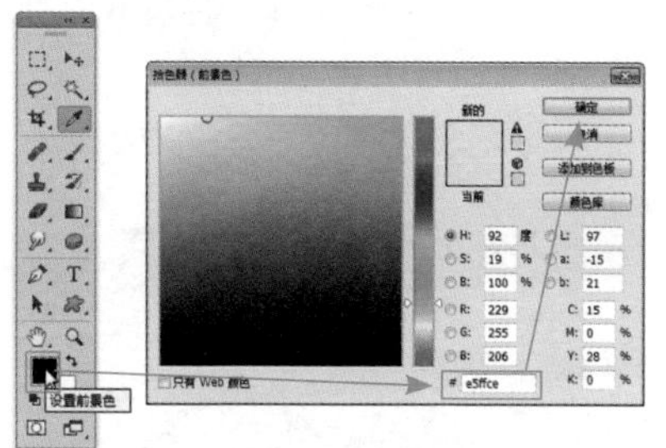

Step03 按“Alt+Delete”组合键，为背景填充前景色。

Step04 选择“矩形选框工具” ，从左下至右下拖动鼠标，释放鼠标后，创建矩形选区。

3.1.2 变换选区

创建选区后，还可以对选区进行变换，接下来对创建的选区进行透视变换，具体操作步骤如下。

Step01 执行“选择”→“变换选区”命令，可以在选区上显示定界框。

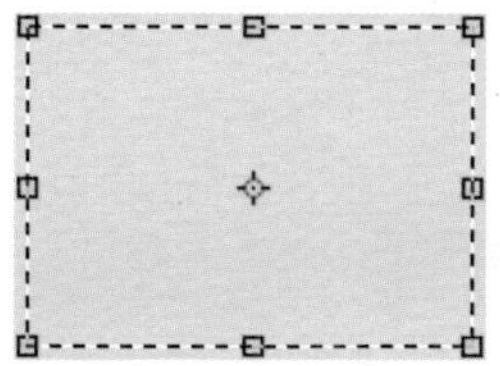

Step02 右击，在打开的快捷菜单中，选择“透视”命令。

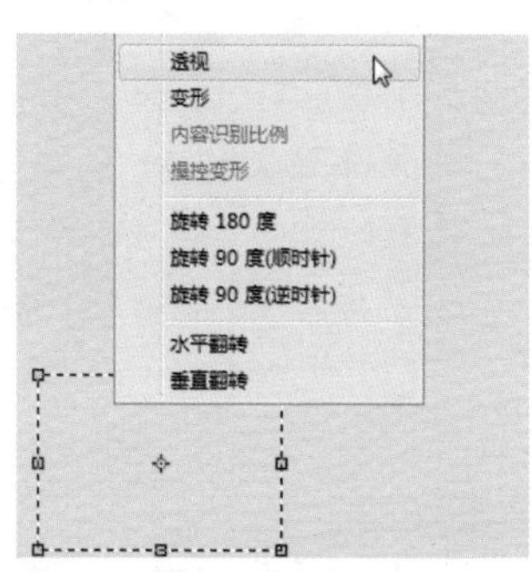

Step03 向中间拖动右上角的变换点，对选区进行透视变换。

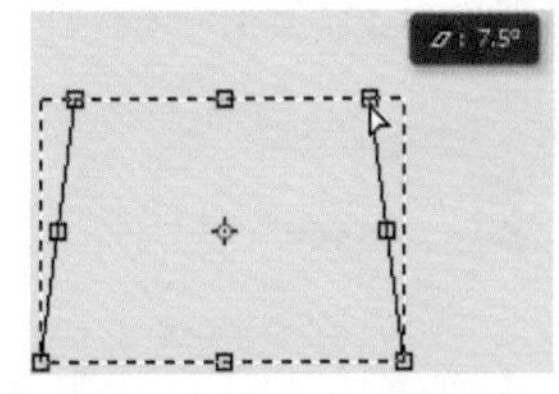

Step04 设置前景色为蓝色 #baffff。按“Alt+Delete”组合键，为选区填充前景色。

3.1.3 取消选区

创建选区后，执行“选择”→“取消选择”命令，或按“Ctrl + D”组合键可以取消选区。

小技巧

取消选区后，如果要恢复被取消的选区，可执行“选择”→“重新选择”命令。

3.1.4 套索工具

“套索工具”用于创建不规则的选区，常用于创建粗略轮廓。

用“套索工具”创建头发选区，具体操作步骤如下。

Step01 选择工具箱中的“套索工具”，按住鼠标左键沿着主体边缘拖动，就会生成没有锚点（又称紧固点）的线条。

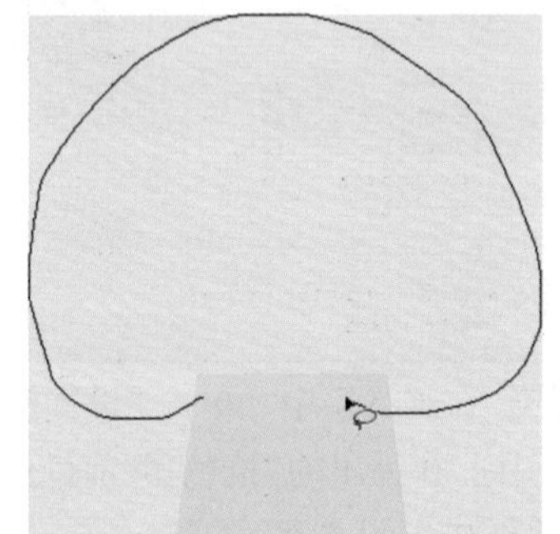

Step02 继续拖动鼠标，一直到起点和终点相连接的位置，释放鼠标左键，即可创建闭合的选区。

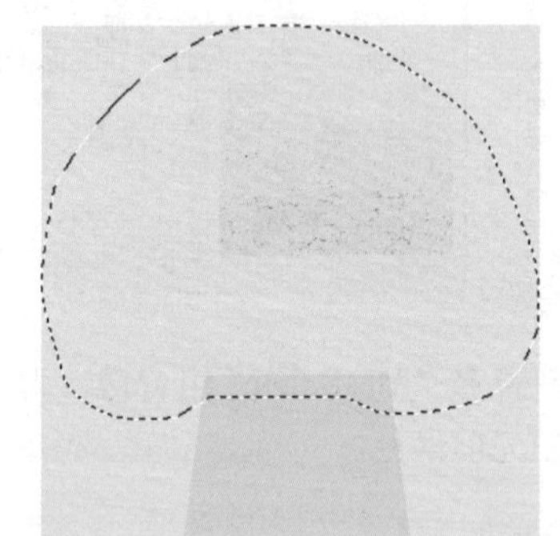

3.1.5 平滑选区

创建选区后，还可以对不太平滑的选区进行调整。

平滑用“套索工具”创建的头发选区，具体操作步骤如下。

Step01 执行“选择”→“修改”→“平滑”命令，设置“取样半径”为 30 像素，单击“确定”按钮。

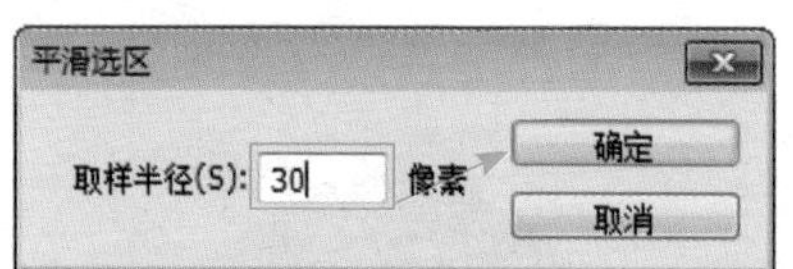

Step02 通过前面的操作，头发选区变得平滑。

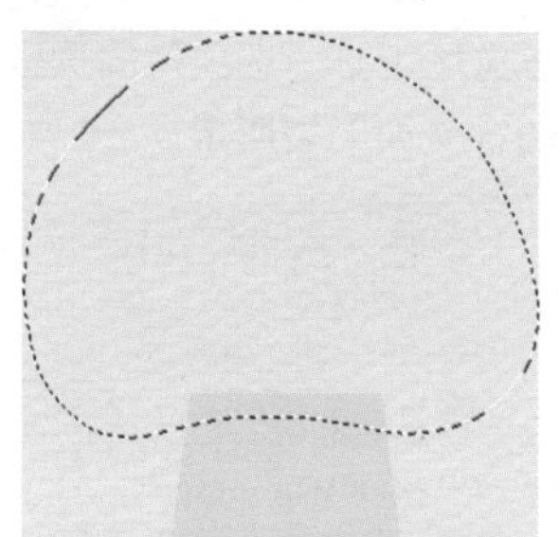

Step03 设置前景色为深黄色 #7a3a2e，按“Alt+Delete”组合键，为选区填充前景色。

3.1.6 椭圆选框工具

“椭圆选框工具”可用于创建椭圆形和正圆形选区。它与“矩形选框工具”的绘制方法和选项栏完全相同，只是该工具可以使用“消除锯齿”功能。

消除锯齿	选中该复选框，Photoshop CS6 会在选区边缘 1 个像素宽的范围内添加与周围图像相近的颜色，使选区看上去光滑

下面使用“椭圆选框工具”绘制衣服纽扣，具体操作步骤如下。

Step01 选择“椭圆选框工具”，拖动鼠标，可以创建圆形选区。

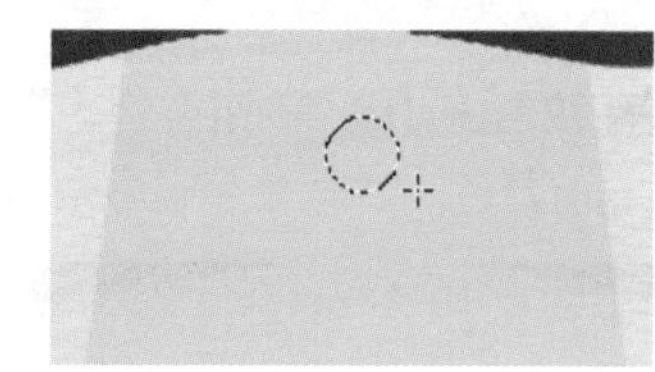

Step02 设置前景色为橙色 # ffb200，按“Alt+Delete”组合键，为选区填充前景色。

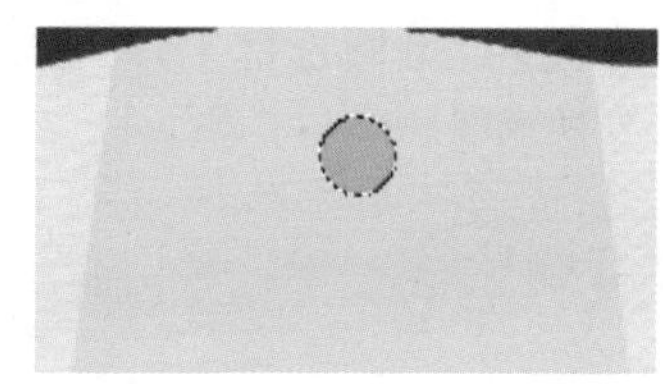

小技巧

在运用矩形(椭圆)选框工具创建选区时，若按住“Shift”键拖动鼠标，可创建一个正方形(正圆)选区。

按住“Alt+Shift”组合键的同时拖动鼠标，将以单击点为中心创建正方形(正圆)选区。

3.1.7 移动选区

创建选区后，还可以根据需要移动选区，具体操作步骤如下。

Step01 将鼠标指针移动到选区内，向下方拖动鼠标，移动选区。

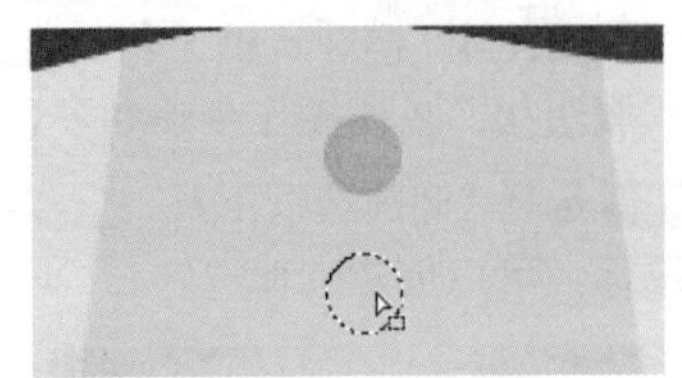

Step02 按“Alt+Delete”组合键，为选区填充前景色。

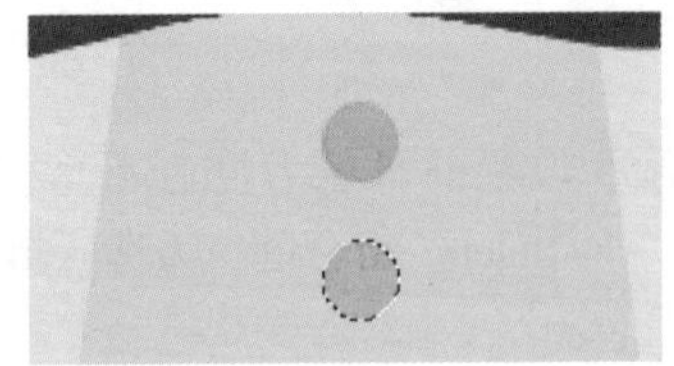

Step03 使用“椭圆选框工具” 创建并变换选区。

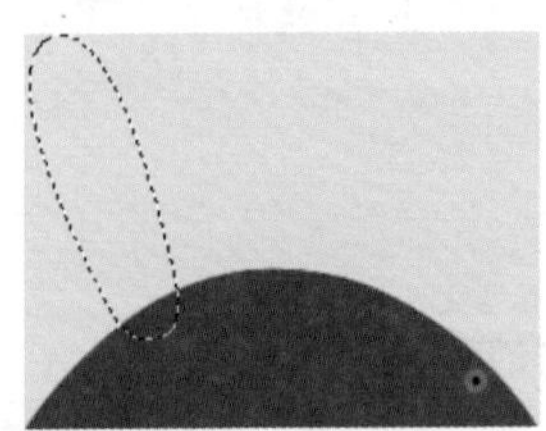

Step04 为选区填充粉红色 #ffaacb；适当缩小选区后，为选区填充白色 #ffffff。

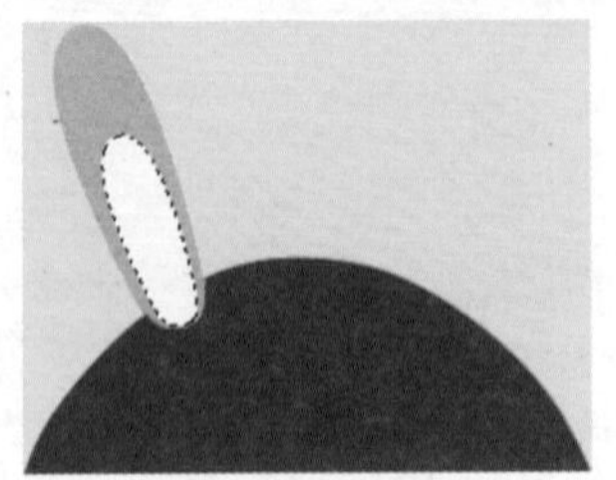

Step05 使用相同的方法，创建另一侧的兔子耳朵。

3.1.8 选区运算

选区的运算方式一共有 4 种，选择任意选区工具，选项栏的选区运算按钮的含义如下表所示。

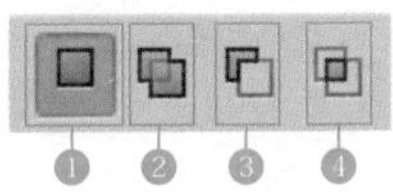

❶	**新选区**：新创建的选区会替换掉原有的选区
❷	**添加到选区**：可在原有选区的基础上添加新的选区
❸	**从选区减去**：可在原有选区中减去新创建的选区
❹	**与选区交叉**：新建选区时只保留原选区与新创建选区相交的部分

下面通过选区运算，绘制卡通头像的嘴唇，具体操作步骤如下。

Step01 选择“椭圆选框工具” ，拖动鼠标绘制椭圆选区。适当变换选区后，填充肉色 #ffd098。

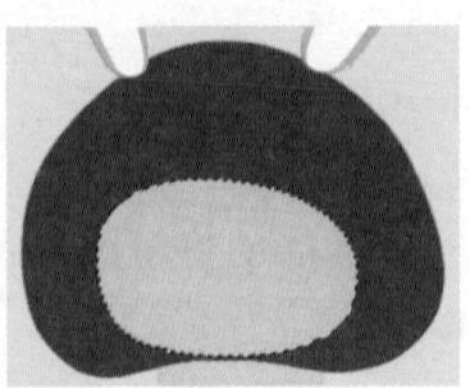

Step02 继续绘制眼睛，填充蓝色#2a54ff。

Step03 继续使用“椭圆选框工具”，拖动鼠标绘制腮红选区。

Step04 在选项栏中，单击“与选区交叉”按钮，拖动鼠标进行选区运算操作。

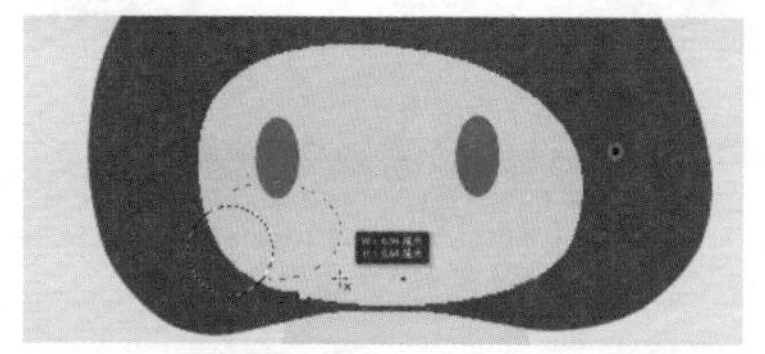

Step05 释放鼠标后，得到相交的选区，为选区填充洋红色 #fe89cd。

Step06 使用相同的方法，创建另一侧的腮红。

小技巧

选区运算时，按住“Shift”键拖动鼠标，可以增加选区；按住“Alt”键拖动鼠标，可以减少选区；按住“Alt+Shift”组合键拖动鼠标，可以得到相交选区。

3.1.9 多边形套索工具

“多边形套索工具”用于选取不规则的多边形选区，通过鼠标的连续单击创建选区边缘。“多边形套索工具”适用于选取一些复杂的、棱角分明的图像。

下面使用“多边形套索工具”创建卡通头像的鼻子选区，具体操作步骤如下。

Step01 选择“多边形套索工具”，在需要创建选区的图像位置单击，确认起始点，在需要改变选取方向的位置单击，创建路径点。

Step02 当终点与起点重合时，鼠标指针下方显示一个闭合图标。

Step03 单击完成选取操作，得到一个多边形选区，为选区填充红色 #fe6f35。

Step04 使用“椭圆选框工具” 创建选区，按住“Alt”键减选区域。

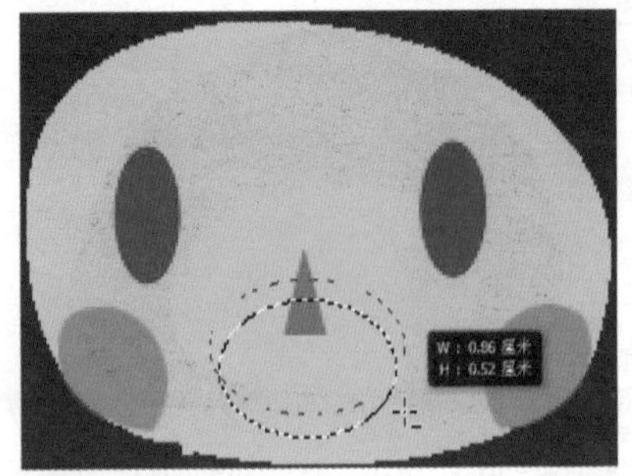

Step05 得到嘴唇选区后，为选区填充红色 #fe6f35。

3.2 实例 9：更改图像背景

本案例主要通过更改图像背景，学习 Photoshop CS6 创建选区的工具，包括磁性套索工具、快速选择工具、羽化命令、反向选区、隐藏选区等。

3.2.1 磁性套索工具

“磁性套索工具” 适用于形

状不规则、边缘与背景对比强烈的图像。选择“磁性套索工具” 后，其选项栏中常用参数的作用如下表所示。

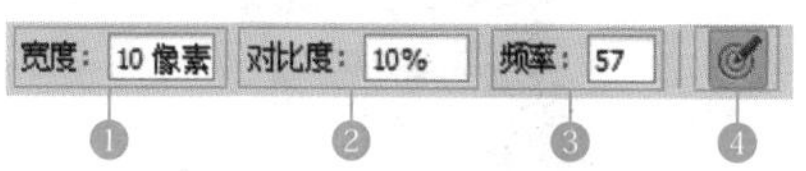

1	**宽度：**决定了以光标中心为基准，其周围有多少个像素能够被工具检测到，如果对象的边界不是特别清晰，需要使用较小的宽度值
2	**对比度：**用于设置工具感应图像边缘的灵敏度。如果图像的边缘对比清晰，可将该值设置得高一些；如果边缘不是特别清晰，则设置得低一些
3	**频率：**用于设置创建选区时生成的锚点的数量。该值越高，生成的锚点越多，捕捉到的边界越准确，但是过多的锚点会造成选区的边缘不够光滑
4	**钢笔压力：**如果计算机配置有数位板和压感笔，可以按下该按钮，Photoshop 会根据压感笔的压力自动调整工具的检测范围

使用“磁性套索工具” 选择对象，具体操作步骤如下。

Step01 打开“光盘\素材文件\第 3 章\辫子.jpg”文件。

Step02 选择工具箱中的“磁性套索工具” 。在图像中单击，确认起始点，然后沿人物边缘进行拖动。

Step03 当拖动到顶部边缘时，按住“Alt”键单击，暂时切换到“多边形套索工具” ，单击创建直线选区。

Step04 再次按住“Alt”键单击，切换回“磁性套索工具” ，继续沿轮廓拖动鼠标。

小技巧

放大视图可以使吸附更加准确，按空格键可以暂时切换到抓手工具进行视图调整。

当吸附不准确时，按“Delete”键可以删除锚点。

Step05 继续拖动鼠标，直到终点与起始点重合位置。

Step06 单击即可创建一个图像选区。

Step07 打开“光盘\素材文件\第 3 章\花朵 .jpg”文件，将人物复制粘贴到该文件中，调整大小和位置。

3.2.2 快速选择工具

“快速选择工具”可以像绘图一样涂抹出选区，在拖出鼠标时，选区还会向外扩展并自动查找和跟随图像中定义的边缘。选择工具箱中的“快速选择工具”，其选项栏中常用参数的作用如下表所示。

❶	**选区运算按钮：**单击“新选区”按钮，可创建一个新的选区；单击“添加到选区”按钮，可在原选区的基础上添加绘制的选区；单击“从选区减去”按钮，可在原选区的基础上减去当前绘制的选区

续表

❷	**笔尖下拉面板：**单击 按钮，可在打开的下拉面板中选择笔尖，设置笔尖的大小、硬度和间距
❸	**对所有图层取样：**可基于所有图层创建选区
❹	**自动增强：**可减少选区边界的粗糙度和块效应。“自动增强”会自动将选区向图像边缘进一步流动并应用一些边缘调整，也可以通过在“调整边缘”对话框中手动应用这些边缘调整

接下来使用“快速选择工具” 选中人物，具体操作步骤如下。

Step01 选择工具箱中的“快速选择工具” ，在人物头部涂抹，鼠标经过的区域自动生成选区。

Step02 继续在人物上涂抹，直到选中整个人物。

3.2.3 羽化选区

“羽化”命令用于对选区进行羽化。羽化是通过模糊边缘来创建羽化效果的，这种模糊方式将丢失选区边缘的一些图像细节。

接下来使用“羽化”命令消除选区边缘的生硬感，具体操作步骤如下。

Step01 执行“选择”→“修改”→“羽化”命令，打开“羽化选区”对话框，设置“羽化半径”为 50 像素，单击“确定”按钮。

Step02 通过前面的操作，得到羽化选区。

小技巧

按“Shift+F6”组合键可以快速打开“羽化”对话框。

3.2.4 反向

创建选区后，可以反向选区，接下来反向人物选区，具体操作步骤如下。

Step01 执行“选择”→“反向”命令，即可选中图像中未选中的部分。

小技巧

按“Shift+Ctrl+I”组合键可以快速反向选区。

Step02 按“Delete”键删除图像，得到模糊边缘效果。

3.2.5 隐藏选区

选区有时会影响对整体效果的观察。在这样的情况下，可以暂时隐藏选区。

Step01 执行“视图”→“显示”→“选区边缘”隐藏选区。

Step02 选区虽然被隐藏，但是它仍然存在，并限定操作的有效区域，再次按“Delete”键删除图像，使边缘更加柔和。

小技巧

按“Ctrl+H”组合键可以快速隐藏选区。再次按“Ctrl+H”组合键可以显示隐藏的选区。

3.3 实例 10：涂鸦向日葵

本案例主要通过制作涂鸦向日葵，学习 Photoshop CS6 创建选区的工具和命令，包括魔棒工具、快速选择工具、全选、边界、扩大选区和选择相似等。

3.3.1 魔棒工具

“魔棒工具” 用于在颜色相近的图像区域创建选区。选择工具箱中的“魔棒工具”，其选项栏中常用参数的作用如下表所示。

①	**取样大小：** 用于设置魔棒工具的取样范围。选择“取样点”可对光标所在位置的像素进行取样；选择“3×3 平均”，可对鼠标指针所在位置 3 个像素区域内的平均颜色进行取样，其他选项以此类推
②	**容差：** 控制创建选区范围的大小。输入数值越小，要求的颜色越相近，选取范围就越小，相反，则颜色相差越大，选取范围就越大
③	**消除锯齿：** 模糊羽化边缘像素，使其与背景像素产生颜色的逐渐过渡，从而去掉边缘明显的锯齿状
④	**连续：** 选中该复选框时，只选取与单击处相连接区域中相近的颜色；如果不选中该复选框，则选取整个图像中相近的颜色
⑤	**对所有图层取样：** 用于有多个图层的文件，选中该复选框时，选取文件中所有图层中相同或相近颜色的区域；不选中时，只选取当前图层中相同或相近颜色的区域

下面使用“魔棒工具” 选择蓝色背景，具体操作步骤如下。

Step01 打开“光盘\素材文件\第3章\向日葵.jpg”文件，移动“魔棒工具”到蓝色背景处。

Step02 单击，即可创建选区。

3.3.2 扩大选取与选取相似

“扩大选取”与“选取相似”都是用于扩展选区的命令。

扩展前面创建的选区，具体操作步骤如下。

Step01 执行“选择”→“扩大选取”命令时，Photoshop CS6会查找并选择那些与当前选区中的像素色调相近的像素，从而扩大选择区域，本例会选中相邻的蓝色。

Step02 执行“选择”→“选取相似”命令时，Photoshop CS6同样会查找并选择那些与当前选区中的像素色调相近的像素。使用该命令可以查找整个文档，包括与原选区没有相邻的像素。本例会选中图像中所有的蓝色。

Step03 执行“滤镜”→“风格化”→“查找边缘”命令，得到查找边缘效果。

3.3.3 全选

全部选择是将图像窗口中的图

像全部选中，执行“选择”→“全部”命令，可以选择当前文件窗口中的全部图像。

3.3.4 边界

创建选区后，可以对选区进行扩展、收缩操作，还可以选择边界宽度。

下面以“边界”命令为例，创建边框选区，具体操作步骤如下。

Step01 执行“选择”→“修改”→“边界”命令，设置“扩展量”为 200 像素，单击“确定”按钮。

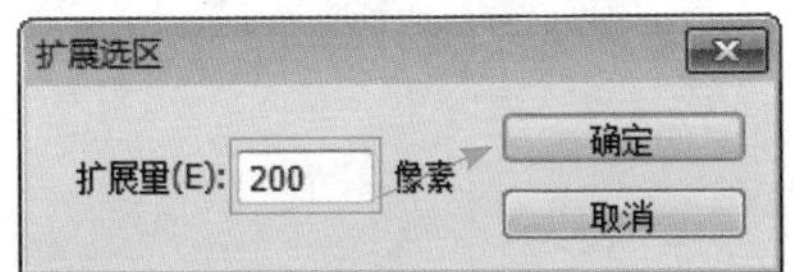

Step02 通过前面的操作，得到边界选区。

3.3.5 快速蒙版

快速蒙版是一种选区转换工具，它能将选区转换成为一种临时的蒙版图像，方便我们使用画笔、滤镜等工具编辑蒙版后，再将蒙版图像转换为选区，从而实现选区调整。

双击工具箱中的“以快速蒙版模式编辑”按钮，弹出“快速蒙版选项”对话框，通过对话框可对快速蒙版进行设置。对话框中的各项参数的作用如下表所示。

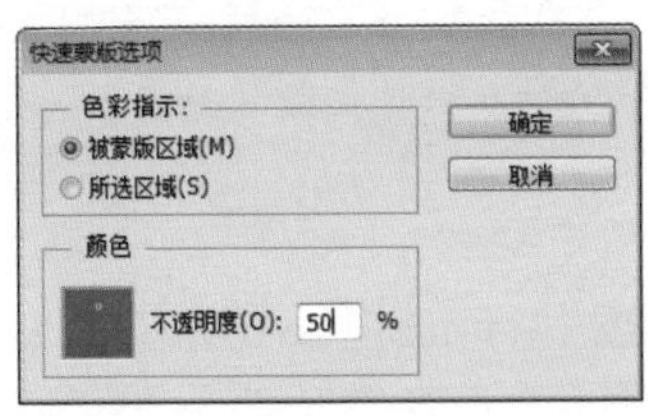

被蒙版区域	将“色彩指示”设置为“被蒙版区域”后，选区之外的图像将被蒙版颜色覆盖
所选区域	如果将“色彩指示”设置为“所选区域”，则选中的区域将被蒙版颜色覆盖
颜色	单击颜色块，可在打开的“拾色器”中设置蒙版颜色；“不透明度”中设置蒙版的不透明度

接下来使用快速蒙版创建边框效果，具体操作步骤如下。

Step01 单击工具箱中底部的“以快速蒙版模式编辑”按钮，切换到快速蒙版编辑模式。此时选区外的范围被红色蒙版遮挡。

小技巧

按“Q“键可以直接进入快速蒙版状态，再次按”Q“键可以退出快速蒙版状态。

Step02 执行“滤镜”→“渲染”→“纤维”命令，设置“差异”为 30，“强度”为 4，单击“确定”按钮。

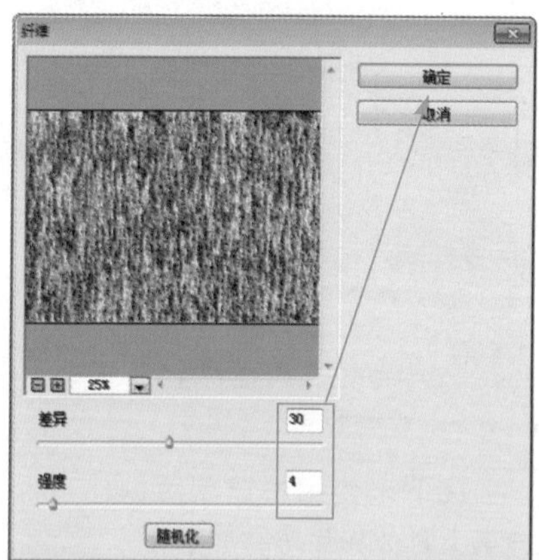

Step03 通过前面的操作，为快速蒙版应用滤镜命令。

Step04 单击工具箱中的“以标准模式编辑”按钮，退出快速蒙版，切换到标准编辑模式，得到修改后的选区。

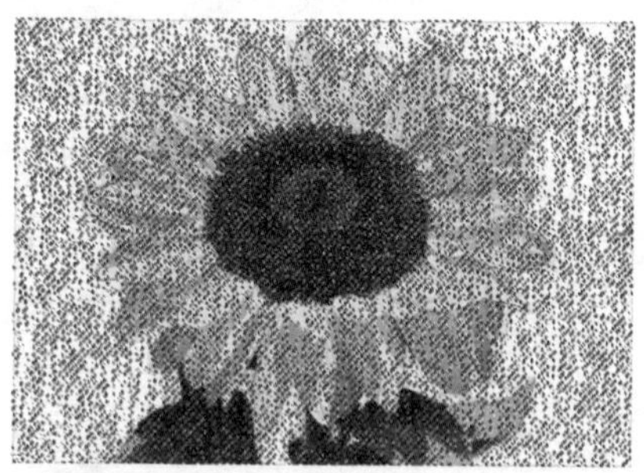

Step05 为选区填充橙色 #f9ca0f，得到图像效果。

3.4 实例 11：绘制瞄准线

本案例主要通过绘制瞄准线，学习 Photoshop CS6 创建选区的工具与命令，包括单行 / 单列选框工具及描边等命令。

3.4.1 单行 / 单列选框工具

使用“单行选框工具”或“单列选框工具”可以选择图像的一行像素或一列像素，具体操作步骤如下。

Step01 打开“光盘 \ 素材文件 \ 第 3 章 \ 晚霞 .jpg”文件，选择“单行选框工具”，在目标位置单击创建选区。

Step02 在选项栏中，单击“添加到选区”按钮，选择“单列选框工具”，在目标位置单击创建选区。

Step03 选择“椭圆选框工具”，拖动鼠标创建选区。

Step04 释放鼠标后，得到组合选区效果。

3.4.2 描边

使用"描边"命令可以为选区描边。接下来描边选区，具体操作步骤如下。

Step01 执行"编辑"→"描边"命令，在"描边"对话框中设置"宽度"为 1 像素，单击"确定"按钮。

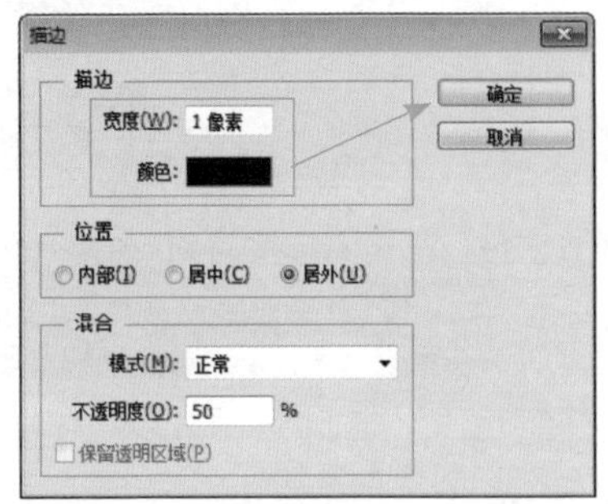

Step02 通过前面的操作，得到描边效果。

· 技能拓展 ·

一、色彩范围

使用"色彩范围"命令可以根据图像的颜色创建选区，该命令提供了丰富的控制选项，具有更高的选择精度。

执行"选择"→"色彩范围"命令，打开"色彩范围"对话框，对话框中各选项含义如下表所示。

选择	在下拉列表中选择各种颜色选项，包括"取样颜色""红色""黄色""高光""中间调""溢色"等
吸管工具	选择"取样颜色"时，可将光标放在图像上，或在"色彩范围"对话框的预览图像上单击进行取样。单击"添加到取样"按钮后进行取样，可以添加选区；单击"从取样中减去"按钮后进行取样，会减少选区
检测人脸	选择人像或人物皮肤时，可选中该项，以便更加准确地选择肤色
本地化颜色簇	选中该选项后，拖动"范围"滑块可以控制要包含在蒙版中的颜色与取样点的最大和最小距离

续表

颜色容差	用于控制颜色的选择范围，该值越高，包含的颜色越广
选区预览图	选区预览图包含了两个选项，选中“选择范围”时，预览区的图像中，白色代表被选择的区域，黑色代表未选择的区域，灰色代表被部分选择的区域；选中“图像”时，则预览区内会显示彩色图像
选区预览	用于设置文档窗口中选区的预览方式
载入 / 存储	单击“存储”按钮，可以将当前的设置状态保存为选区预设；单击“载入”按钮，可以载入存储的选区预设文件
反相	反转选区，相当于创建了选区后，执行“选择”→“反相”命令

使用“色彩范围”命令创建选区的具体操作步骤如下。

Step01 打开“光盘 \ 素材文件 \ 第 3 章 \ 购物袋 .jpg”文件。

Step02 执行“选择”→“色彩范围”命令，进入“色彩范围”对话框。设置“选择”为取样颜色，在手提袋上单击进行颜色取样，设置“容差”为 200，单击“确定”按钮。

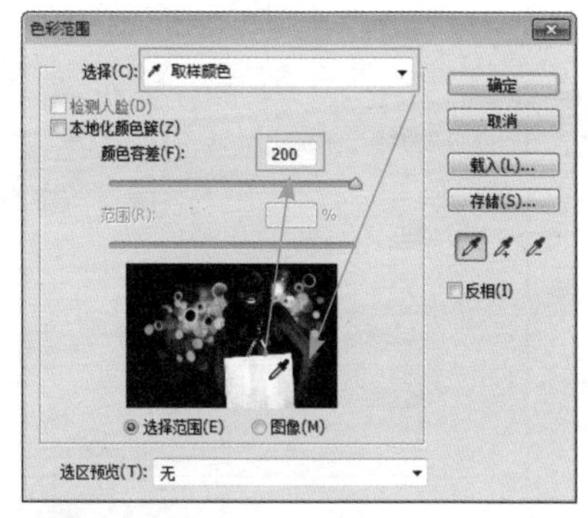

Step03 通过前面的操作，选中图像中容差范围内的红色图像。

二、调整边缘

使用“调整边缘”命令可以对选区进行细化调整，还可以消除选区边缘周围的背景色、改进蒙版以及对选区进行扩展、收缩、羽化等处理。

执行“选择”→“调整边缘”命令，打开“调整边缘”对话框，对话框中各选项含义如下表所示。

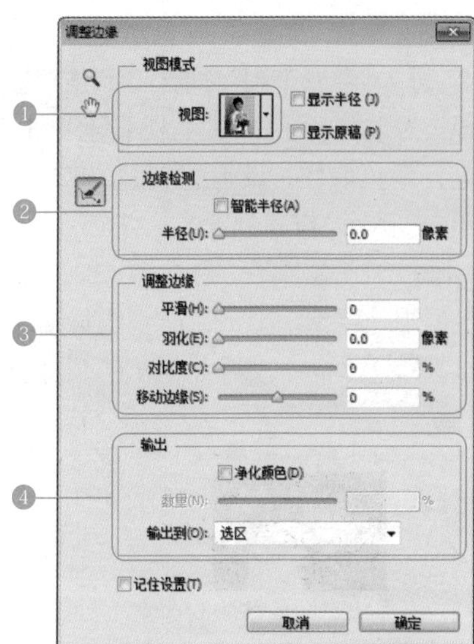

①	**视图模式：**在调整边缘时，选择一种视图模式
②	**边缘检测：**“半径”用于控制调整区域的大小。选中“智能半径”复选框，使半径自动适合图像边缘
③	**调整边缘：**“平滑”：可减少选区边界中的不规则区域，创建更加平滑的选区轮廓；“羽化”：可为选区设置羽化，使选区边缘的图像呈现透明效果；“对比度”：可以锐化选区边缘并去除模糊的不自然感；“移动边缘”：负值收缩选区边界

续表

④	**输出：**用于消除选区边缘的杂色、设定选区的输出方式。“净化颜色”：选中该复选框后，拖动“数量”滑块可以去除图像的彩色杂边。“数量”值越高，清除范围越广。“输出到”：在该选项的下拉列表中可以选择选区的输出方式

使用“调整边缘”命令细化选区，具体操作步骤如下。

Step01 打开“光盘\素材文件\第3章\长发.jpg”文件。使用“魔棒工具”选中背景图像。

Step02 执行“选择”→“调整边缘”命令，打开“调整边缘”对话框，在“视图模式”对话框中，选择“黑底”视图模式。

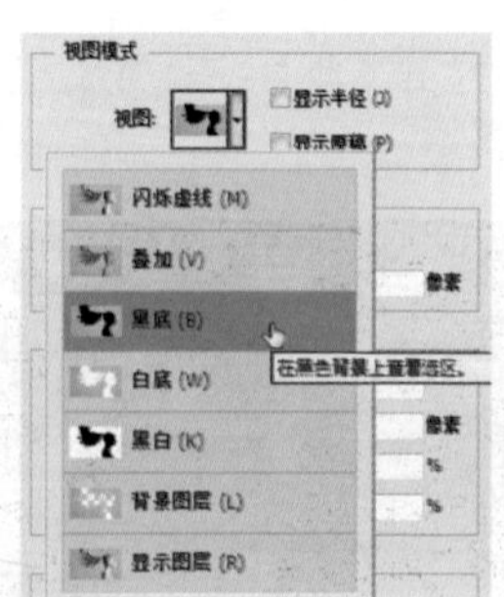

Step03 通过前面的操作，得到黑底视图模式效果，选区边缘显得生硬。

Step04 选中“智能半径”复选框，设置“半径”为 250 像素，设置“输出到”为选区。

边缘检测
智能半径(A)
半径(U): 250.0 像素
调整边缘
平滑(H): 1
羽化(E): 0.0 像素
对比度(C): 0 %
移动边缘(S): 0 %
输出
净化颜色(D)
数量(N): %
输出到(O): 选区

Step05 通过前面的操作，得到调整后的选区，以黑底视图模式显示，选区边缘变得自然圆润。

三、选区的存储与载入

创建选区后，为方便操作，还可以存储和载入选区。

1. 存储选区

如果创建选区或进行变换操作后想要保留选区，可以使用“存储选区”命令。

执行“选择”→“存储选区”命令后，弹出“存储选区”对话框。在“名称”文本框中输入选区名称，单击“确定”按钮即可存储选区。

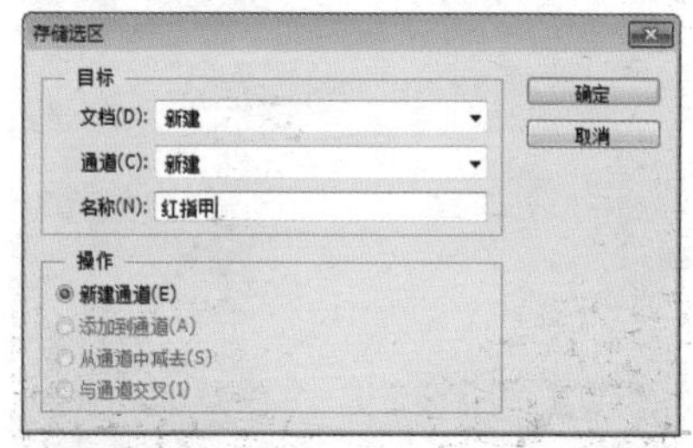

2. 载入选区

执行“选择”→“载入选区”命令，弹出“载入选区”对话框，选择存储的选区名称，单击“确定”按钮，即可载入之前存储的选区。

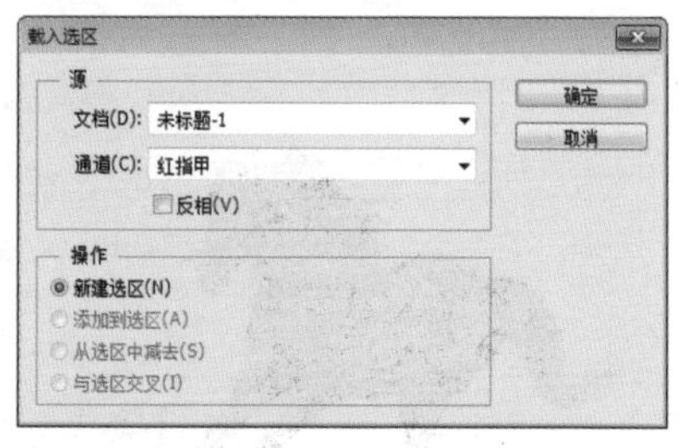

· 同步实训 ·

制作烈马效果

马象征奔跑、力量和热情，下面

讲解如何在 Photoshop CS6 中打造出烈马效果。

具体操作步骤如下。

Step01 打开“光盘\素材文件\第 3 章\黑马 .jpg”文件。使用“魔棒工具”在背景上单击，选中白色背景。

Step02 按“Ctrl+Shift+I”组合键反向选区，左下侧的蹄部未选中。

Step03 按“Q”键，进入快速蒙版状态。

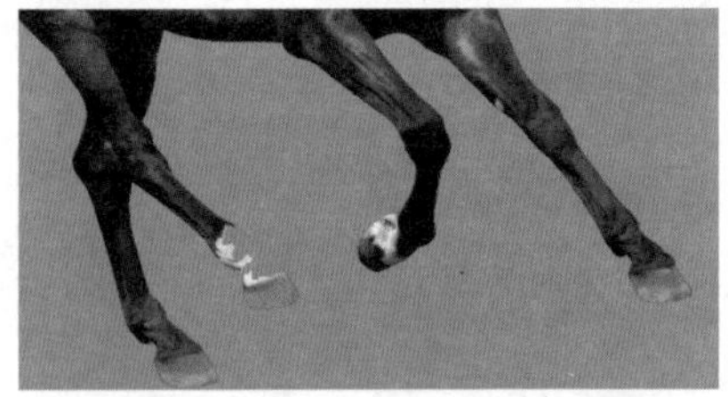

Step04 使用白色“画笔工具”在蹄部涂抹，修改快速蒙版。

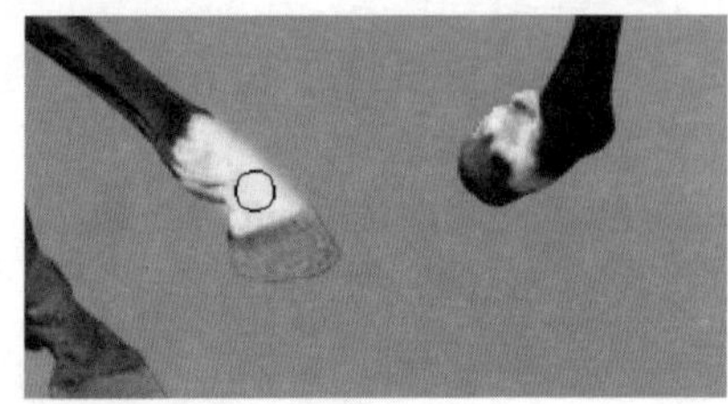

Step05 再次按“Q”键退出快速蒙版状态，得到修改后的选区。

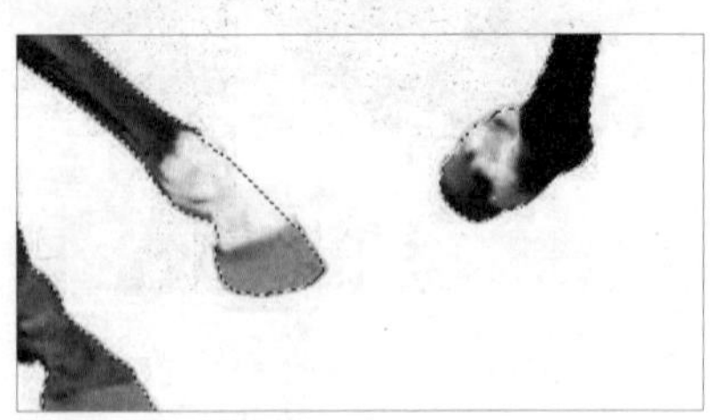

Step06 打开“光盘\素材文件\第 3

章\星空 .jpg”文件，将黑马复制粘贴到该文件中。

Step07 适当缩小黑马。使用“套索工具”选中马的后半部。

Step08 按“Shift+F6”组合键,执行“羽化选区”命令，设置“羽化半径”为 50 像素，单击“确定”按钮。

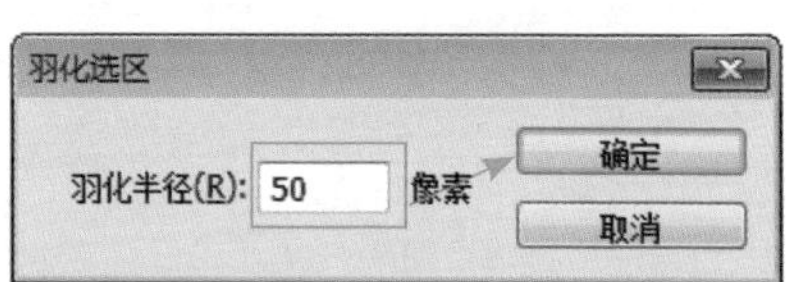

Step09 羽化选区后，按“Delete”键删除图像。

Step10 按“Ctrl+D”组合键取消选区，得到最终效果。

学习小结

本章主要介绍 Photoshop CS6 创建选区工具的使用方法，包括规则选框工具和不规则选框工具等。重点内容包括矩形选框工具、椭圆选框工具、套索工具、羽化命令等的使用。

掌握选区创建的基本技能，可以增强用户对图像的控制能力，是学习 Photoshop CS6 的必备知识。

第 4 章

图像的绘制与修饰修复

使用 Photoshop CS6 可以绘制图像，还可以对图像进行修饰修复处理。本章将带领读者学习图像绘制与修饰方法，使用户掌握 Photoshop CS6 的绘制技能。

※ 吸管工具　※ 渐变工具　※ 画笔工具
※ 仿制图章工具　※ 修补工具　※ 橡皮擦工具

案例展示

4.1 实例 12：为图像添加发光球体

本案例主要通过为图像添加发光球体，学习 Photoshop CS6 颜色设置命令和工具的使用方法，包括设置前（背）景色、吸管工具、油漆桶工具、渐变工具等。

4.1.1 设置前景色

Photoshop CS6 工具箱底部有一组前景色和背景色设置图标，在 Photoshop 中所有要被用到图像中的颜色都会在前景色或者背景色中表现出来。默认情况下前景色为黑色，而背景色为白色，其各项参数含义如下表所示。

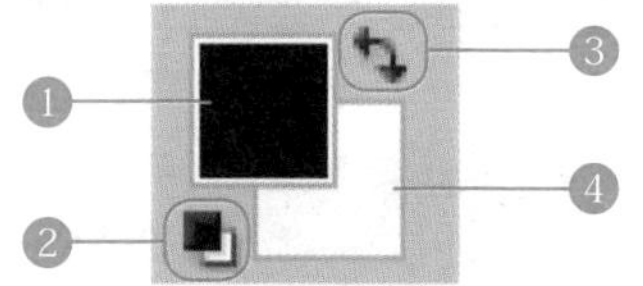

①	**设置前景色**：该色块中显示的是当前所使用的前景颜色。单击该色块，即可弹出“拾色器（前景色）”对话框，在其中可对前景色进行设置
②	**默认前景色和背景色**：单击此按钮，可将前景色和背景色调整到默认状态（前景色为黑色，背景色为白色）
③	**切换前景色和背景色**：单击此按钮，可使前景色和背景色互换
④	**设置背景色**：该色块中显示的是当前所使用的背景色。单击该色块，即可弹出“拾色器（背景色）”对话框，在其中可对背景色进行设置

接下来设置前景色为浅红色，背景色为浅紫色，具体操作步骤如下。

Step01 打开“光盘 \ 素材文件 \ 第 4 章 \ 书本 .jpg”文件。

Step02 在工具箱中，单击“设置前景

色”图标。在弹出的“拾色器(前景色)”对话框中，设置颜色值 #f5ed0c，单击“确定”按钮。

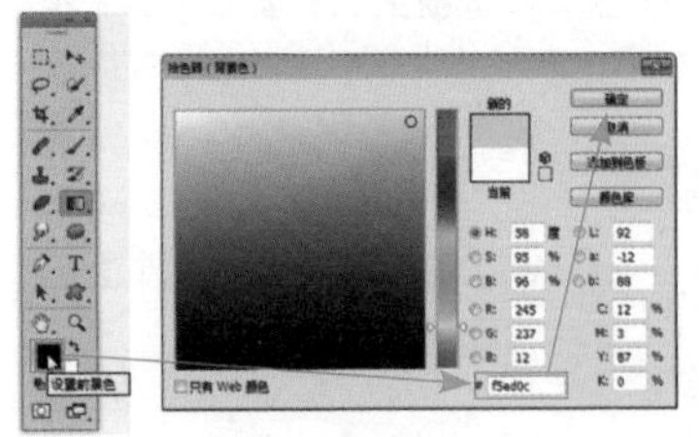

Step03 通过前面的操作，设置前景色为黄色。单击“设置背景色”图标，在弹出的“拾色器(背景色)”对话框中，设置颜色值 #f0a30e，单击“确定”按钮。

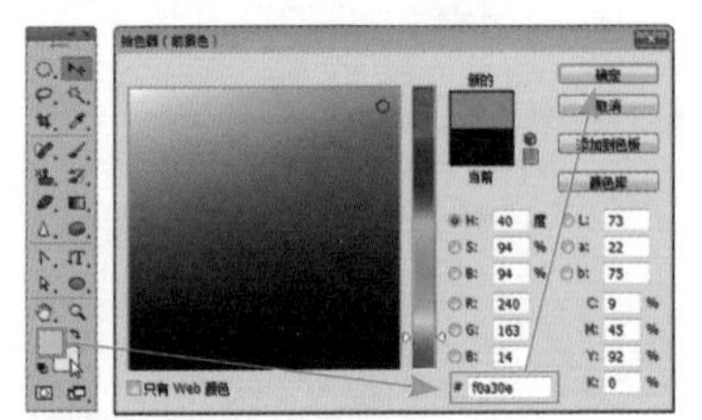

Step04 通过前面的操作，将背景色设置为橙色。

小技巧

按“D”键可以快速将前景色调整到黑色，背景色调整到白色；按“X”键，可以快速切换前景色和背景色的颜色。

Step05 使用“椭圆选框工具” 创建选区。

Step06 按“Shift+F6”组合键，执行“羽化选区”命令，设置“羽化半径”为10像素，单击“确定”按钮。

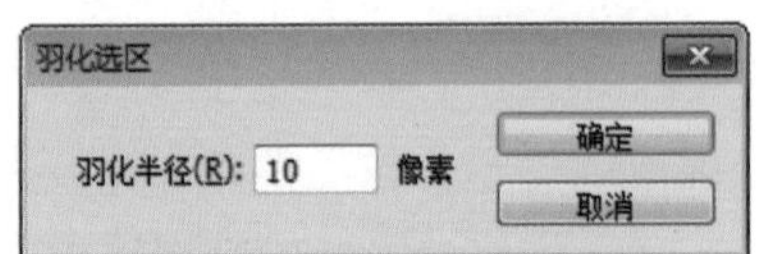

4.1.2 渐变工具

“渐变工具” 是一种特殊的填充工具，通过它可以填充过渡颜色。在工具箱中选择“渐变工具” ，其选项栏中常用参数的作用如下表所示。

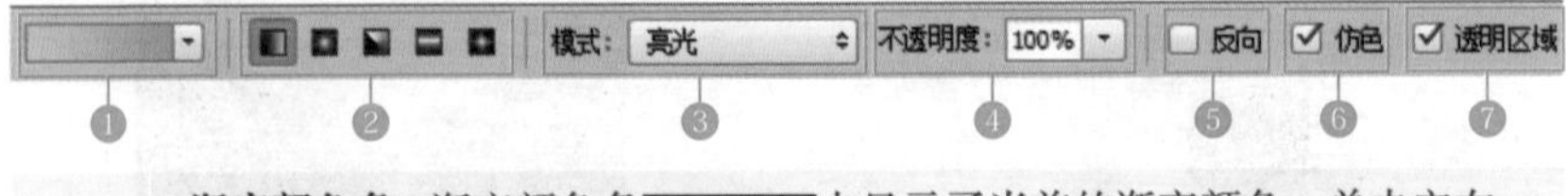

①	**渐变颜色条：**渐变颜色条 中显示了当前的渐变颜色，单击它右侧的 按钮，可以在打开的下拉面板中选择一个预设的渐变。如果直接单击渐变颜色条，则会弹出“渐变编辑器”

续表

2	**渐变类型:** 按下“线性渐变”按钮，可以创建以直线从起点到终点的渐变；按下“径向渐变”按钮，可创建以圆形图案从起点到终点的渐变；单击“角度渐变”按钮，可创建围绕起点以逆时针扫描方式的渐变；单击“对称渐变”按钮，可创建使用均衡的线性渐变在起点的任意一侧渐变；单击“菱形渐变”按钮，以菱形方式从起点向外渐变，终点定义为菱形的一个角
3	**模式:** 设置应用渐变时的混合模式
4	**不透明度:** 设置渐变的不透明度
5	**反向:** 选中该复选框，可转换渐变中的颜色顺序，得到反方向的渐变结果
6	**仿色:** 选中该复选框，可使渐变效果更加平滑。主要用于防止打印时出现条带化现象，但在屏幕上并不能明显地体现出作用
7	**透明区域:** 选中该复选框，可以创建包含透明像素的渐变；取消选中则创建实色渐变

使用“渐变工具”为前面创建的选区填充颜色，具体操作步骤如下。

Step01 选择“渐变工具”，在选项栏中，单击渐变色条右侧的按钮，在下拉面板中选择“前景色到背景色渐变”，单击“径向渐变”按钮。

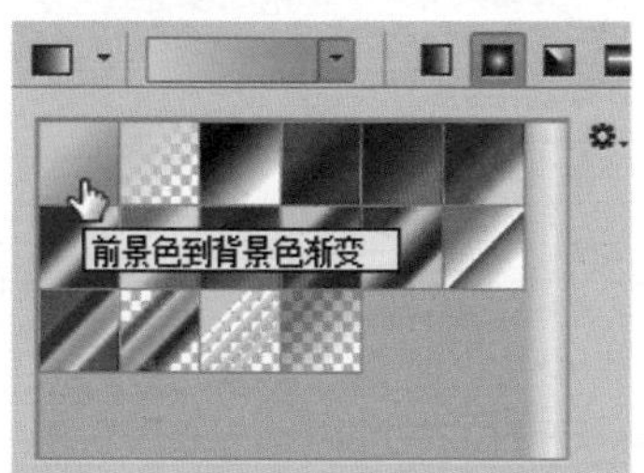

Step02 从左上往右下拖动鼠标，填充渐变色。

Step03 释放鼠标后，得到渐变效果。

4.2 实例 13：打造可爱儿童场景

本案例主要通过打造可爱儿童场景，学习 Photoshop CS6 颜色设置和基础填充技能，包括画笔工具、吸管工具、油漆桶工具等的使用。

4.2.1 画笔工具

“画笔工具” 是用于绘制图像的工具。画笔的笔触形态、大小及材质都可以随意调整，还可以调整其形态的笔触。

1. 画笔选项栏

选择“画笔工具” ，其选项栏中常用参数的作用如下表所示。

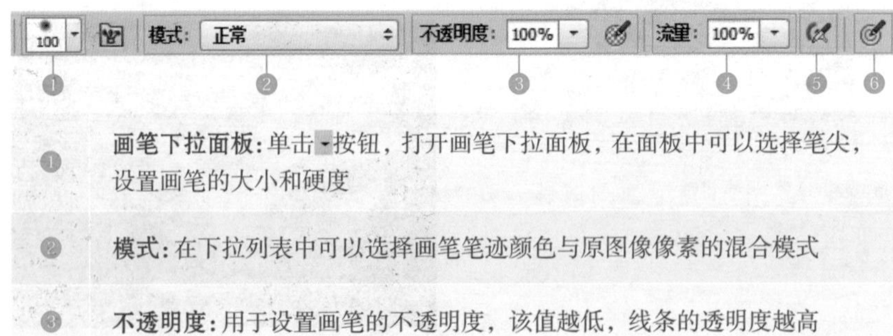

1	**画笔下拉面板：**单击 按钮，打开画笔下拉面板，在面板中可以选择笔尖，设置画笔的大小和硬度
2	**模式：**在下拉列表中可以选择画笔笔迹颜色与原图像像素的混合模式
3	**不透明度：**用于设置画笔的不透明度，该值越低，线条的透明度越高

续表

4	**流量**：在某个区域涂抹时，如果一直按住鼠标按键，颜色将根据流动的速率增加，直至达到不透明度设置
5	**喷枪**：单击该按钮，可以启用喷枪功能，Photoshop 会根据鼠标按键的停留时间长短确定画笔线条的填充数量
6	**压力**：始终对画笔“大小”使用压力，当关闭该选项时，将通过“画笔预设”控制画笔压力

2. 画笔下拉面板

在选项栏中，打开画笔下拉面板，各选项含义如下表所示。

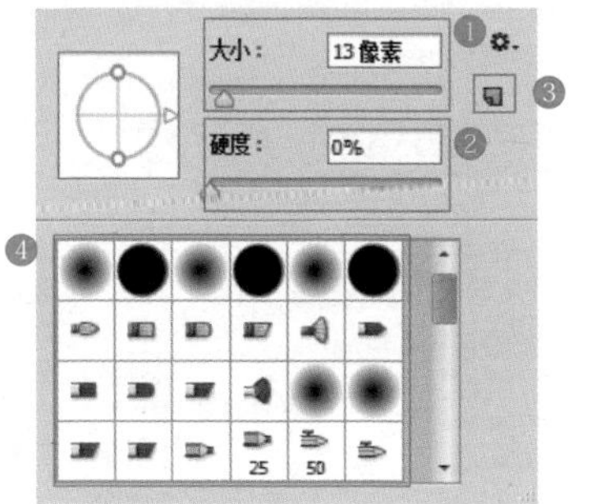

1	**大小**：拖动滑块或者在文本框中输入数值可以调整画笔的大小
2	**硬度**：用于设置画笔笔尖的硬度
3	**创建新的预设**：单击该按钮，可以打开“画笔名称”对话框，输入画笔的名称后，单击“确定”按钮，可以将当前画笔保存为一个预设的画笔

续表

4	**笔尖形状**：Photoshop 提供了三种类型的笔尖：圆形笔尖、毛刷笔尖及图像样本笔尖

3. 画笔下拉面板

画笔除了可以在选项栏中进行设置外，还可以通过“画笔”面板进行更丰富的设置。执行“窗口”→“画笔”菜单命令，就可以调出“画笔”面板。其各项参数的作用如下表所示。

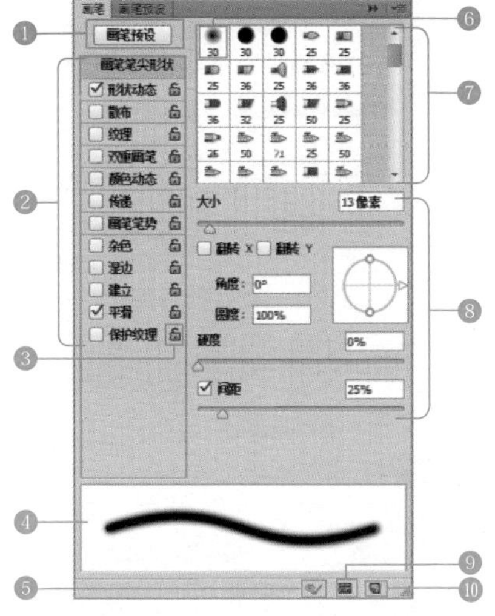

1	**画笔预设：** 单击该图标可以打开“画笔预设”面板
2	**画笔设置：** 改变画笔的角度、圆度，以及为其添加纹理、颜色动态等
3	**锁定 / 未锁定：** 锁定或未锁定画笔笔尖形状
4	**画笔描边预览：** 可预览选择的画笔笔尖形状
5	**显示画笔样式：** 使用毛刷笔尖时，显示笔尖样式
6	**选中的画笔笔尖：** 当前选择的画笔笔尖
7	**画笔笔尖：** 显示了 Photoshop 提供的预设画笔笔尖
8	**画笔参数选项：** 用于调整画笔参数
9	**打开预设管理器：** 可以打开“预设管理器”
10	**创建新画笔：** 对预设画笔进行调整，可单击该按钮，将其保存为一个新的预设画笔

使用“画笔工具”绘制图案，具体操作步骤如下。

Step01 打开“光盘 \ 素材文件 \ 第 4 章 \ 儿童 .jpg”文件。

Step02 选择“画笔工具”，在选项栏中，单击按钮，在打开的画笔下拉面板中，单击右上角的扩展按钮，在打开的快捷菜单中，选择“混合画笔”选项。

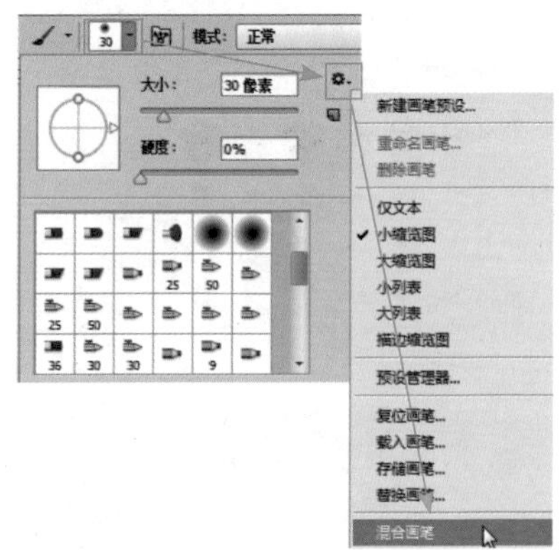

Step03 载入混合画笔后，选择星形画笔。

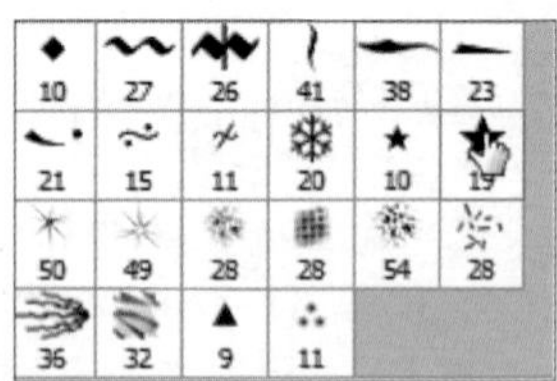

Step04 执行“窗口”→“画笔”命令，打开“画笔”面板。选择“画笔笔尖

形状”选项，设置“大小”为 100 像素，“间距”为 114%。

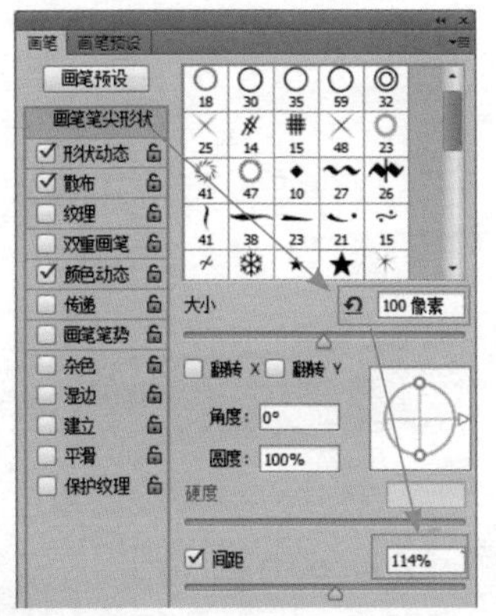

Step05 选中“形状动态”复选框，设置“大小抖动”为 100%，“最小直径”为 1%，“角度抖动”为 100%，“圆度抖动”为 0%。.

Step06 选中“散布”和“两轴”复选框，设置散布为 200%，“数量”为 1。

Step07 选中“颜色动态”复选框，“前景 / 背景抖动”为 57%，设置“色相抖动”为 42%，“饱和度抖动”“亮度抖动”和“纯度”为 0%。

Step08 单击“画笔”面板右下角的“新建画笔”按钮，在弹出的“画笔名称”对话框中，设置画笔名称后，单击“确定”按钮。

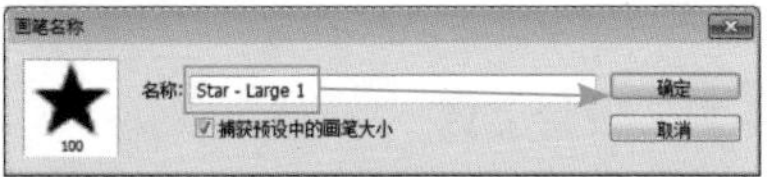

Step09 在“画笔预设”面板中，可以看到保存的画笔效果。

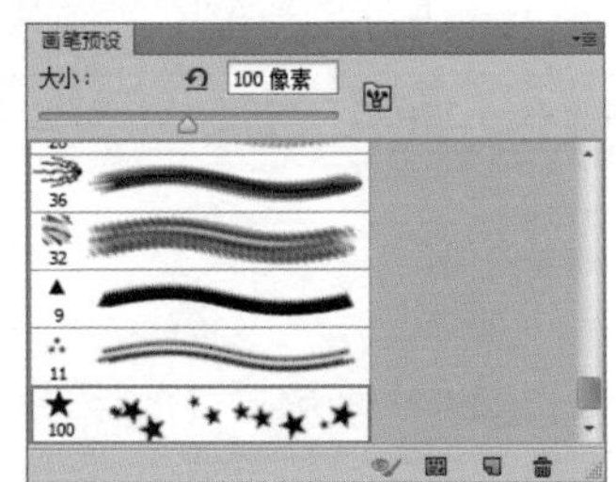

Step10 设置前景色为红色 #fb0a0a，背景色为绿色 #d6f313，拖动鼠标绘制图像。

Step11 在选项栏中，设置“画笔工具”“不透明度”为50%，继续绘制图像。

4.2.2 吸管工具

使用“吸管工具”可以从当前图像上进行取样，同时将色样应用于前景色、背景色和其他区域。选择工具箱中的“吸管工具”，其选项栏中常用参数的作用如下表所示。

1	**取样大小：**设置取样范围。选择“取样点”，可拾取光标所在位置像素的精确颜色；选择“3×3 平均”，可拾取光标所在位置 3 个像素区域内的平均颜色，以此类推
2	**样本：**选择“当前图层”表示只在当前图层上取样；选择“所有图层”表示在所有图层上取样
3	**显示取样环：**选中该复选框，可在拾取颜色时显示取样环

使用“吸管工具”在人物衣服上进行颜色取样，具体操作步骤如下。

Step01 选择“吸管工具”，移动鼠标至黄色星形位置，此时，鼠标指针呈吸管形状时，单击。

Step02 通过前面的操作，将前景色由红色更改为黄色。

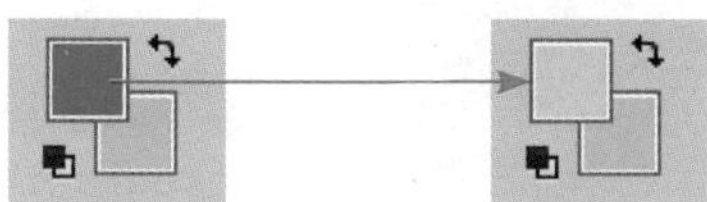

4.2.3 油漆桶工具

使用“油漆桶工具”可根据图像的颜色容差填充颜色或图案，它是一种方便快捷的填充工具。选择“油漆桶工具”，其选项栏中常用参数的作用如下表所示。

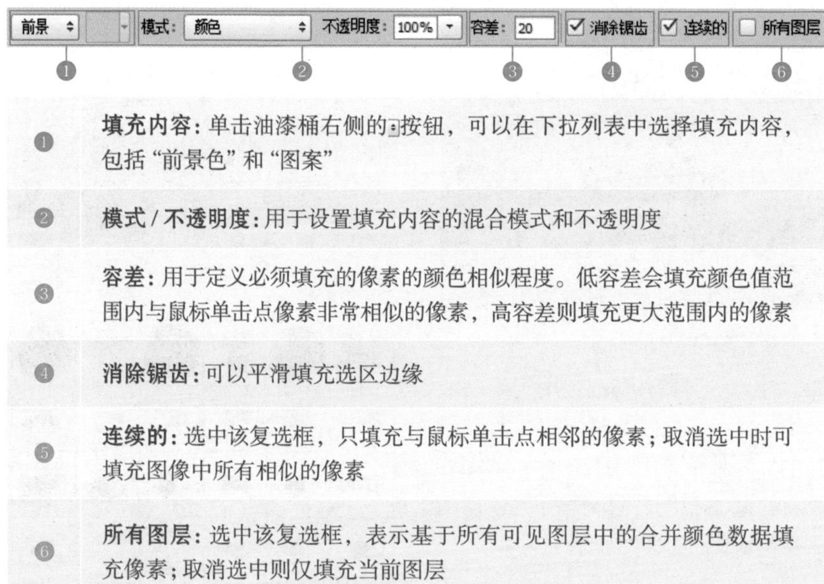

1	**填充内容：** 单击油漆桶右侧的按钮，可以在下拉列表中选择填充内容，包括“前景色”和“图案”
2	**模式 / 不透明度：** 用于设置填充内容的混合模式和不透明度
3	**容差：** 用于定义必须填充的像素的颜色相似程度。低容差会填充颜色值范围内与鼠标单击点像素非常相似的像素，高容差则填充更大范围内的像素
4	**消除锯齿：** 可以平滑填充选区边缘
5	**连续的：** 选中该复选框，只填充与鼠标单击点相邻的像素；取消选中时可填充图像中所有相似的像素
6	**所有图层：** 选中该复选框，表示基于所有可见图层中的合并颜色数据填充像素；取消选中则仅填充当前图层

使用“油漆桶工具”填充人物衣服颜色，具体操作步骤如下。

Step01 选择“油漆桶工具”，在选项栏中，设置“填充”为前景色，“模式”为变暗，“容差”为32，在人物衣服上单击，填充黄色。

Step02 继续使用“油漆桶工具”填充衣服颜色。

4.2.4 铅笔工具

“铅笔工具”也是用于绘制线条的，但是它只能绘制硬边线条，“铅笔工具”选项栏与“画笔工具”选项栏基本相同，只是多了个“自动抹除”选项，如下图所示。

“自动抹除”选项是“铅笔工具”特有的功能。选中该复选框后，当图像的颜色与前景色相同时，则“铅笔工具”会自动抹除前景色而填入背景色；当图像的颜色与背景色相同时，则“铅笔工具”会自动抹除背景色而填入前景色。

使用“铅笔工具”绘制衣服上的涂鸦效果，具体操作步骤如下。

Step01 在选项栏中，单击按钮，在打开的画笔下拉面板中，单击右上角的扩展按钮，在打开的快捷菜单中，选择“复位画笔”命令。

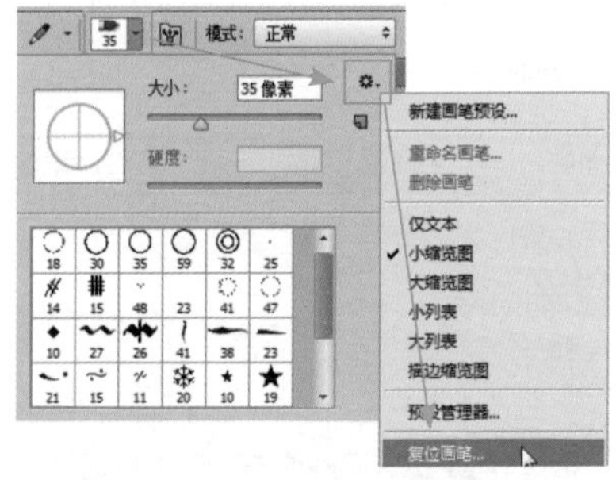

Step02 复位画笔后，选择“平点中等硬”画笔。

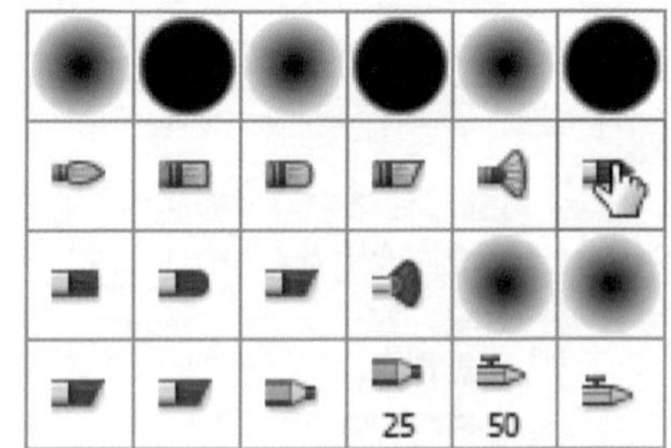

Step03 拖动鼠标，使用前景色绘制洋红色线条。

Step04 释放鼠标后，继续重新拖动鼠标，绘制线条。自动抹除前景洋红色，填入背景蓝色。

Step05 释放鼠标后，再次重新拖动鼠标，绘制线条。自动抹除背景蓝色，填入前景洋红色。

Step06 使用相同的方法，继续绘制其他图案。

小技巧

按“]”键可以增大画笔直径，按“[”键可以减小画笔直径。按“Shift+]”组合键可以增大画笔硬度，按“Shift+[”组合键可以减小画笔硬度。

4.3 实例 14：清除照片中的多余人物

本案例主要通过清除照片中的多余人物，学习修补、污点修复画笔、修复画笔等工具的使用方法。

4.3.1 修补工具

使用“修补工具” 可以用其他区域或图案中的像素来修复选中的区域。选择“修补工具” ，其选项栏中常用参数的作用如下表所示。

❶	**运算按钮：**此处是针对应用创建选区的工具进行的操作，可以对选区进行添加等操作
❷	**修补：**用于设置修补方式。选择“源”，当将选区拖至要修补的区域以后，放开鼠标就会用当前选区中的图像修补原来选中的内容；选择“目标”，则会将选中的图像复制到目标区域
❸	**透明：**设置所修复图像的透明度
❹	**使用图案：**单击此按钮后，可以应用图案对所选择的区域进行修复

使用“修补工具” 清除后方的多余人物，具体操作步骤如下。

Step01 打开“光盘 \ 素材文件 \ 第 4 章 \ 三口之家 .jpg” 文件。

Step02 使用“修补工具”沿着后方人物拖动鼠标。

Step03 释放鼠标后，自动创建目标选区。

Step04 将“修补工具”移动到选区内，拖动选区到采样目标区域。

Step05 释放鼠标后，清除多余人物图像。

4.3.2 污点修复画笔工具

使用“污点修复画笔工具”可以迅速修复图像存在的瑕疵或污点。该工具不需要取样，直接在污点上单击或拖动即可。选择该工具，其选项栏中常用参数的作用如下表所示。

❶	**模式：**用于设置修复图像时使用的回合模式
❷	**类型：**用于设置修复方法。“近似匹配”的作用为将所涂抹的区域以周围的像素进行覆盖；“创建纹理”的作用为以其他的纹理进行覆盖；“内容识别”是由软件自动分析周围图像的特点，将图像进行拼接组合后填充在该区域并进行融合，从而达到快速无缝的拼接效果
❸	**对所有图层取样：**选中该复选框，可从所有的可见图层中提取数据。取消选中该复选框，则只能从被选取的图层中提取数据

前面清除多余人物后，残留部分底色，接下来使用“污点修复画笔工具”修复底色，具体操作步骤如下。

Step01 按“Ctrl+D”组合键取消选区，使用“污点修复画笔工具”，在底色上涂抹。

Step02 释放鼠标后，涂抹位置的底色被清除。

Step03 多次涂抹，清除多余人物的大部分底色。

4.3.3 修复画笔工具

“修复画笔工具”在修饰污点图像时会经常用到。选择“修复画笔工具”，其选项栏中常用参数的作用如下表所示。

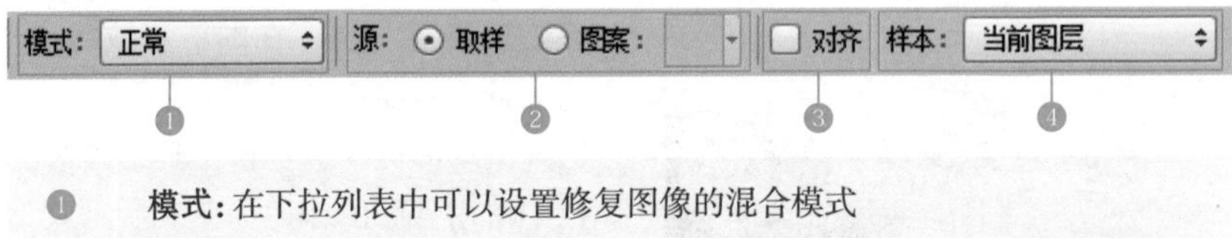

❶	**模式：**在下拉列表中可以设置修复图像的混合模式
❷	**源：**设置用于修复像素的源。选择“取样”，可以从图像的像素上取样；选择“图案”，则可在图案下拉列表中选择一个图案作为取样，效果类似于使用图案图章绘制图案
❸	**对齐：**选中该复选框，会对像素进行连续取样，在修复过程中，取样点随修复位置的移动而变化；取消选中，则在修复过程中始终以一个取样点为起始点
❹	**样本：**用于设置从指定的图层中进行数据取样；如果要从当前图层及其下方的可见图层中取样，可以选择“当前和下方图层”；如果仅从当前图层中取样，可选择“当前图层”；如果要从所有可见图层中取样，可选择“所有图层”

使用“修复画笔工具”清除剩余的底色，具体操作步骤如下。

Step01 选择“修复画笔工具”，在干净位置，按住“Alt”键，单击进行颜色取样。

Step02 在剩余的底色上拖动鼠标，进行修复操作，右上角出现参考点“＋”。

Step03 在剩余的底色上拖动鼠标，继续修复图像。

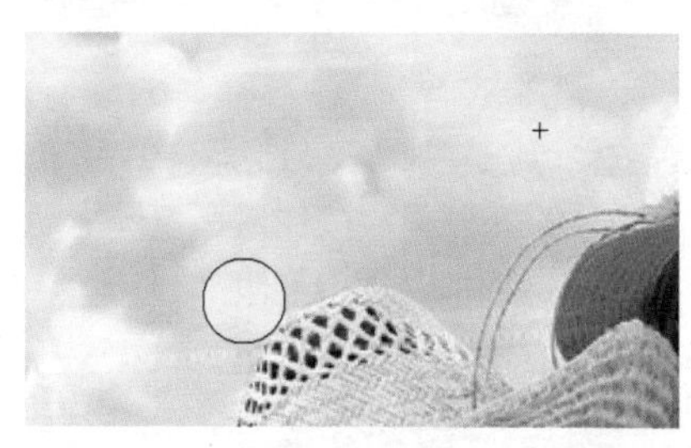

4.4 实例 15：合成花丛女神效果

本案例主要通过合成花丛女神图像，学习红眼工具、颜色替换工具及仿制图章工具等工具的使用方法。

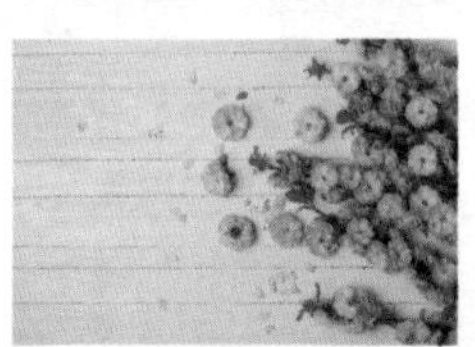

4.4.1 红眼工具

使用“红眼工具”可以去除人物红眼，以及动物眼睛位置的白色或绿色反光。选择“红眼工具”，其选项栏中常用参数的作用如下表所示。

1	**瞳孔大小：**可设置瞳孔（眼睛暗色的中心）的大小
2	**变暗量：**用于设置瞳孔的暗度

使用“红眼工具”清除人物红眼，具体操作步骤如下。

Step01 打开“光盘\素材文件\第 4 章\金发 .jpg”文件。

Step02 放大视图，选择“红眼工具”，在图像中按住鼠标左键拖动出一个矩形框，选中红眼部分。

Step03 释放鼠标左键，即可清除选中的红眼。

Step04 使用相同的方法消除另一侧红眼。

4.4.2 仿制图章工具

使用“仿制图章工具”可以将指定的图像像盖章一样，复制到指定的区域中，选择“仿制图章工具”，其选项栏中常用参数的作用如下表所示。

❶	**对齐**：选中该复选框，可以连续对图像进行取样；取消选中，则每单击一次，都使用初始取样点中的样本像素，因此，每次单击都被视为另一次复制
❷	**样本**：在样本列表框中，可以选择“当前图层”“当前和下方图层”及“所有图层”三种取样目标范围

使用“仿制图章工具”复制图

像，具体操作步骤如下。

Step01 执行“窗口”→“仿制源”命令，打开“仿制源”面板，设置水平和垂直缩放为 50%。

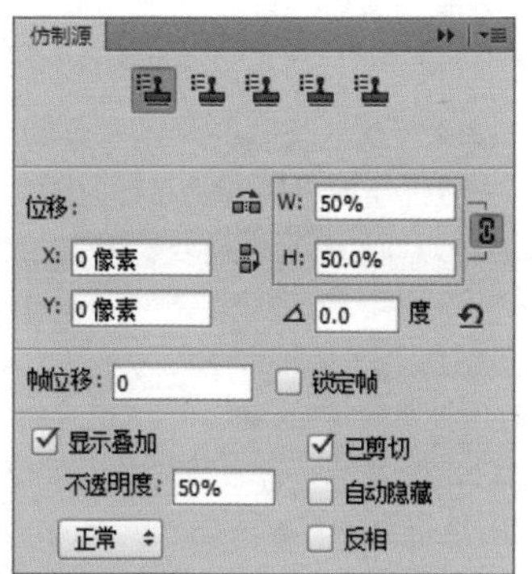

Step02 按住“Alt”键，在人物头像位置单击，创建取样点。

Step03 打开“光盘 \ 素材文件 \ 第 4 章 \ 花丛 .jpg”文件。

Step04 在图像左侧，拖动鼠标进行图像复制。

Step05 逐层仿制图像，得到 50% 缩放的图像效果。

Step06 继续拖动鼠标，复制出整个人物图像。

4.4.3 颜色替换工具

“颜色替换工具” 是用前景色替换图像中的颜色。选择“颜色替换工具” ，其选项栏中常用参数的作用如下表所示。

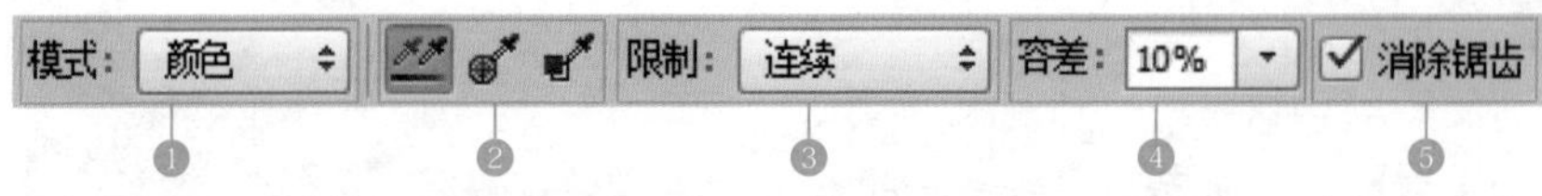

1	**模式：**包括“色相”“饱和度”“颜色”“亮度”4 种模式。常用的模式为“颜色”模式，这也是默认模式
2	**取样：**取样方式包括“连续”、“一次”、“背景色板”。其中“连续”是以鼠标当前位置的颜色为颜色基准；“一次”是始终以开始涂抹时的基准颜色为颜色基准；“背景色板”是以背景色为颜色基准进行替换
3	**限制：**设置替换颜色的方式，以工具涂抹时的第一次接触颜色为基准色。“限制”有 3 个选项，分别为“连续”“不连续”和“查找边缘”。其中“连续”是以涂抹过程中鼠标当前所在位置的颜色作为基准颜色来选择替换颜色的范围；“不连续”是指凡是鼠标移动到的地方都会被替换颜色；“查找边缘”主要是将色彩区域之间的边缘部分替换颜色
4	**容差：**用于设置颜色替换的容差范围。数值越大，则替换的颜色范围也越大
5	**消除锯齿：**选中该复选框，可以为校正的区域定义平滑边缘，从而消除锯齿

使用“颜色替换工具”更改人物衣服、背景、头发和饰品的颜色，具体操作步骤如下。

Step01 设置前景色为洋红色 # f3aedd，选择“颜色替换工具”，在选项栏中，设置“模式”为色相，“容差”为 10%，在人像浅黄色背景上拖动鼠标，进行颜色替换。

Step02 设置“模式”为颜色，“容差”为 20%，在人像头发和衣服位置涂抹，进行颜色替换。

小技巧

"颜色替换工具" 指针中间有一个十字标记，替换颜色边缘的时候，即使画笔直径覆盖了颜色及背景，但只要十字标记是在背景的颜色上，就只会替换背景颜色。

4.4.4 历史记录画笔工具

使用"历史记录画笔工具" 可以将图像恢复到编辑过程中的某一步骤状态，或者将部分图像恢复为原样。该工具需要配合"历史记录"面板一同使用。

颜色替换操作不是太完美，接下来使用"历史记录画笔工具" 恢复部分图像，具体操作步骤如下。

Step01 选择"历史记录画笔工具" ，在选项栏中，设置"不透明度"为50%，在"历史记录"面板中，设置历史记录画笔的源在原图像位置。

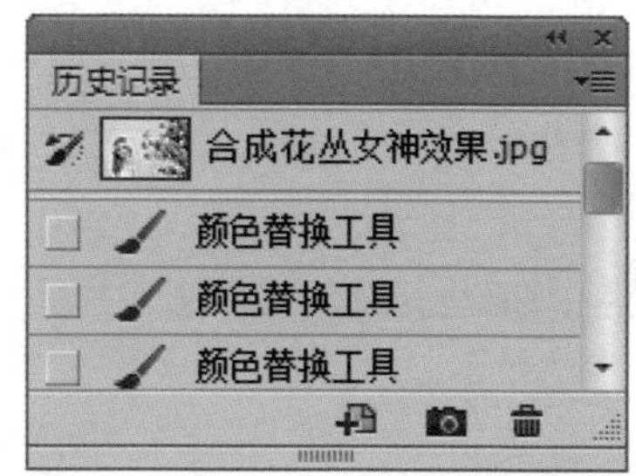

Step02 在颈部的粉色位置处涂抹。

Step03 通过前面的操作，恢复颈部原来的图像。

Step04 使用相同的方法，恢复其他位置的图像。

小技巧

使用"历史记录艺术画笔工具" 可以恢复图像，在恢复图像的同时，形成一种特殊的艺术笔触效果。

4.4.5 减淡与加深工具

“减淡工具”主要是对图像进行加光处理，以达到让图像颜色减淡的目的。“加深工具”与“减淡工具”相反，主要是对图像进行变暗以达到图像颜色加深的目的。

这两个工具的选项栏参数是相同的，常用参数的作用如下表所示。

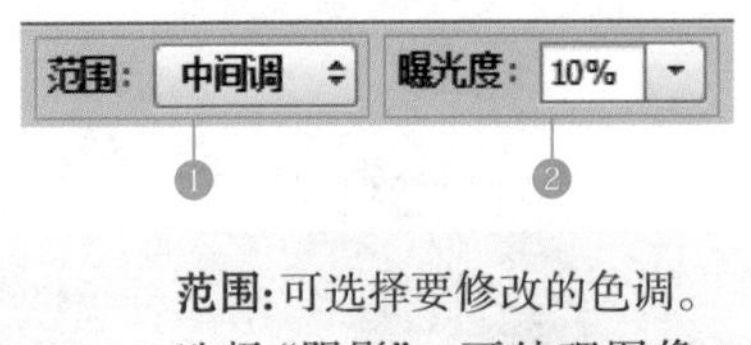

①	**范围：**可选择要修改的色调。选择“阴影”，可处理图像的暗色调；选择“中间调”，可处理图像的中间调；选择“高光”，则处理图像的亮部色调
②	**曝光度：**可以为“减淡工具”或“加深工具”指定曝光。该值越高，效果越明显

接下来使用“减淡工具”调整人物肤色。

选择“减淡工具”，在选项栏中，设置“范围”为中间调，“曝光度”为20%，在脸部和颈部涂抹，减淡肤色。

4.4.6 锐化与模糊工具

使用“模糊工具”可以柔化图像，减少图像细节；使用“锐化工具”可以增加图像中相邻像素之间的对比，提高图像的清晰度。选择这两个工具以后，在图像中进行涂抹即可。

“模糊工具”与“锐化工具”的选项栏基本相同，只是“锐化工具”多了一个“保护细节”选项，其选项栏中常用参数的作用如下表所示。

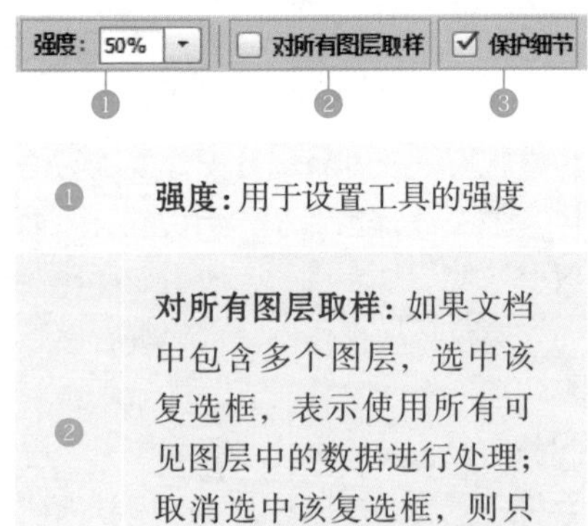

①	**强度：**用于设置工具的强度
②	**对所有图层取样：**如果文档中包含多个图层，选中该复选框，表示使用所有可见图层中的数据进行处理；取消选中该复选框，则只处理当前图层中的数据
③	**保护细节：**选中该复选框，可以防止颜色发生色相偏移，在对图像进行加深时更好地保护原图像的色调

使用“模糊工具”与“锐化工具”调整花朵的层次感，具体操作步骤如下。

Step01 选择“锐化工具”，在选项栏中，设置“强度”为50%，在主体花丛位置单击，锐化图像。

Step02 选择“模糊工具”，在选项栏中，设置“强度”为 50%，在周围花丛位置单击，模糊图像。

4.5 实例 16：更改风景画的内容

本案例主要通过更改风景画的内容，学习内容感知移动工具、图案图章工具的使用方法。

4.5.1 内容感知移动工具

使用“内容感知移动工具”可以将选中的对象移动或复制到其他区域，并混合像素，产生自然的视觉效果，选项栏中常用参数的作用如下表所示。

1	**模式**：用于选择图像移动方式，包括“移动”和“扩展”
2	**适应**：用于设置图像修复精度
3	**对所有图层取样**：如果文档中包括多个图层，选中该复选框，可以对所有图层中的图像进行取样

使用“内容感知移动工具”复制人物，具体操作步骤如下。

Step01 打开“光盘\素材文件\第 4 章\小路 .jpg”文件。

Step02 使用“内容感知移动工具”，在选项栏中，设置“模式”为扩展，“适应”为严格，沿着小路拖动，创建一个大致选区。

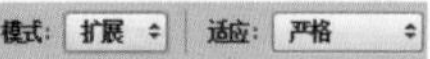

Step03 完成操作后，释放鼠标后生成选区。

Step04 将鼠标指针移动到选区内部，向右拖动。

Step05 释放鼠标后，对象被复制到其他位置，并自然融入背景中，按“Ctrl+D”组合键取消选区。

4.5.2 图案图章工具

使用“图案图章工具”可从通过拖动鼠标填充图案，该工具常用于背景图片的制作。选择“图案图章工具”后，选项栏中常用参数的作用如下表所示。

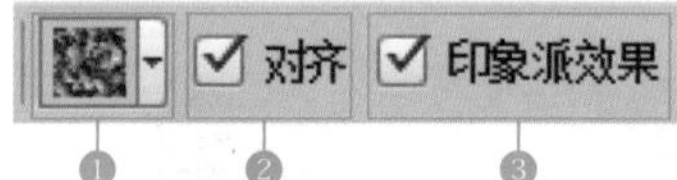

❶	**图案：**单击“图案”按钮，可打开“图案拾色器”下拉列表框，在“图案拾色器”下拉列表框中可以选择不同的图案进行绘制
❷	**对齐：**选中该复选框，可以保持图案与原始起点的连续性，即使多次单击也不例外；取消选中该复选框时，每次单击都重新应用图案
❸	**印象派效果：**选中该复选框，则对绘画选取的图像产生模糊、朦胧化的印象派效果

使用“图案图章工具”更改两侧树木为花丛，具体操作步骤如下。

Step01 选择“图案图章工具”，在选项栏的“图章”下拉列表框中单击扩展按钮，选择“自然图案”。

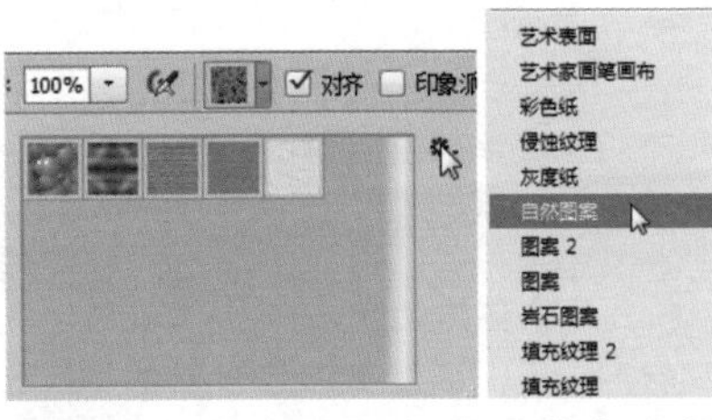

Step02 载入自然图案后，单击选择“蓝色雏菊”图案。在选项栏中，设置“模式”为变亮。

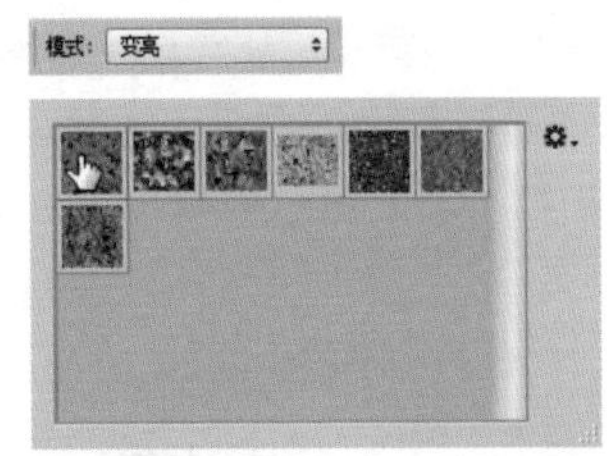

Step03 在两侧树木处拖动鼠标，进行图案复制。

4.6 实例 17：更改人物发型

本案例主要通过更改人物发型，学习海绵工具、涂抹工具的使用方法。

4.6.1 涂抹工具

使用“涂抹工具”涂抹图像时，可拾取鼠标单击点的颜色，并沿拖移的方向展开这种颜色，模拟出类似于手指拖过湿油漆的效果。其工具选项栏与“模糊工具”基本相同，只是多了一个“手指绘画”选项，其作用如下表所示。

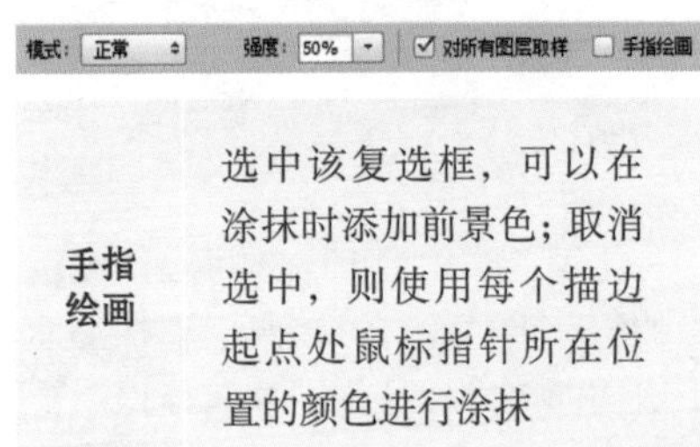

手指绘画	选中该复选框，可以在涂抹时添加前景色；取消选中，则使用每个描边起点处鼠标指针所在位置的颜色进行涂抹

使用“涂抹工具”涂抹人物的头发，具体操作步骤如下。

Step01 打开“光盘\素材文件\第4章\绿发.jpg”文件。

Step02 选择“涂抹工具”，在画笔选取器中，选择一种喷溅画笔。

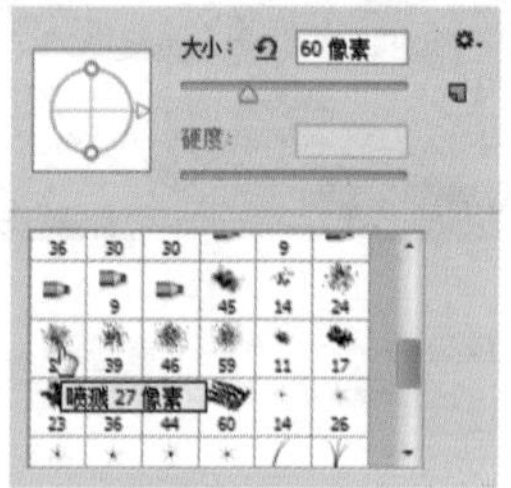

Step03 在头发末端涂抹，更改人物发型效果。

4.6.2 海绵工具

使用“海绵工具”可以修改色彩的饱和度。选择该工具后，在画面上涂抹即可进行处理。其选项栏中常用参数的作用如下表所示。

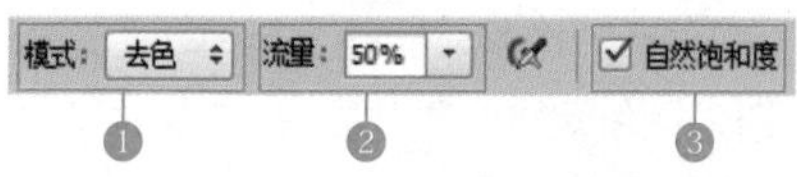

❶	**模式：** 用于设置添加颜色或者降低颜色。选择“饱和”就是加色，选择“降低饱和度”就是去色
❷	**流量：** 用于设置海绵工具的作用强度
❸	**自然饱和度：** 选中该复选框后，可以得到最自然的加色或减色效果

使用“海绵工具”增加图像饱和度，具体操作步骤如下。

选择“海绵工具”，在选项栏中，设置“模式”为饱和，“流量”为50%，在人物嘴唇上拖动鼠标，进行加色处理，使人物唇色更加鲜艳。

· 技能拓展 ·

一、橡皮擦工具

“橡皮擦工具”、“背景橡皮擦工具”和“魔术橡皮擦工具”都可以用来擦除图像。

使用“橡皮擦工具” 擦除图像时，如擦除的是“背景”图层，擦除区域将自动填入背景色。

“背景橡皮擦工具” 主要用于擦除图像的背景区域，在图像上单击或拖动鼠标即可，被擦除的图像以透明效果进行显示。

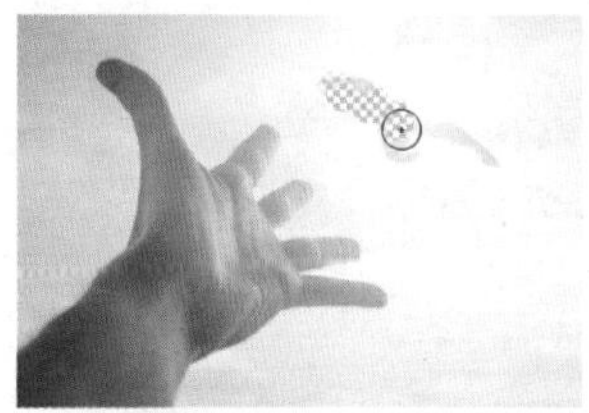

“魔术橡皮擦工具” 与“魔棒工具”有些类似，使用该工具可擦除照片中所有与鼠标单击点处颜色相同或相近的像素。

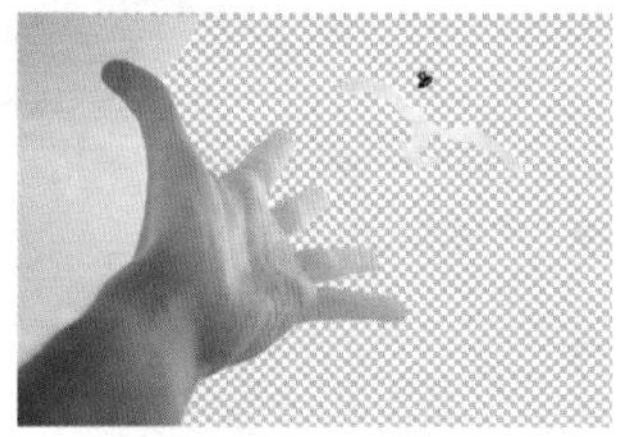

二、设置渐变色

在“渐变工具” 选项栏中，单击渐变颜色条打开“渐变编辑器”对话框，在对话框中可以实现对渐变颜色的编辑。“渐变编辑器”对话框中，各参数选项的作用如下表所示。

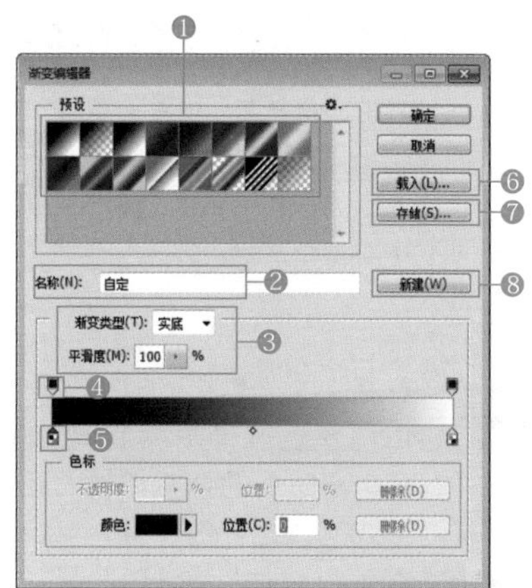

①	**预设**：显示 Photoshop CS6 提供的基本预设渐变方式。单击图标后，可以设置该样式的渐变，还可以单击其右边的⚙按钮，弹出快捷菜单，选择其他的渐变样式
②	**名称**：在“名称”文本框中可显示选定的渐变名称，也可输入新建渐变名称
③	**渐变类型和平滑度**：单击“渐变类型”下拉按钮，可选择显示为单色形态的“实底”和显示为多种色带形态的“杂色”两种类型。“实底”为默认形态，通过“平滑度”选项可调整渐变颜色阶段的柔和程度，数值越大效果越柔和；在“杂色”类型下的“粗糙度”选项中，可设置杂色渐变的柔和度，数值越大颜色阶段越鲜明

续表

④	**不透明度色标：**用于调整渐变中应用的颜色的不透明度，默认值为100，数值越小渐变颜色越透明
⑤	**色标：**用于调整渐变中应用的颜色或者颜色范围，可以通过拖动调整滑块的方式更改色标的位置。双击色标滑块，弹出“选择色标颜色”对话框，就可以选择需要的渐变颜色
⑥	**载入：**可以在弹出的“载入”对话框中打开保存的渐变
⑦	**存储：**通过“存储”对话框可将新设置的渐变进行存储
⑧	**新建：**在设置新的渐变样式后，单击“新建”按钮，可将这个样式新建到预设框中

在“渐变编辑器”中设置渐变色的具体操作步骤如下。

Step01 选择“渐变工具”，在选项栏中，单击渐变色条，打开“渐变编辑器”对话框。

Step02 在渐变色条下方单击，可添加色标。

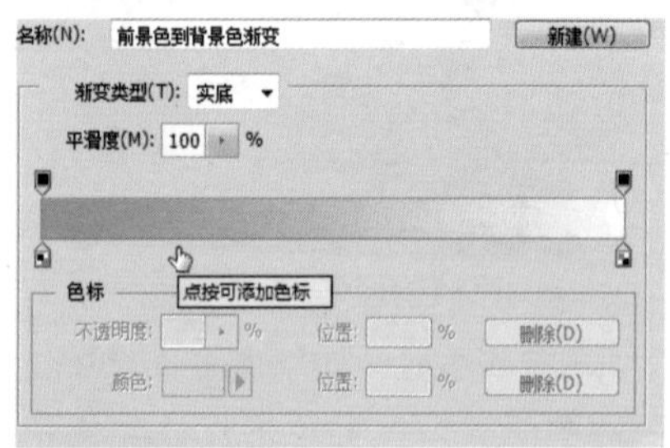

Step03 添加色标后，单击下方的颜色色块。

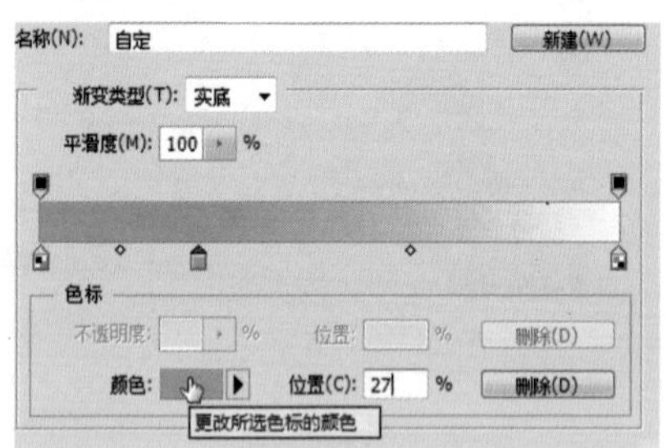

Step04 在“拾色器(色标颜色)”对话框中，设置色标为洋红色#fa09a2，单击“确定”按钮。

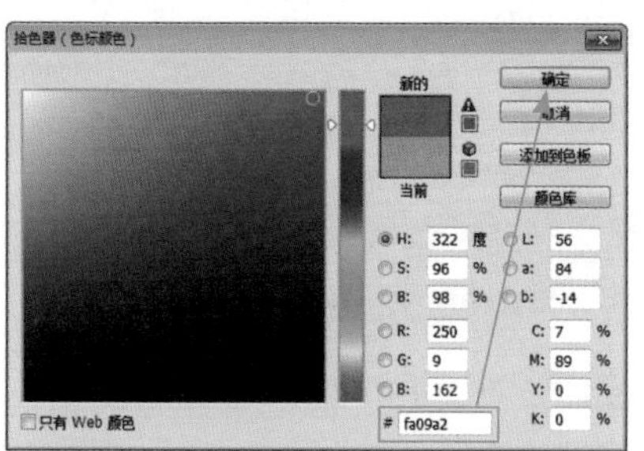

Step05 通过前面的操作，设置添加的色标为洋红色。

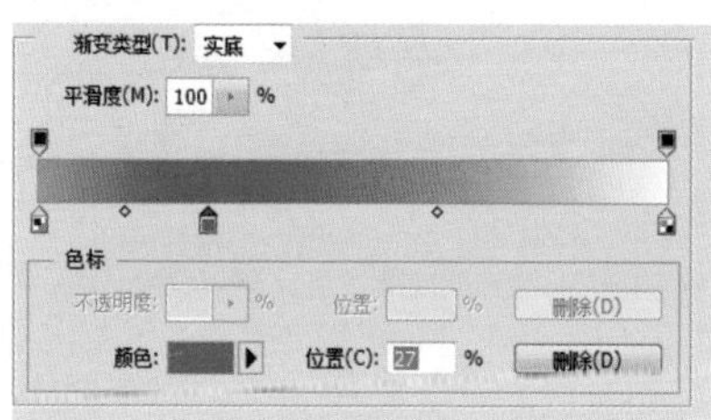

Step06 在渐变色条上方单击，可以添加色标，用于控制下方颜色的不透明度。

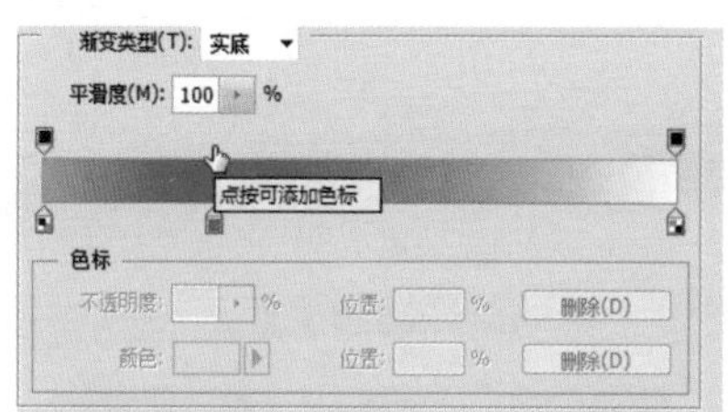

Step07 在“色标”栏中，设置“不透明度”为 10%。

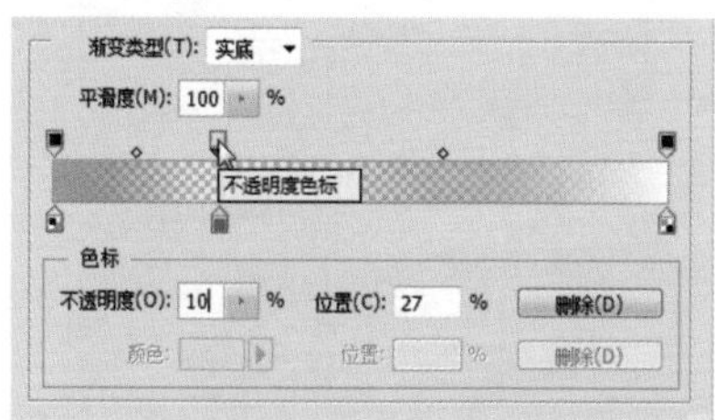

· 同步实训 ·

打造彩虹花瓣船效果

彩虹、花瓣、船组合起来是一幅怎样的场景呢？下面讲解如何在 Photoshop CS6 中，打造彩虹花瓣船场景效果。

Step01 打开“光盘\素材文件\第 4 章\花船 .jpg”文件。选择“海绵工具”，在选项栏中，设置“模式”为饱和，“流量”为 50%，在人物衣裙底部和船内侧拖动鼠标，进行加色处理，使色彩更加鲜艳。

Step02 在选项栏中，设置“模式”为降低饱和度，“流量”为50%，在人物背景处拖动鼠标，进行减色处理，使背景更加灰暗。

Step03 选择“渐变工具” ，在选项栏中，单击渐变色条。打开“渐变编辑器”对话框，选择“透明彩虹渐变”。

Step04 拖动下方色标，调整色标的位置。

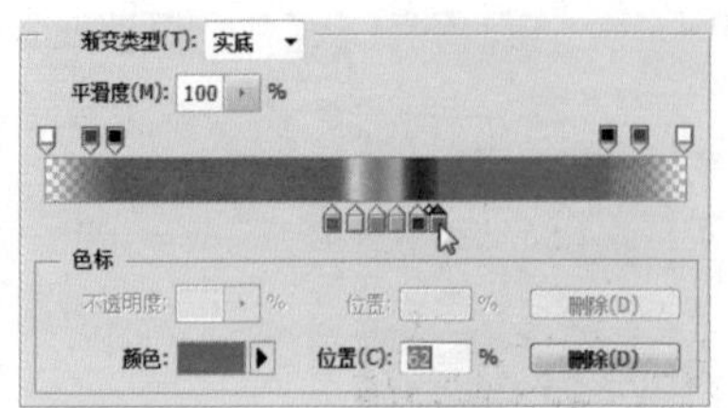

Step05 拖动上方色标，调整色标不透明度的位置。

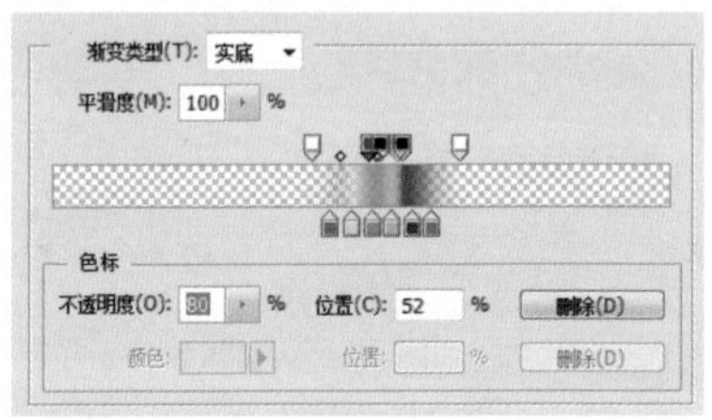

小技巧

将某一色标拖出对话框，可以将其删除。

Step06 在选项栏中，设置“混合模式”为变亮，“不透明度”为80%，从右下往左上拖动鼠标绘制彩虹。

Step07 再次拖动鼠标，继续添加彩虹效果。

Step08 选择“画笔工具”，单击“画笔选取器”右上角的扩展按钮，选择“特殊效果画笔”。

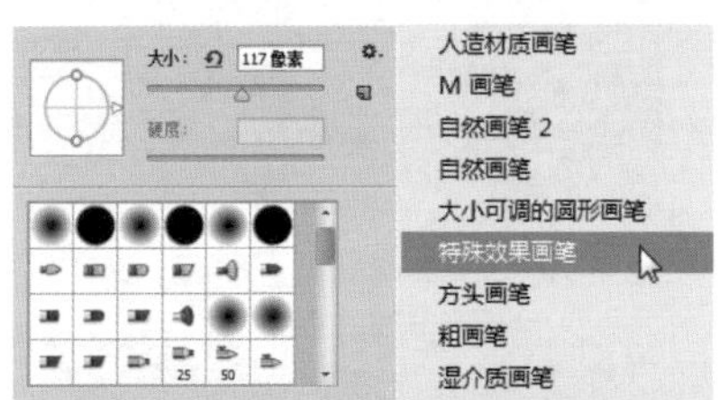

Step09 载入“特殊效果画笔”后，选择“缤纷玫瑰”画笔。

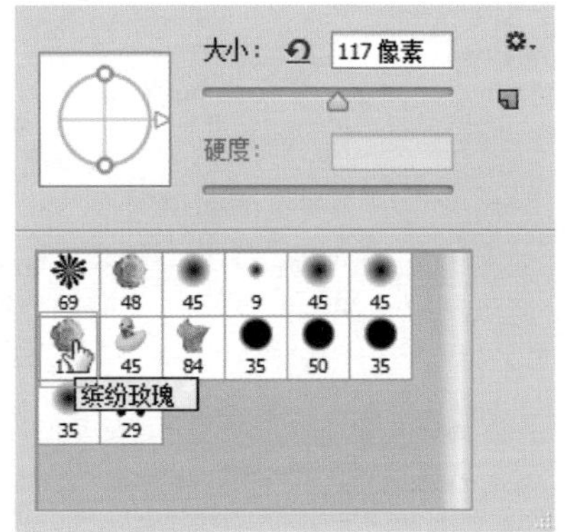

Step10 打开“画笔”面板，单击“画笔笔尖形状”选项，设置“大小”为 60 像素，“间距”为 25%。

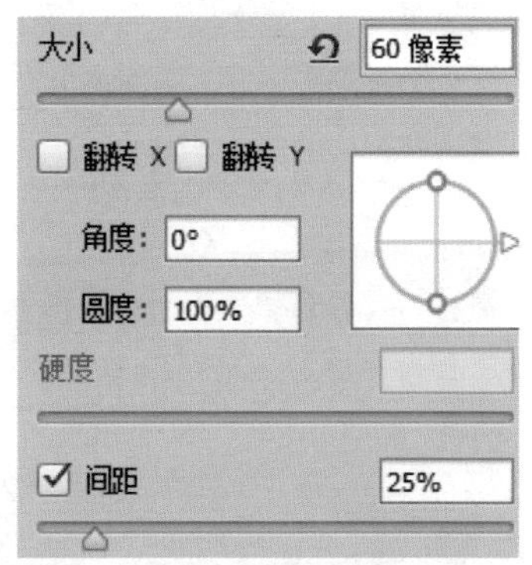

Step11 选中“形状动态”复选框，设置“大小抖动”为 100%，“最小直径”为 10%，“角度抖动”为 100%，“圆度抖动”为 61%，“最小圆度”为 11%。

Step12 选中“散布”复选框，选中“两轴”复选框，设置散布为 771%，“数量”为 1。

散布 ☑ 两轴 771%
控制： 关
数量 1
数量抖动 0%

Step13 选中“颜色动态”复选框，设置“前景 / 背景抖动”为 0%，“色相抖动”为 49%，“饱和度抖动”“亮度抖动”和“纯度”均为 0%。

Step14 设置前景色为浅红色 #fa6c95，背景色为蓝色 # 0d9bed，在花船位置拖动鼠标，绘制花朵图像。

Step15 选择“历史记录画笔工具”，在选项栏中，设置“不透明度”为 80%，在人物脸部涂抹，恢复脸部图像，得到最终效果。

学习小结

本章主要介绍在 Photoshop CS6 中绘制和修饰图像的基本方法，包括设置和填充颜色、画笔工具、铅笔工具、颜色替换工具、仿制图章工具、修复画笔工具、修补工具、红眼工具等相关知识。重点内容包括画笔工具、仿制图章工具、渐变工具等。

掌握图像绘制的基本技能，是学习 Photoshop CS6 的重要知识，也是必须学习的专业技能。

第 5 章

图层的管理与应用

图层是图像信息的平台，承载了几乎所有的编辑操作，是 Photoshop CS6 最核心的功能之一。如果没有图层，所有的图像将处于同一个平面上，编辑图像的难度将无法想象。

本章将从简到难讲解图层的整个操作过程。

※ 新建图层　※ 复制图层　※ 链接图层

※ 图层混合模式　※ 图层不透明度　※ 图层样式

案 例 展 示

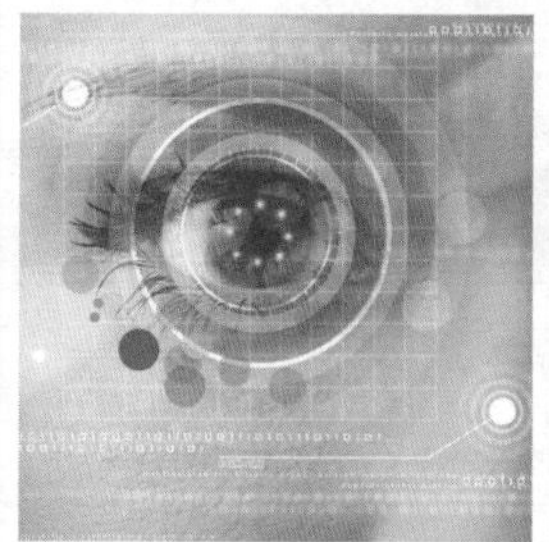

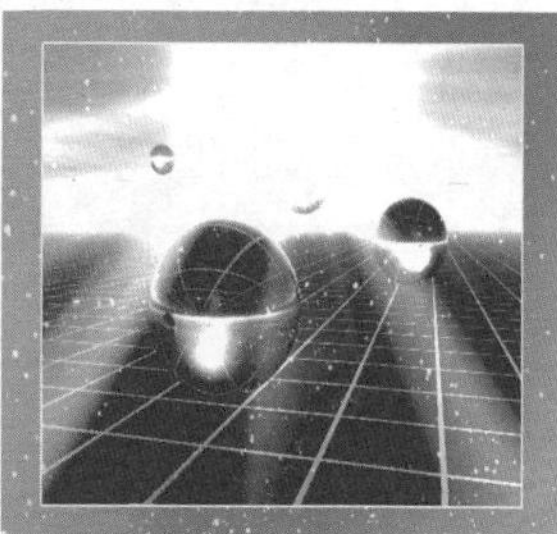

5.1 实例 18：制作相册页

本案例主要通过制作相册页，学习图层管理技能，包括新建图层、复制图层、重命名图层等知识。

5.1.1 创建新图层

新建的图层一般位于当前图层的最上方。创建新图层的具体操作步骤如下。

Step01 按“Ctrl+N”组合键，执行“新建”命令，设置“宽度”为 15 厘米，“高度”为 10 厘米，“分辨率”为 200 像素/英寸，单击“确定”按钮。

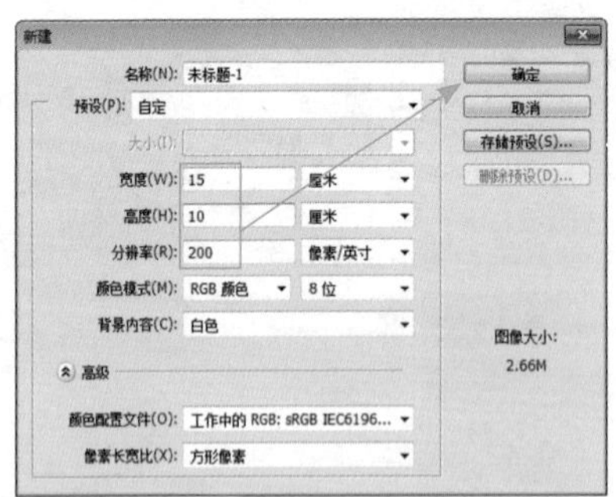

Step02 执行“窗口”→“图层”命令，打开“图层”面板，为背景填充绿色 #daedaa，单击面板右下角的“创建新图层”按钮。

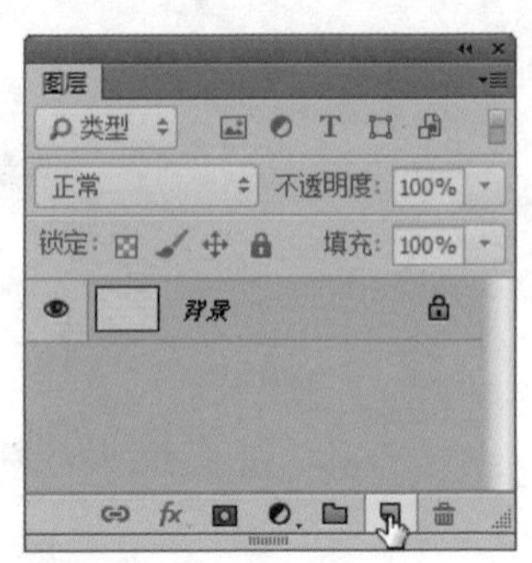

Step03 通过前面的操作，在“图层”面板中新建“图层 1”图层。

5.1.2 重命名图层

新建图层时，默认名称为“图层 1”“图层 2”……为了方便对图层进行管理，一般需要对图层进行重新命名。

重命名刚才创建的图层，具体操作步骤如下。

Step01 在“图层”面板中，双击“图层 1”图层名称，进入文本编辑状态。

Step02 在文本框中输入文字“底色”。

Step03 按“Enter”键，确认更改图层名称。

Step04 使用“矩形选框工具” 创建选区，适当旋转选区后，填充黄色 #f0ff5d。

5.1.3 投影图层样式

使用“投影样式”可以为对象添加阴影效果，阴影的透明度、边缘羽化和投影角度等都可以在“图层样式”对话框中设置，对话框中各选项含义如下表所示。

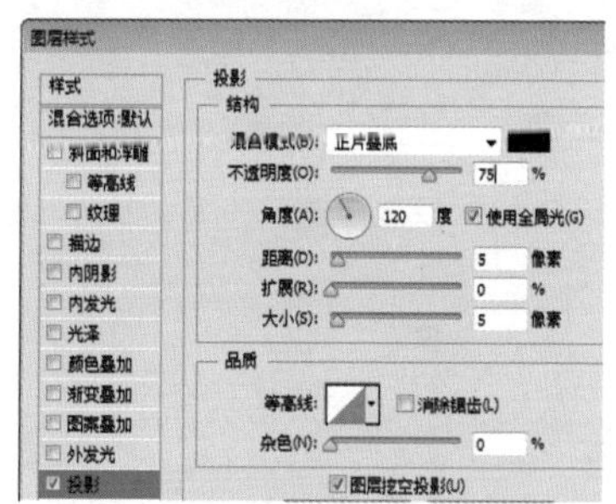

混合模式	用于设置投影与下面图层的混合方式，默认为“正片叠底”模式
投影颜色	在“混合模式”后面的颜色框中，可设定阴影的颜色
不透明度	设置图层效果的不透明度，不透明度值越大，图像效果就越明显。可直接在后面的文本框中输入数值进行精确调节，或拖动滑动栏中的三角形滑块

续表

角度	设置光照角度，可确定投下阴影的方向与角度。当选中后面的“全局光”复选框时，可将所有图层对象的阴影角度都统一
距离	设置阴影偏移的幅度，距离越大，层次感越强；距离越小，层次感越弱
扩展	设置模糊的边界，“扩展”值越大，模糊的部分越少，可调节阴影的边缘清晰度
大小	设置模糊的边界，“大小”值越大，模糊的部分就越大
等高线	设置阴影的明暗部分，可单击小三角符号选择预设效果，也可直接单击预设效果，弹出“等高线编辑器”重新进行编辑。可设置暗部与高光部
消除锯齿	混合等高线边缘的像素，使投影更加平滑。该选项对于尺寸小且具有复制等高线的投影最有用
杂色	为阴影增加杂点效果，“杂色”值越大，杂点越明显

续表

图层挖空投影	用于控制半透明图层中投影的可见性。选中该复选框后，如果当前图层的填充不透明度小于100%，则半透明图层中的投影不可见

为图像添加投影效果，具体操作步骤如下。

Step01 打开“光盘\素材文件\第5章\白底.tif”文件，拖动到当前文件中，自动生成“白底”图层。

Step02 双击“白底”图层，注意不要双击图层名称。

Step03 打开“图层样式”对话框。在打开的“图层样式”对话框中选中“投影”复选框，设置“混合模式”为正片叠底，单击右侧色块，设置投影颜

色为黑色 #000000，设置“不透明度”为 46%，“角度”为 120 度，“距离”为 26 像素，“扩展”为 0%，“大小”为 38 像素，选中“使用全局光”复选框。

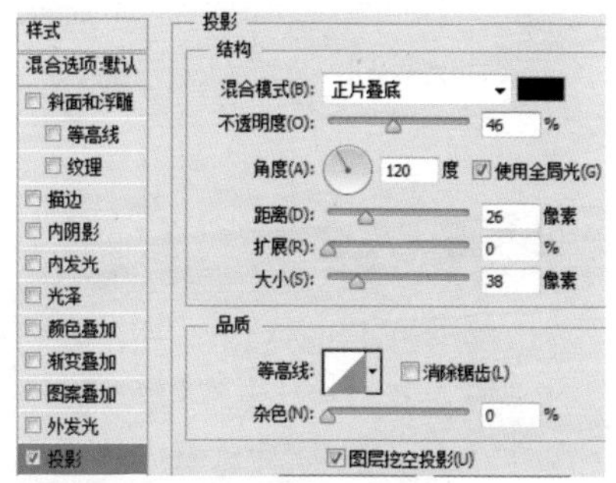

Step04 添加投影图层样式后，得到投影效果。

Step05 打开“光盘\素材文件\第 5 章\藤蔓.tif”文件，拖动到当前文件中，自动生成“藤蔓”图层。

Step06 双击图层，在打开的“图层样式”对话框中，选中“投影”选项，设置“混合模式”为正片叠底，单击右侧色块，设置投影颜色为黑色 #000000，设置“不透明度”为 60%，“角度”为 120 度，“距离”为 30 像素，“扩展”为 0%，“大小”为 58 像素，选中“使用全局光”复选框。

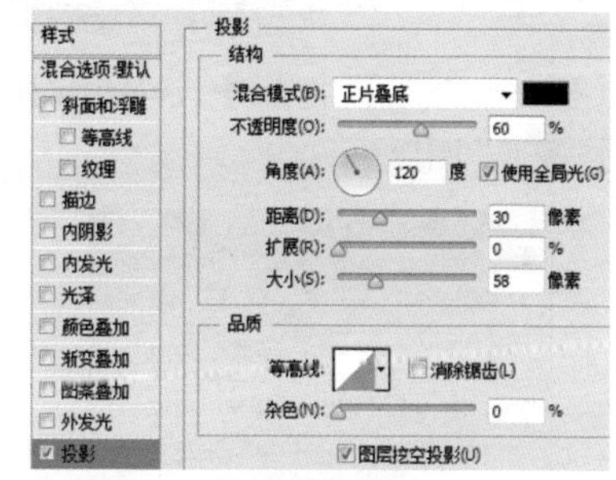

Step07 添加投影图层样式后，得到投影效果。

5.1.4 调整图层顺序

在“图层”面板中，图层是按照创建的先后顺序排列的。

添加照片，并调整图层的顺序，具体操作步骤如下。

Step01 打开“光盘\素材文件\第 5 章\婴儿.jpg”文件，拖动到相册文件中，移动到适当位置，图层命名为“婴儿”，适当倾斜图像。

Step02 在“图层”面板中，向下方拖动“婴儿”图层。

Step03 当鼠标移动到“藤蔓”图层下方时，释放鼠标左键，完成图层顺序调整。

Step04 调整图层顺序后，得到图像效果。

小技巧

在“图层”面板中，选择需要调整叠放顺序的图层，按“Ctrl + [”组合键可以将其向下移动一层；按“Ctrl +]”组合键可以将其向上移动一层；按“Ctrl + Shift +]”组合键可将当前图层置为顶层；按“Ctrl + Shift + [”组合键，可将其置于最底部。

5.1.5 复制图层

通过复制图层可将选定的图层进行复制，得到一个与原图层相同的图层。接下来复制“白底”和“藤蔓”图层。

Step01 在“图层”面板中选中“白底”和“藤蔓”图层。

Step02 将选中图层拖动到“创建新图层”按钮上。

Step03 释放鼠标后，得到“藤蔓 副本”和“白底副本”图层。

小技巧

按“Ctrl+J”组合键，可以快速复制图层。

如果图层中有选区，按“Ctrl+J”组合键，可以快速复制选区图像，并生成新图层；按“Ctrl+Shift+J”组合键，可以快速剪切选区图像，并生成新图层。

Step04 适当调整图像的大小和旋转角度。

Step05 选中“白底副本”图层，按“Ctrl+J”组合键复制生成“白底副本 2”图层。

5.1.6 隐藏图层

图层缩览图左侧的“指示图层可见性”图标用于控制图层的可见性。有该图标的图层为可见的图层，无该图标的图层是隐藏的图层。

隐藏上方的两个图层，具体操作步骤如下。

Step01 在“图层”面板中，移动鼠标指针到“白底副本 2”图层前方的“指示图层可见性”图标处。

Step02 单击，即可隐藏“白底 副本 2”图层。

Step03 使用相同的方法，隐藏“藤蔓 副本”图层。

Step04 在“图层”面板中，选择“白底 副本”图层。

Step05 按“Ctrl+T”组合键，执行自由变换操作，适当旋转图像。

5.1.7 锁定图层

图层被锁定后，将限制图层编辑的内容和范围，被锁定的内容将不会受到编辑图层中其他内容编辑时的影响。“图层”面板的锁定组中提供了 4 个不同功能的锁定按钮，各按钮含义如下表所示。

❶	**锁定透明像素：**单击该按钮，则图层或图层组中的透明像素被锁定。当使用绘制工具绘图或填充描边时，将只对图层非透明的区域(即有图像的像素部分)生效
❷	**锁定图像像素：**单击该按钮，可以将当前图层保护起来，使之不受任何填充、描边及其他绘图操作的影响
❸	**锁定位置：**用于锁定图像的位置，使之不能对图层内的图像进行移动、旋转、翻转和自由变换等操作，但可以对图层内的图像进行填充、描边和其他绘图操作
❹	**锁定全部：**单击该按钮，图层全部被锁定，不能移动位置，不可执行任何图像编辑操作，也不能更改图层的不透明度和图像的混合模式

通过锁定图层透明像素，为图层非透明像素填充绿色。具体操作步骤如下。

Step01 在“图层”面板中，单击左上角的“锁定透明像素”按钮▩。

Step02 设置前景色为深绿色 #4b6e3a，按“Alt+Delete”组合键，为图层填充深绿色。

Step03 显示前面隐藏的图层，得到图像效果。

Step04 打开“光盘\素材文件\第 5 章\婴儿 2.jpg”文件，拖动到相册文件中，移动到适当位置，图层命名为“婴儿 2”，适当倾斜图像。

5.1.8 图层组

图层组可以像普通图层一样进

行编辑，如进行移动、复制、链接、对齐和分布。使用图层组来管理图层，可以使图层操作更加容易。

使用图层组管理图层，具体操作步骤如下。

Step01 单击“图层”面板下面的“创建新组”按钮。

Step02 通过前面的操作，新建图层组，默认命名为“组 1”。

Step03 选中下方的四个图层，往“组 1”图层组中拖动。

Step04 释放鼠标后，可将其添加到图层组中。

Step05 单击图层组左侧的图标，可以展开和收缩图层组。

Step06 使用前面的方法创建“组 2”，并将“藤蔓”“婴儿”和“白底”图层移入“组 2”中。

Step07 打开“光盘\素材文件\第 5 章\装饰 .tif”文件，拖动到相册文件中，移动到适当位置。

将图层组中的图层拖出组外，可将其从图层组中移除。

如果不需要图层组进行图层管理，可以将其取消，并保留图层，选择该图层组，执行“图层”→“取消图层编组”命令，或按“Shift+Ctrl+G”组合键即可。

5.2 实例 19：合成五彩眼睛特效

本案例主要通过合成五彩眼睛特效，学习图层管理技能，包括图层混合模式和图层不透明度等知识。

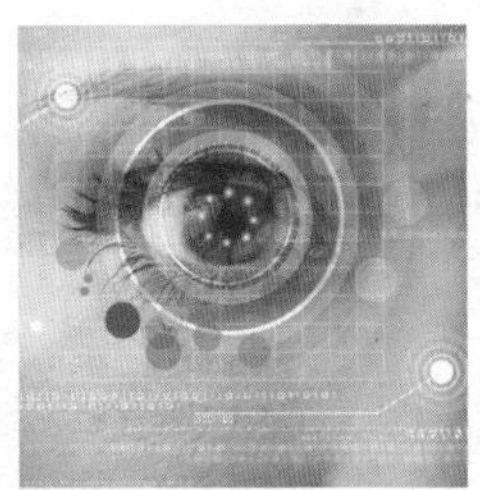

5.2.1 图层混合模式

图层混合模式是图层和图层之间的混合方式，混合模式共分为 6 组，各组含义如下表所示。

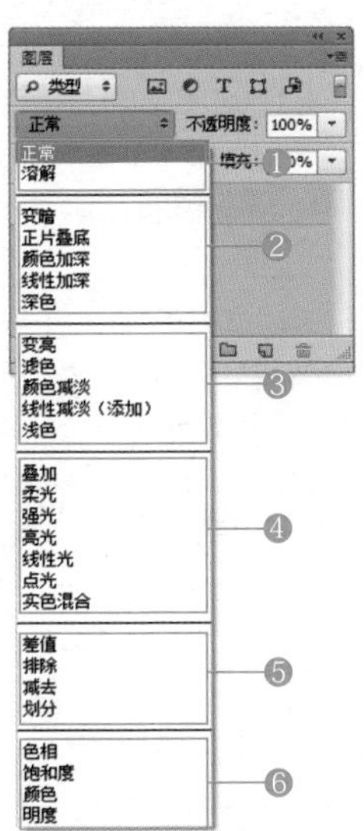

❶	**组合**：该组中的混合模式需要降低图层的不透明度才能产生作用
❷	**加深**：该组中的混合模式可以使图像变暗，在混合过程中，当前图层中的白色将被底色较暗的像素替代
❸	**减淡**：该组与加深模式产生的效果相反，它们可以使图像变亮。在使用这些混合模式时，图像中的黑色会被较亮的像素替换，而任何比黑色亮的像素都可能加亮底层图像
❹	**对比**：该组中的混合模式可以增强图像的反差。在混合时，50% 的灰色会完全消失，任何亮度值高于 50% 灰色的像素都可能加亮底层图像，亮度值低于 50% 灰色的像素则可能使底层图像变暗
❺	**比较**：该组中的混合模式可比较当前图像与底层图像，然后将相同的区域显示为黑色，不同的区域显示为灰度层次或彩色。如果当前图层中包含白色，白色的区域会使底层图像反相，而黑色不会对底层图像产生影响

续表

❻	**色彩**：使用该组混合模式时，Photoshop 会将色彩分为色相、饱和度和亮度 3 种成分，然后将其中一种或两种应用在混合后的图像中

混合图层的具体操作步骤如下。

Step01 按“Ctrl+N”组合键，执行“新建”命令。设置“宽度”和“高度”均为 15 厘米，“分辨率”为 200 像素 / 英寸，单击“确定”按钮。

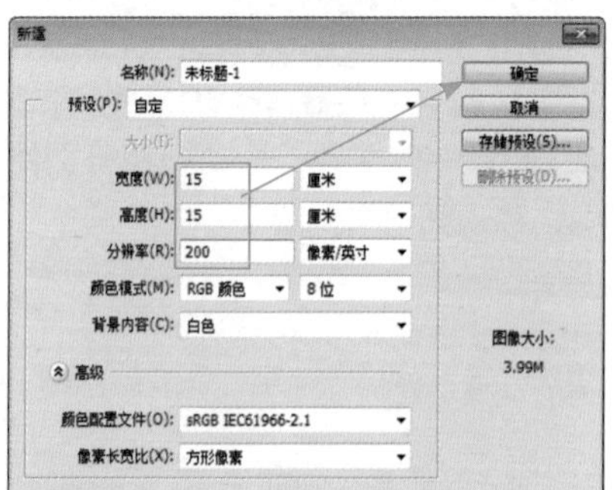

Step02 设置前景色为深紫色 #54116b，背景色为紫色 #af1edd。拖动“渐变工具” 填充渐变色。

Step03 打开“光盘\素材文件\第 5 章\眼睛 .jpg”文件。

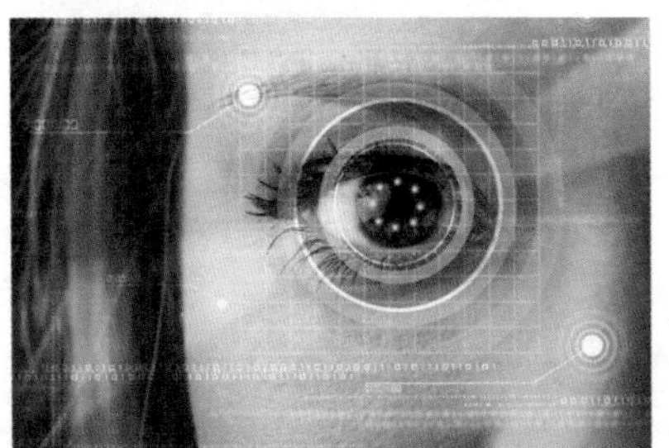

Step04 拖动到当前文件中，调整位置。

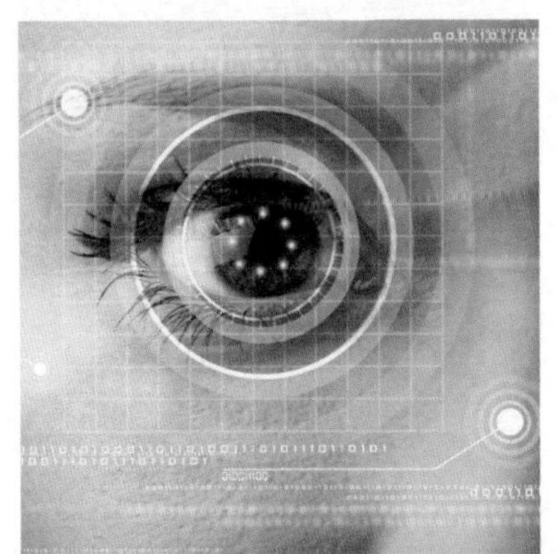

Step05 在“图层”面板左上角，设置图层混合模式为滤色。

Step06 通过前面的操作，得到图层混合效果。

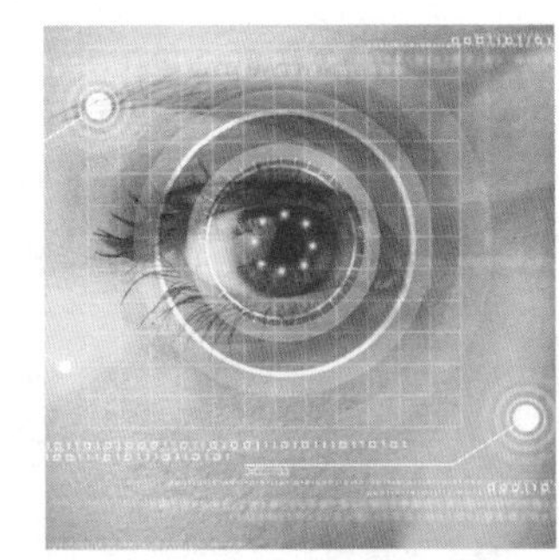

Step07 打开“光盘\素材文件\第 5 章\彩圆 .tif”文件，拖动到当前文件中，自动生成“彩圆”图层。在“图层”面板中设置图层混合模式为柔光。

Step08 通过前面的操作，得到图层混合效果。

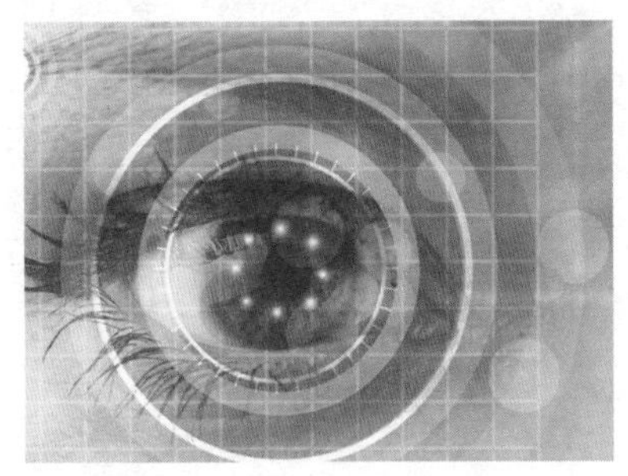

5.2.2 图层不透明度

“图层”面板中的不透明度选项：“不透明度”和“填充”。

调整彩圆不透明度，具体操作步骤如下。

Step01 按“Ctrl+J”组合键复制“彩圆”图层，调整大小和位置。

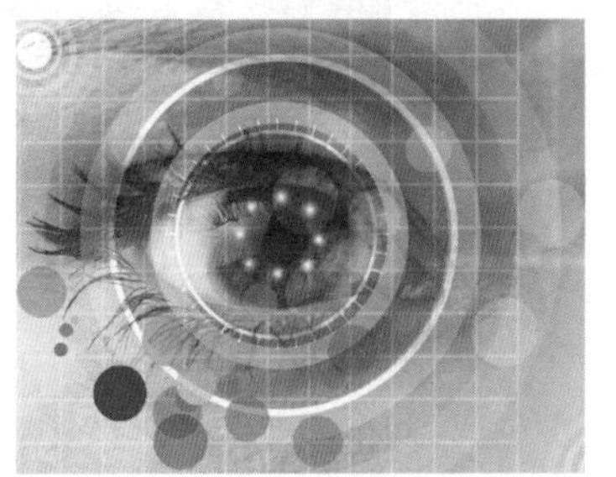

Step02 在“图层”面板中，更改“彩圆 2”图层的不透明度为 67%。

Step03 通过前面的操作，得到图像效果。

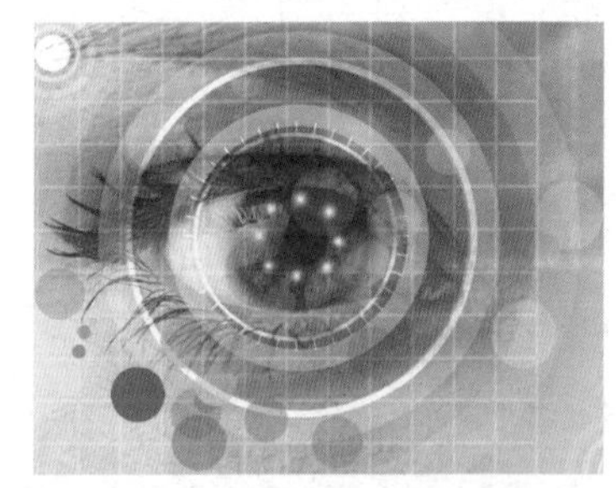

5.3 实例 20：制作水滴效果

本案例主要通过制作水滴效果，学习图层技能，包括图案叠加、内发光、斜面和浮雕等知识。

5.3.1 颜色、渐变、图案叠加图层样式

使用这三个图层样式可以在图层上叠加指定的颜色、渐变和图案，通过设置参数，可以控制叠加效果。

为图像添加图案叠加效果，具体操作步骤如下。

Step01 按“Ctrl+N”组合键，执行“新建”命令。设置“宽度”为 10 厘米，“高度”为 7 厘米，“分辨率”为 200 像素 / 英寸，单击“确定”按钮。

Step02 按住“Alt”键，双击背景图层，将其转换为普通图层。双击图层，在打开的“图层样式”对话框中，选中“图案叠加”选项，单击图案下拉列表右上角的按钮，在打开的快捷菜单中，选择“彩色纸”。

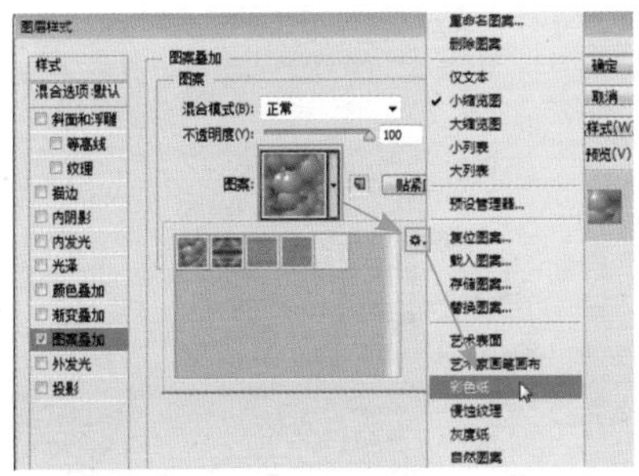

Step03 载入彩色纸图案后，选择“浅黄软牛皮纸”图案，设置“混合模式”为正常，“不透明度”为 100%，“缩放”为 200%。

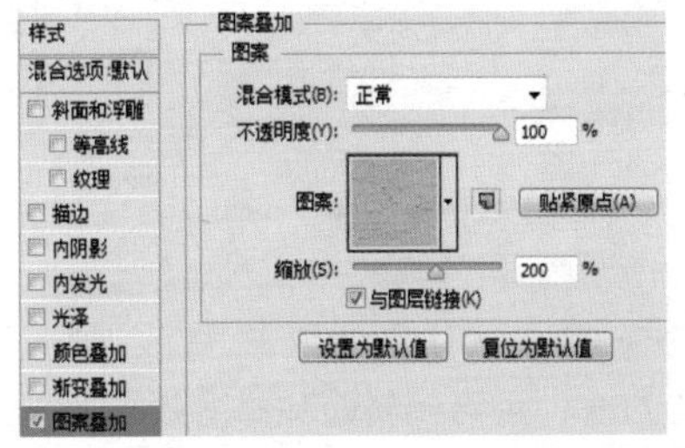

Step04 通过前面的操作，为图层添加图案叠加样式。

5.3.2 斜面和浮雕图层样式

“斜面和浮雕”可以使图像产生立体的浮雕效果，是极为常用的一种图层样式。其对话框中的各项参数作用如下表所示。

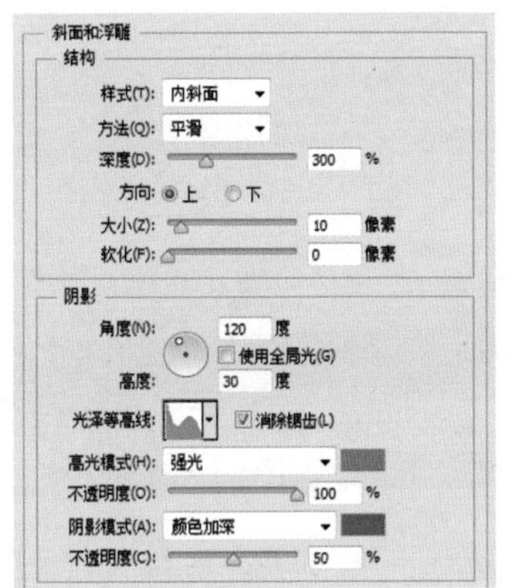

样式	在该选项下拉列表中可以选择斜面和浮雕的样式
方法	用于选择一种创建浮雕的方法
深度	用于设置浮雕斜面的应用深度，该值越高，浮雕的立体感越强

续表

方向	定位光源角度后，可通过该选项设置高光和阴影位置
大小	用于设置斜面和浮雕中阴影面积的大小
软化	用于设置斜面和浮雕的柔和程度，该值越高，效果越柔和
角度/高度	“角度”选项用于设置光源的照射角度，“高度”选项用于设置光源的高度
光泽等高线	为斜面和浮雕表面添加光泽，创建具有光泽感的金属外观浮雕效果
消除锯齿	可以消除由于设置了光泽等高线而产生的锯齿
高光模式	用于设置高光的混合模式、颜色和不透明度
阴影模式	用于设置阴影的混合模式、颜色和不透明度

Step01 打开“光盘\素材文件\第5章\文字.tif”文件，拖动到当前文件中，自动生成“文字”图层。

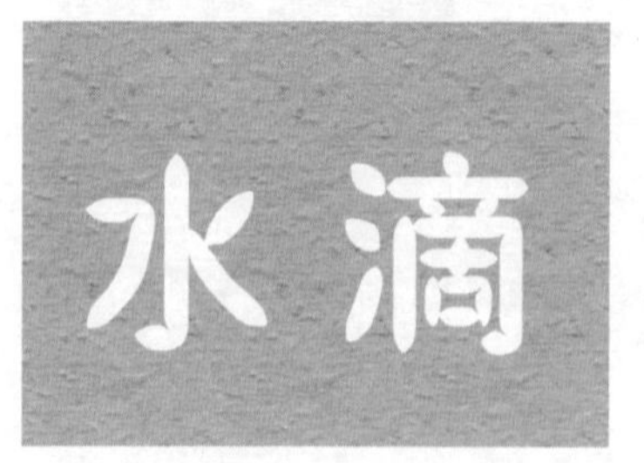

Step02 双击图层，在打开的“图层样式”对话框中，选中“斜面和浮雕”选项，设置“样式”为内斜面，“方法”为雕刻清晰，“深度”为250%，“方向”为上，“大小”为30像素，“软化”为16像素，“角度”为120度，“高度”为30度，“高光模式”为滤色，“不透明度”为100%，颜色为白色#ffffff，“阴影模式”为颜色减淡，“不透明度”为37%，颜色为白色#ffffff。

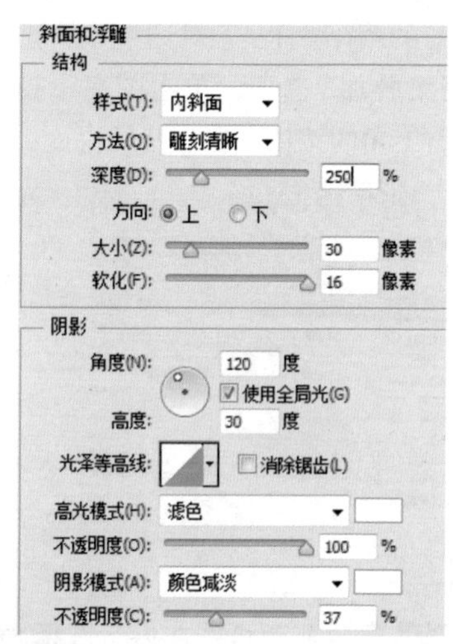

Step03 通过前面的操作，得到斜面和浮雕效果。

Step04 在“图层”面板中，更改“填充”为0%，可看到斜面和浮雕效果。

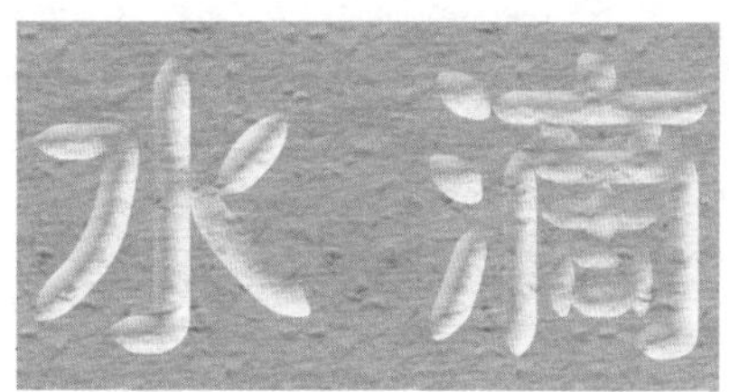

小技巧

“填充”只会影响图层中绘制的像素和形状的不透明度，不会影响图层样式不透明度。

5.3.3 内阴影图层样式

使用“内阴影”效果可以在紧靠图层内容的边缘内添加阴影，使图层内容产生凹陷效果。接下来为文字添加内阴影效果，具体操作步骤如下。

Step01 在“图层样式”对话框中，选中“内阴影”复选框，设置“混合模式”为颜色加深，“不透明度”为 43%，阴影颜色为黑色 #000000，“角度”为 120 度，“距离”为 10 像素，“阻塞”为 0%，“大小”为 20 像素，“杂色”为 0%。

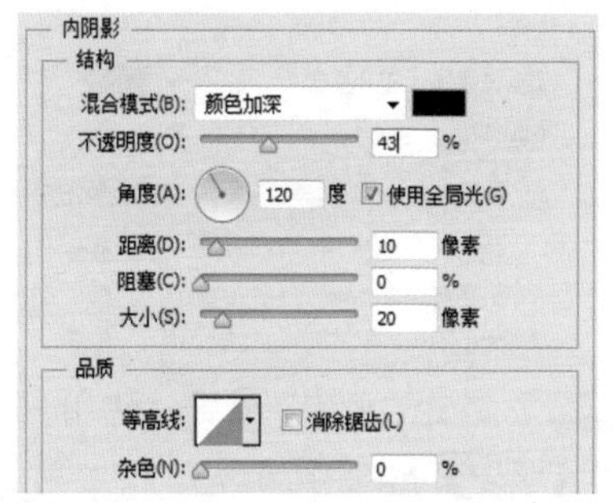

Step02 通过前面的操作，得到内阴影效果。

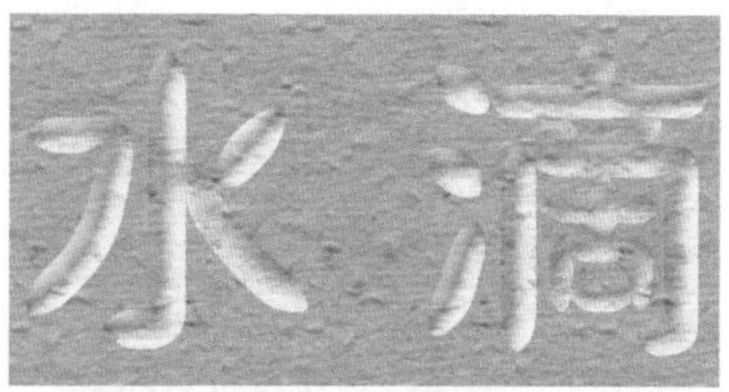

5.3.4 内(外)发光图层样式

“外发光”是在图层对像边缘外产生发光效果。其对话框中各项参数的作用如下表所示。

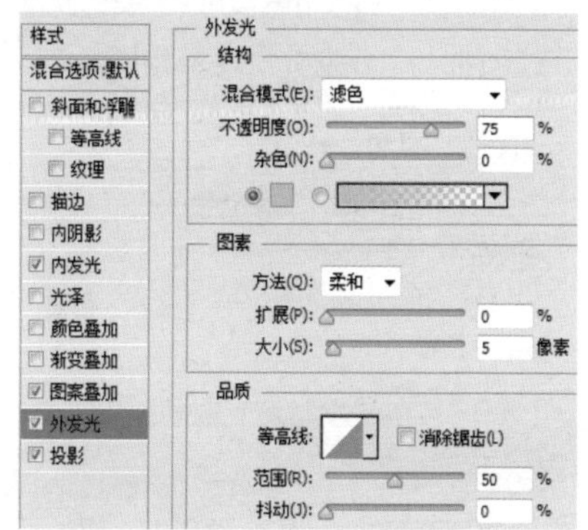

混合模式	用于设置发光效果与下面图层的混合方式
不透明度	用于设置发光效果的不透明度，该值越低，发光效果越弱
杂色	在发光效果中添加随机杂色，使光晕呈现颗粒感
发光颜色	“杂色”选项下面的颜色和颜色条用于设置发光颜色

续表

方法	用于设置发光的方法，以控制发光的准确程度
扩展	“扩展”用于设置发光范围的大小
大小	“大小”用于设置光晕范围的大小

使用“内发光”效果可以向物体内侧创建发光效果。“内发光”效果中除了“源”和“阻塞”外，其他大部分选项都与“外发光”效果相同。

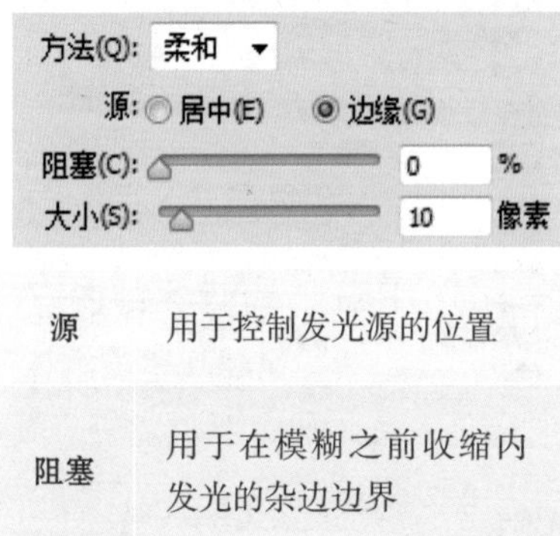

源	用于控制发光源的位置
阻塞	用于在模糊之前收缩内发光的杂边边界

为文字添加内发光效果，具体操作步骤如下。

Step01 在“图层样式”对话框中，选中“内发光”复选框，设置“混合模式”为叠加，发光颜色为黑色 #000000，“不透明度”为 30%，“源”为边缘，“阻塞”为 0%，“大小”为 10 像素，“范围”为 50%，“抖动”为 0%。

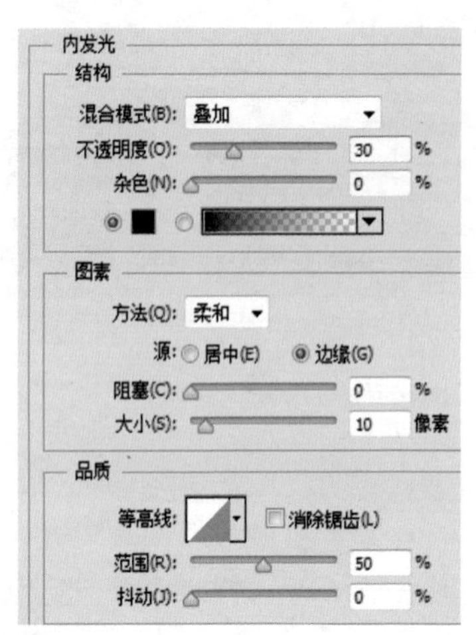

Step02 通过前面的操作，得到内发光效果。

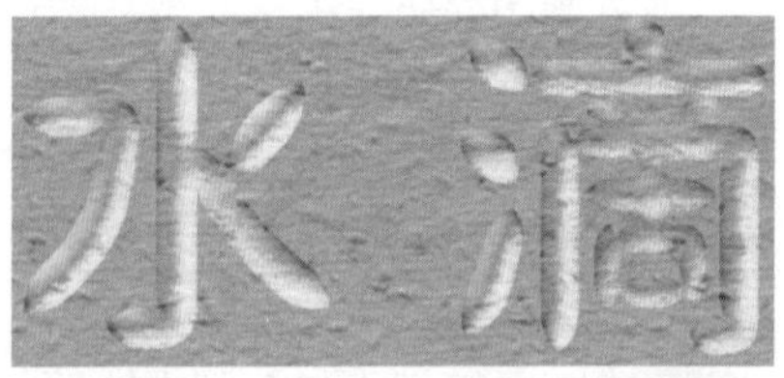

Step03 选中“投影”复选框，设置“混合模式”为正片叠底，“不透明度”为 100%，“角度”为 120 度，“距离”为 4 像素，“扩展”为 0%，“大小”为 10 像素，选中“使用全局光”复选框。

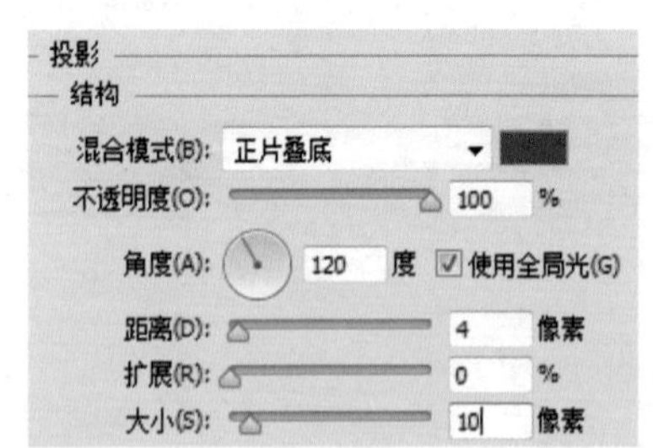

Step04 新建“水滴”图层，使用“画笔工具” 绘制水滴。

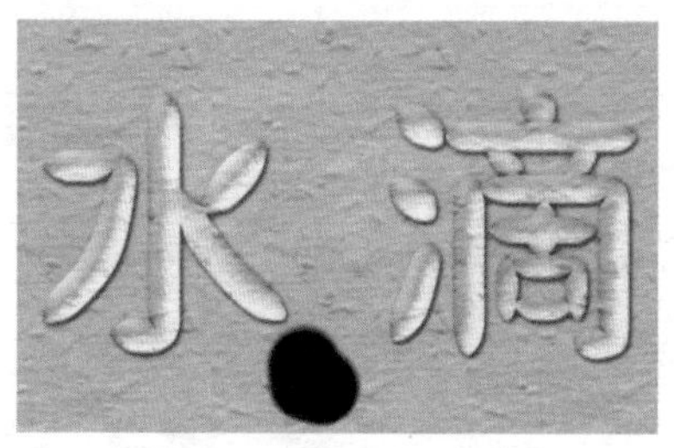

5.3.5 复制和粘贴图层样式

在 Photoshop CS6 中，图层样式可以进行复制粘贴，接下来将文字效果复制粘贴到水滴图层中，具体操作步骤如下。

Step01 在“图层”面板中，右击文字图层，在打开的快捷菜单中，选择“拷贝图层样式”命令。

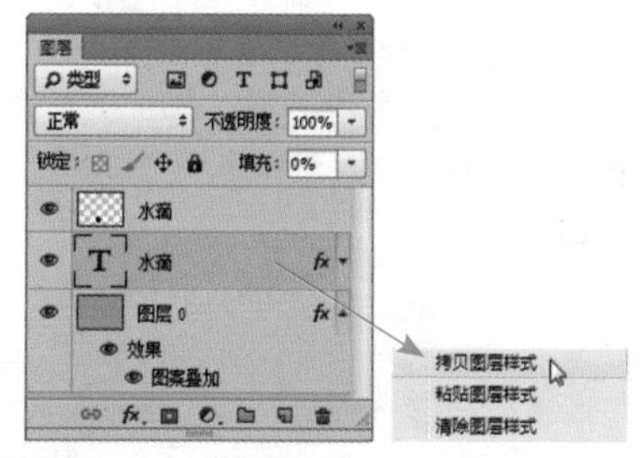

Step02 右击“水滴”图层，在打开的快捷菜单中，选择“粘贴图层样式”命令。

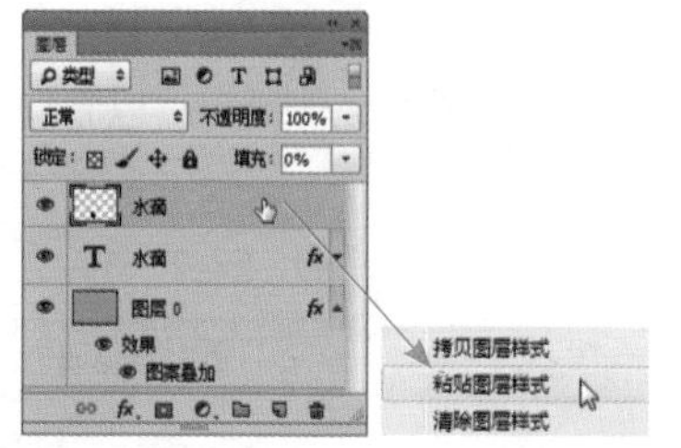

Step03 通过前面的操作，复制粘贴图层样式。

Step04 复制多个水滴，并调整大小和位置。

5.4 实例 21：制作科幻图像展示效果

本案例主要通过制作科幻图像展示效果，学习对齐和分布图层、描边图层样式相关操作。

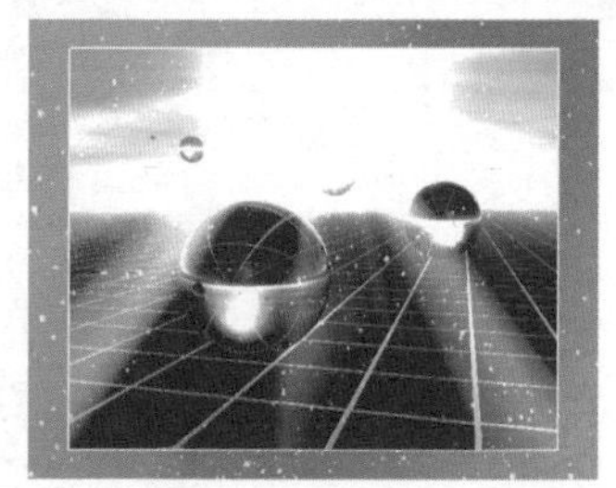

5.4.1 对齐和分布图层

在编辑图像文件时，可以将图层中的对象进行对齐操作或者按一定的距离进行平均分布。

选择工具箱中的“移动工具”，选项栏中常用参数的作用如下表所示。

1	**自动选择：**如果文档中包含多个图层或组，可选中该项并在下拉列表中选择要移动的内容。选择“图层”，使用“移动工具”在画面中单击时，可以自动选择工具下面包含像素的最顶层的图层；选择“组”，则在画面上单击时，可以自动选择工具下包含像素的最顶层的图层所在的图层组
2	**显示变换控件：**选中该复选框后，选择一个图层时，就会在图层内容的周围显示定界框，可以拖动控制点来对图像进行变换操作。当文档中图层较多，并且要经常进行变换操作时，该选项非常实用，但平时用处不大
3	**对齐图层：**如果选择了两个或者两个以上的图层，可单击相应按钮将所选图层对齐。这些按钮包括顶对齐、垂直居中对齐、底对齐、左对齐、水平居中对齐和右对齐
4	**分布图层：**如果选择了 3 个或 3 个以上的图层，可单击相应的按钮使所选图层按照一定的规则均匀分布。包括顶分布、垂直居中分布、按底分布、按左分布、水平居中分布和按右分布

使用“移动工具”对齐图层，具体操作步骤如下。

Step01 打开“光盘\素材文件\第 5 章\星空 .jpg”文件。

Step02 打开“光盘\素材文件\第 5 章\球.jpg”文件，拖动到当前文件中。按“Ctrl+A”组合键全选图像。

Step03 在选项栏中，单击“垂直居中对齐”按钮。

Step04 通过前面的操作，在选区中垂直居中对齐图像。

Step05 在选项栏中，单击“水平居中对齐”按钮。

Step06 通过前面的操作，在选区中水平居中对齐图像。

5.4.2 描边图层样式

通过“描边”效果可以使用颜色、渐变或图案描边图层，对于硬边形状，如文字等特别有用。设置选项主要有“大小”“位置”和“填充类型”，其作用如下表所示。

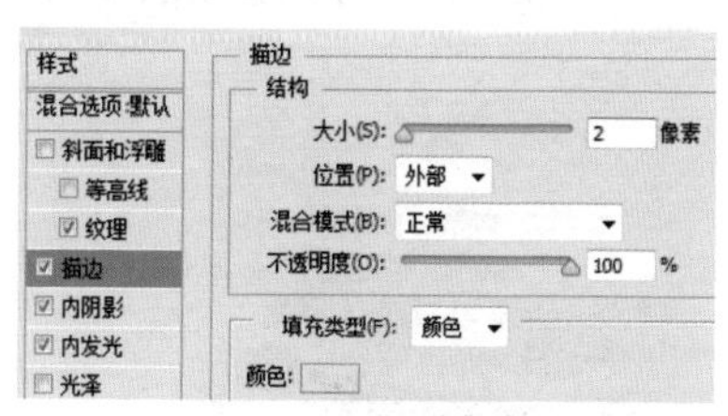

大小	用于调整描边的宽度，取值越大，描边越粗
位置	用于调整对图层对象进行描边的位置，有“外部”“内部”和“居中”三个选项
填充类型	用于指定描边的填充类型，分为“颜色”“渐变”和“图案”三种

为图像添加描边效果，具体操作步骤如下。

Step01 双击图层，在打开的“图层样式”对话框中，选中“描边”复选框，

白色 #ffffff。关闭对话框，然后更改图层混合模式为亮光。

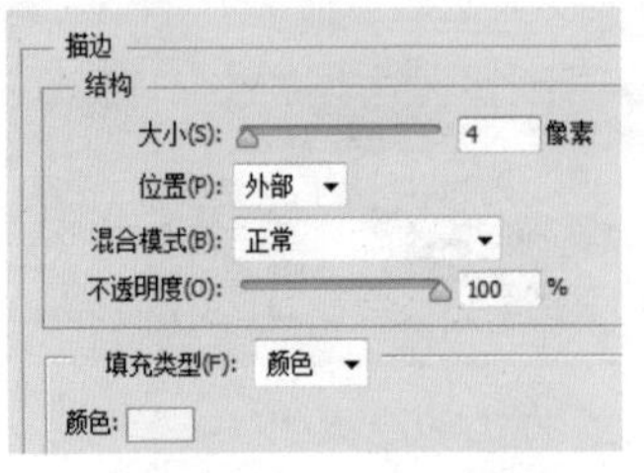

Step02 通过前面的操作，得到描边效果。

5.5 实例 22：为图像添加背景

本案例主要通过为图像添加背景，学习填充图层和调整图层知识。

5.5.1 填充图层

使用填充图层命令，可以为目标图像添加色彩、渐变或图案填充效果，这是一种保护性色彩填充，并不会改变图像自身的颜色，下面以渐变填充为例，讲述填充图层的创建方法，具体操作步骤如下。

Step01 打开“光盘\素材文件\第 5 章\西瓜 .tif”文件。

Step02 按住“Ctrl”键，单击“创建新图层”按钮，在当前图层下方新建“图层 1”图层。

Step03 执行“图层”→“新建填充图层”→“渐变”命令，打开“新建图层”对话框，单击“确定”按钮。

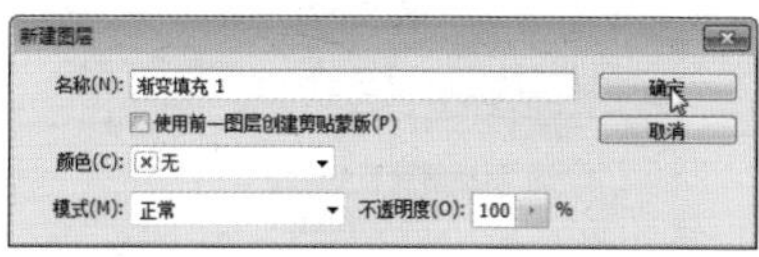

Step04 在“渐变填充”对话框中，设置渐变为白 #ffffff 绿 #c8ee16，“样式”为径向，“角度”为 90 度，“缩放”为 228%，单击“确定”按钮。

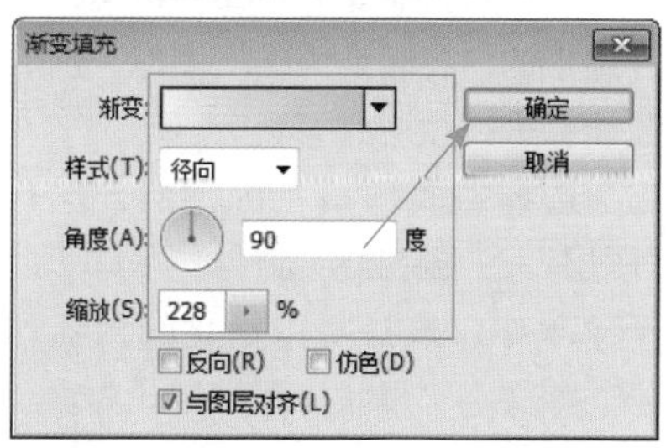

Step05 通过前面的操作，创建“渐变填充 1”图层。

5.5.2 调整图层

使用调整图层命令，可以将颜色和色调调整应用于图像，但是不会改变原图像的像素，是一种保护性调整方式。

创建调整图层后，会显示相应的参数设置面板。例如，创建“色阶”调整图层，在设置参数的“属性”面板中，各项参数的作用如下表所示。

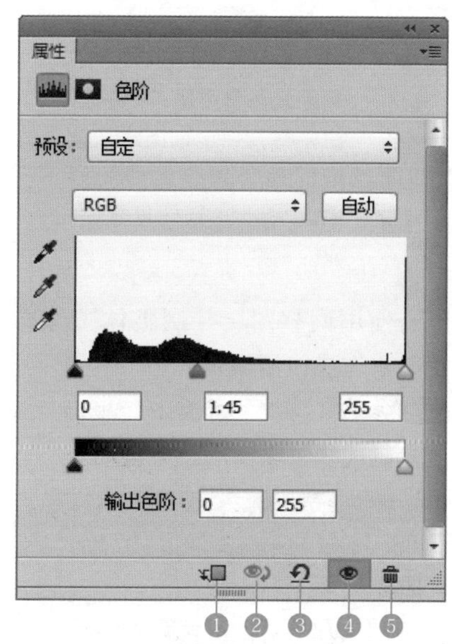

❶	**此调整影响下面的所有图层：**单击此按钮，用户设置的调整图层效果将影响下面的所有图层
❷	**单击此按钮可查看上一状态：**单击此按钮，可在图像窗口中快速切换原图像与设置调整图层后的效果
❸	**复位到调整默认值：**单击此按钮，可以将设置的调整参数恢复到默认值

续表

④	**切换图层可见性：**单击此按钮，可隐藏用户创建的调整图层，再次单击可以显示调整图层
⑤	**删除此调整图层：**单击此按钮，将会弹出询问对话框，询问是否删除调整图层，单击“是”按钮即可删除相应的调整图层

使用调整图层控制整体图像亮度，具体操作步骤如下。

Step01 在“调整”面板中，单击“创建新的曲线调整图层”按钮。

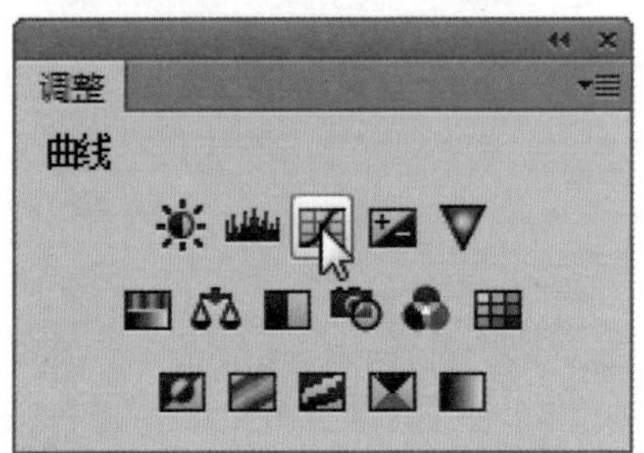

Step02 在“属性”面板中，拖动调整曲线形状。

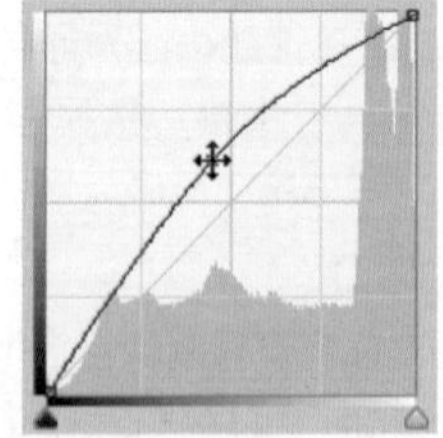

Step03 通过前面的操作，调整总体图像的整体亮度。

·技能拓展·

一、栅格化图层

如果要使用绘画工具和滤镜编辑文字图层，需要先将其栅格化，使图层中的内容转换为栅格图像，然后才能够进行相应的编辑。

选择需要栅格化的图层，执行“图层”→“栅格化”命令，在打开的子菜单中，选择要栅格化的内容即可，如文字、形状、图层样式等。

二、链接图层

如果要同时移动和变换多个图层中的内容，可以将这些图层链接在一起，具体操作步骤如下。

Step01 在“图层”面板中选择两个或者多个图层。

Step02 单击“链接图层”按钮，或

执行“图层”→“链接图层”命令，即可将它们链接。

如果需要取消图层的链接，在选择图层后，单击“图层”面板底部的“链接图层”按钮，即可取消图层间的链接关系。

三、合并图层

图层、图层组和图层样式的增加会占用计算机的内存和暂存盘，从而导致计算机的运算速度变慢。将相同属性的图层进行合并，不仅便于管理，还可减少所占用的磁盘空间，以加快操作速度。

通过合并图层，合并图层样式，具体操作步骤如下。

Step01 按住“Ctrl”键，单击“烈火劫副本”图层，单击“新建图层”按钮，将在该图层下方新建“图层 1”图层。

Step02 执行“图层”→“向下合并”命令，或按“Ctrl+E”组合键，可以合并图层，合并后图层使用下面图层的名称。

小技巧

盖印是一种特殊的图层合并方法，它可以将多个图层中的图像内容合并到一个图层中，并保持原有图层完好无损。

按“Shift+Ctrl+Alt+E”组合键可以盖印所有可见图层，在图层面板最上方自动创建图层。

按“Ctrl+Alt+E”组合键可盖印多个选定图层或链接图层。

· 同步实训 ·

制作天使人物特效

天使是天真烂漫的。下面讲解如何在 Photoshop CS6 中，打造天使人物特效。

Step01 打开“光盘\素材文件\第 5 章\火球.jpg”文件。

Step02 打开“光盘\素材文件\第 5 章\翅膀.jpg”文件，选中翅膀图像。

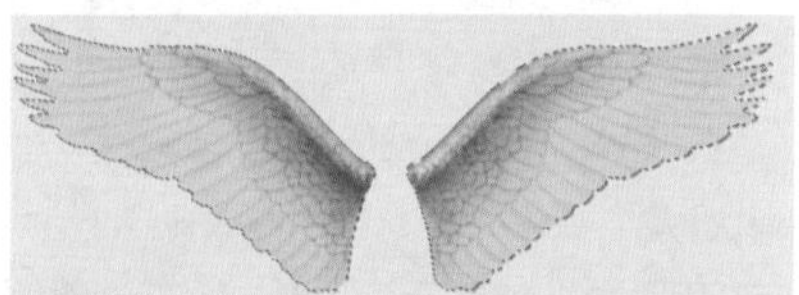

Step03 将翅膀图像复制粘贴到火球图像中。

Step04 在“图层”面板中，自动生成“图层 1”图层。

Step05 将“图层 1”的名称更改为“翅膀”。

Step06 将“翅膀”图层的混合模式更改为线性光。

Step07 打开“光盘\素材文件\第 5 章\女童.png”文件。

Step08 将女童图像拖动到火球图像中，并移动到适当位置。

Step09 双击图层，在“图层样式”对话框中，选中“外发光”选项，设置“混合模式”为正常，发光颜色为黄色 #ffffbe，“不透明度”为 75%，“方法”为柔和，“扩展”为 5%，“大小”为 40 像素，“范围”为 50%，“抖动”为 0%。

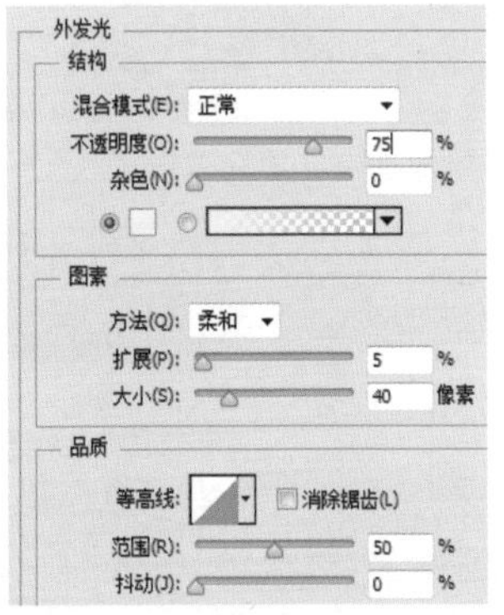

Step10 通过前面的操作，为图像添加外发光效果。

Step11 按“Alt+Shift+Ctrl+E”组合键，盖印图层，生成“图层 1”图层。

Step12 执行“滤镜”→“模糊”→“动感模糊”命令，设置“角度”为 0 度，“距离”为 215 像素，单击“确定”按钮。

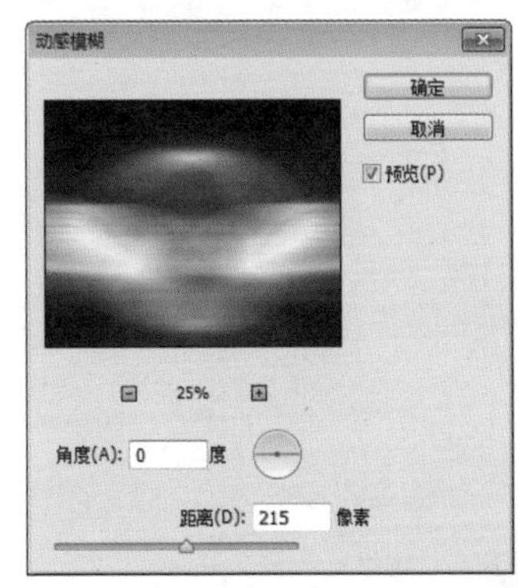

Step13 将图层 1 移到图层 2 上方，设置图层 2 的混合模式为滤色。

Step14 混合图层后，得到朦胧的图像效果。

学习小结

本章详细地介绍了在 Photoshop CS6 中图层的创建与编辑。其中包括图层的新建、复制、删除、链接、锁定、合并等操作，以及图层样式、图层混合模式、调整图层和填充图层等内容，重点内容包括新建图层、图层样式和图层混合模式等。

图层使 Photoshop CS6 图像编辑功能变得更加强大，一定要熟练掌握相关知识。

第6章 路径的绘制与编辑

使用路径功能可以绘制线条或曲线，Photoshop 所提供的相关路径工具可以绘制出多种形式的图形，并且可以对绘制的图像进行编辑，这样就有效地解决了由像素组成的位图的一些问题。

本章将从简到难讲解路径的绘制与编辑。

※ 钢笔工具　※ 矩形工具　※ 圆角矩形工具

※ 椭圆工具　※ 自定形状工具　※ 路径调整与编辑

案 例 展 示

6.1 实例 23：绘制红苹果

本案例主要通过绘制红苹果，学习路径绘制技能，包括椭圆工具、钢笔工具、自定形状工具、转换节点工具、路径选择工具等知识。

6.1.1 自定形状工具

使用“自定形状工具” 可以创建 Photoshop CS6 预设的形状、自定义形状或外部提供的形状。Photoshop 内置大量自定形状，首次启用 Photoshop CS6 时，通常没有全部载入软件中。

使用“自定形状工具” 绘制图形，具体操作步骤如下。

Step01 执行“文件”→“新建”命令，设置“宽度”为 21 厘米，“高度”为 18 厘米，“分辨率”为 200 像素 / 英寸，单击“确定”按钮。

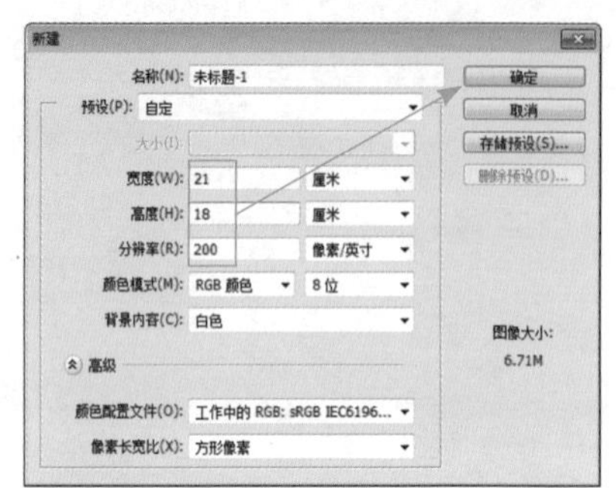

Step02 在工具箱中选择自定形状工具，在选项栏的“形状”下拉菜单中选择“红心形卡”选项。

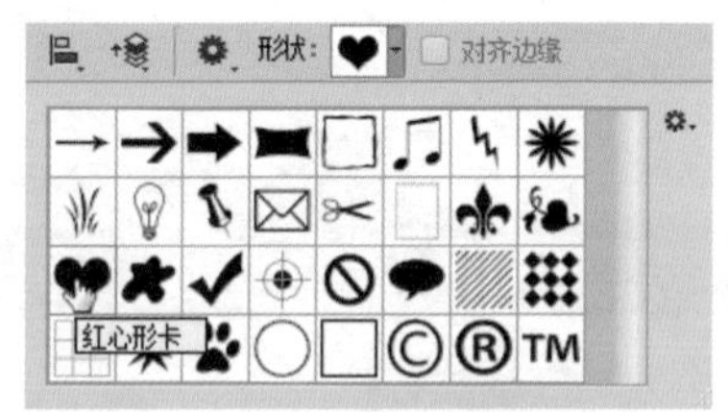

Step03 继续在选项栏中，选择“路径”选项，拖动鼠标绘制路径。

6.1.2 直接选择工具

选中的锚点为实心方块，未选中的锚点为空心方块。接下来使用“直接选择工具”调整路径形状，具体操作步骤如下。

Step01 使用“直接选择工具”单击即可选择锚点。

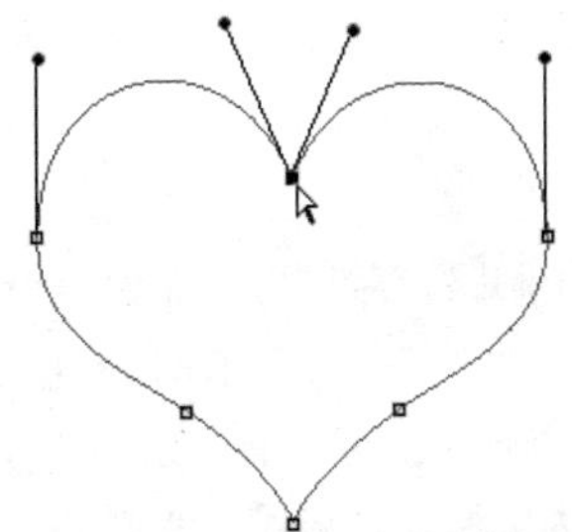

Step02 垂直向上拖动，调整锚点的位置。

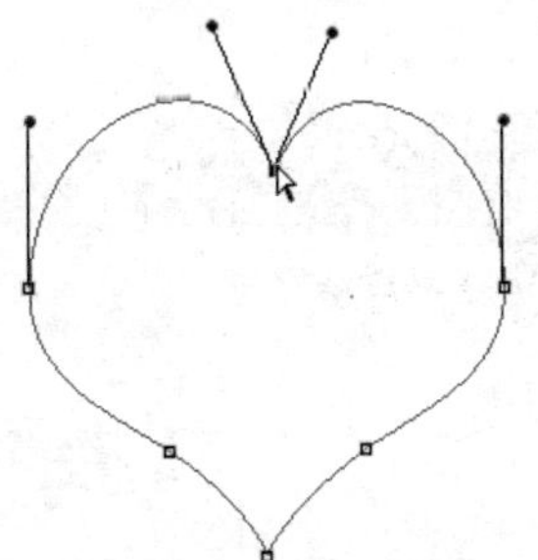

Step03 拖动变换点，调整曲线的形状。

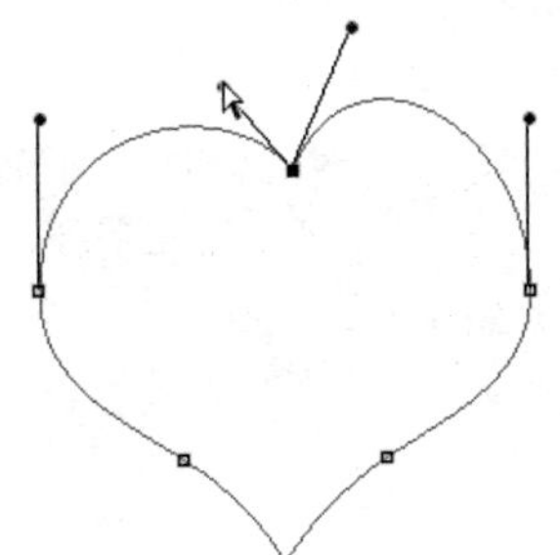

Step04 继续拖动变换点，调整曲线的形状。

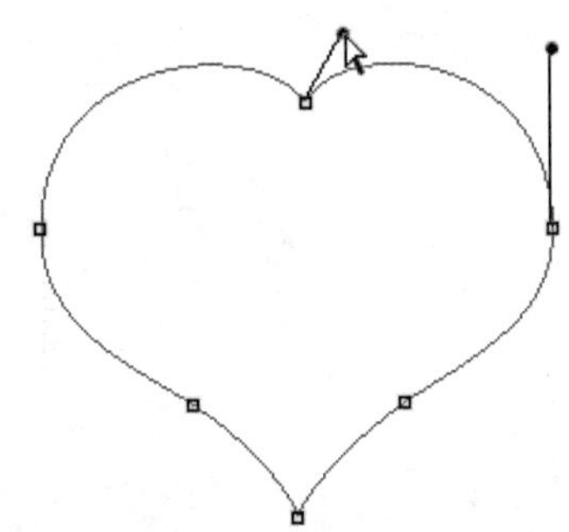

小技巧

使用“直接选择工具”单击一个路径线段，可以选择该路径线段。

6.1.3 添加 / 删除锚点

绘制路径后，还可以往路径上添加锚点，也可以删除不需要的锚点，

以删除锚点为例，具体操作步骤如下。

Step01 选择工具箱中的“删除锚点工具”，将鼠标指针放在左下角的锚点上。

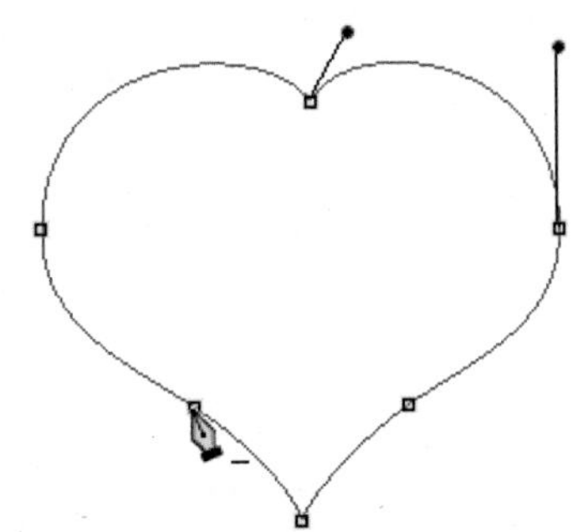

Step02 单击，即可删除单击点的锚点。

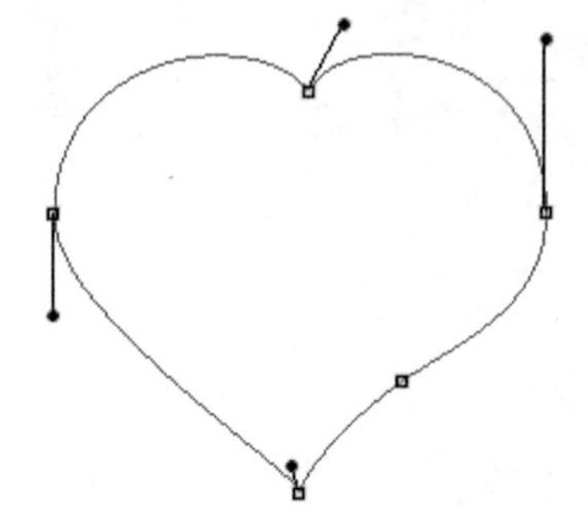

Step03 使用相同的方法删除另一侧的锚点。

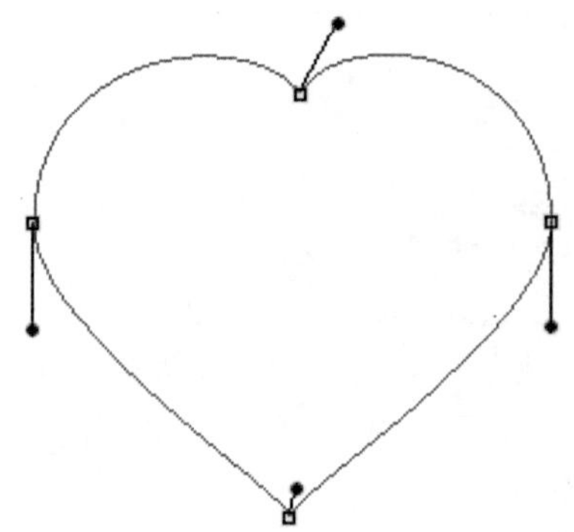

Step04 继续使用“直接选择工具”调整路径形状，使其左右对称。

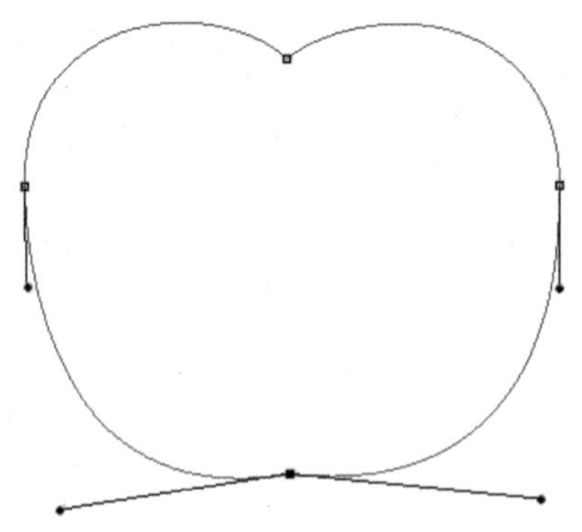

小技巧

选择“添加锚点工具”，在路径上单击，可以添加锚点。

6.1.4 存储路径

绘制路径后，可以保存路径，避免多次绘制路径时，前次绘制的路径被覆盖掉。接下来存储前面绘制的苹果轮廓图形，具体操作步骤如下。

Step01 绘制路径时，默认保存在工作路径中。将工作路径拖动到“创建新路径”按钮上。

Step02 释放鼠标后，可以将工作路径保存为“路径 1”。

Step03 再次单击"路径"面板中的"创建新路径"按钮，可以创建"路径2"。

6.1.5 路径与选区的转换

路径除了可以直接使用路径工具来创建外，还可以将创建好的选区转换为路径，而且创建的路径也可以转换为选区。接下来将苹果轮廓路径转换为选区，具体操作步骤如下。

Step01 在"路径"面板中，单击选中"路径1"。单击"路径"面板底部的"将路径作为选取载入"按钮。

Step02 通过前面的操作，可将路径直接转换为选区。

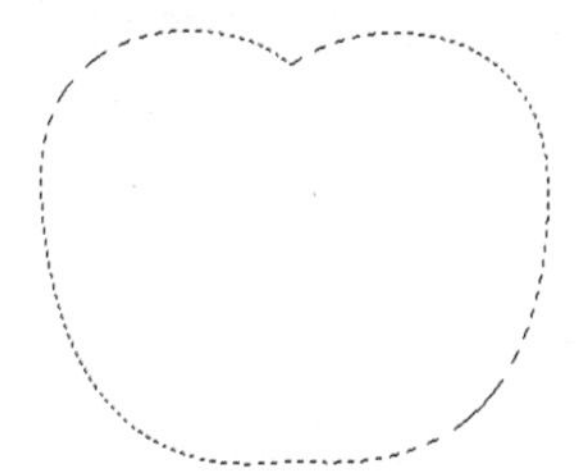

小技巧

创建路径后，按"Ctrl+Enter"组合键，可以快速将路径转换为选区。创建选区后，在"路径"面板中，单击"从选区生成工作路径"按钮，可以将选区转换为工作路径。

6.1.6 填充路径

填充路径的操作方法与填充选区的方法类似，可以填充纯色或图案，作用的效果相同，只是操作方法不同而已，具体操作步骤如下。

Step01 新建"轮廓"图层。设置前景色为红色 #e70012，在"路径"面板中，单击"用前景色填充路"按钮。

Step02 通过前面的操作，为路径填充前景红色。

6.1.7 描边路径

描边路径是用当前设置的前景色和工具对路径进行描边，使其产生一种边框效果，接下来为苹果描边，具体操作步骤如下。

Step01 选择“画笔工具”，在选项栏“画笔选取器”下拉列表框中，选择圆形画笔，设置“大小”为 10 像素，“硬度”为 100%。

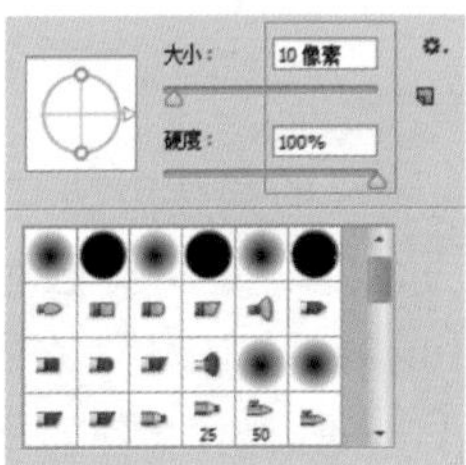

Step02 设置前景色为黑色 # 000000，在“路径”面板中，单击“用画笔描边路径”按钮。

Step03 通过前面的操作，得到路径描边效果。

6.1.8 路径选择工具

使用“路径选择工具”可以选择路径。

使用“路径选择工具”单击或拖动鼠标，选中整个路径。

6.1.9 复制路径

创建路径后，还可以复制和变换路径。

选中路径后，按“Ctrl+C”组合键复制路径，在“路径”面板中，单击选中“路径 2”。按“Ctrl+V”组合键粘贴路径。

6.1.10 变换路径

选中路径后，执行“编辑”→“变换路径”下拉菜单中的命令可以显示定界框，拖动控制点即可对路径进行缩放、旋转、斜切、扭曲等变换操作。

路径的变换方法与图像的变换方法相同，具体操作步骤如下。

Step01 执行“编辑”→“变换路径”→“缩放”命令，适当缩小路径。

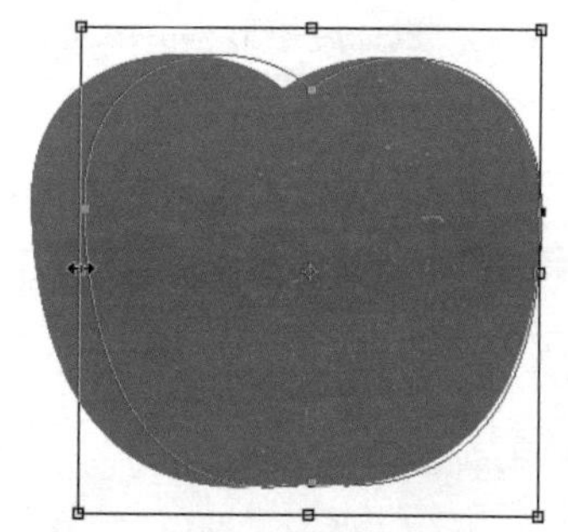

Step02 使用前面的路径调整工具调整路径形状。

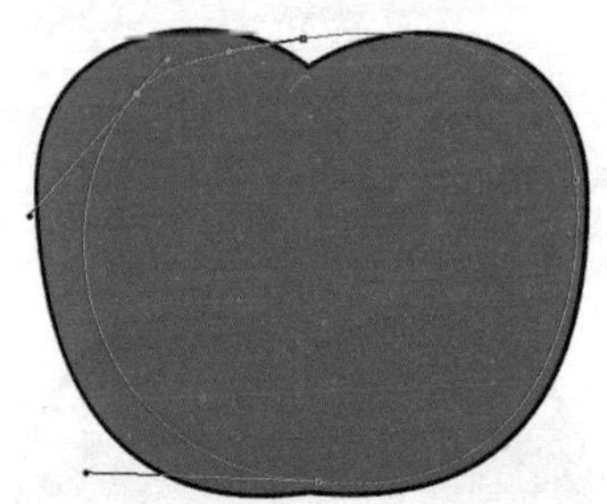

小技巧

选中路径后，按“Ctrl+T”组合键也可对路径进行变换。

6.1.11 转换节点类型

“转换点工具”用于转换锚点的类型，接下来将选中的平滑点转换为角点，具体操作步骤如下。

Step01 选择“转换点工具”，移动鼠标到上方的平滑节点位置。

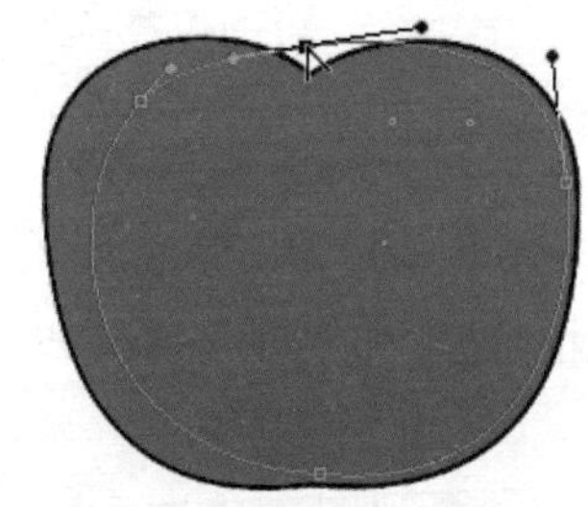

Step02 单击即可将平滑点转换为角点。

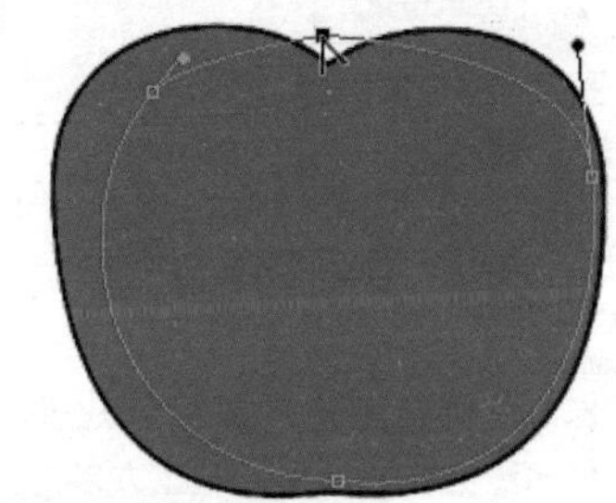

Step03 调整路径形状后，新建“深红”图层，载入路径选区后，填充深红色#da3539。

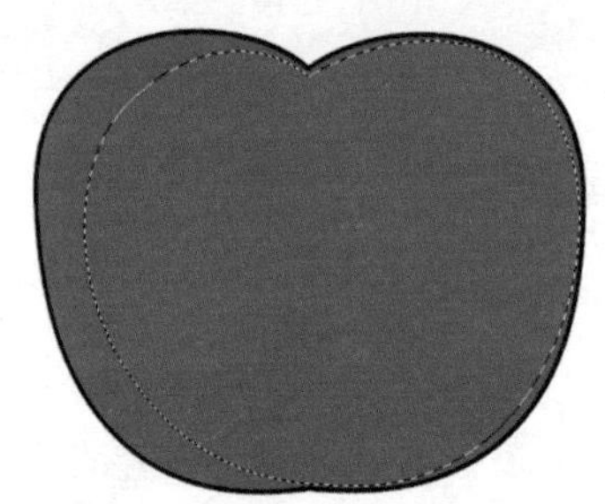

使用“转换点工具”拖动角点，可将角点转换为平滑点。

6.1.12 椭圆工具

使用“椭圆工具” 可以绘制椭圆或圆形图形。可以创建不受约束的椭圆和圆形，也可创建固定大小和固定比例的图形。

单击其选项栏中的 按钮，打开下拉面板，各选项的含义如下表所示。

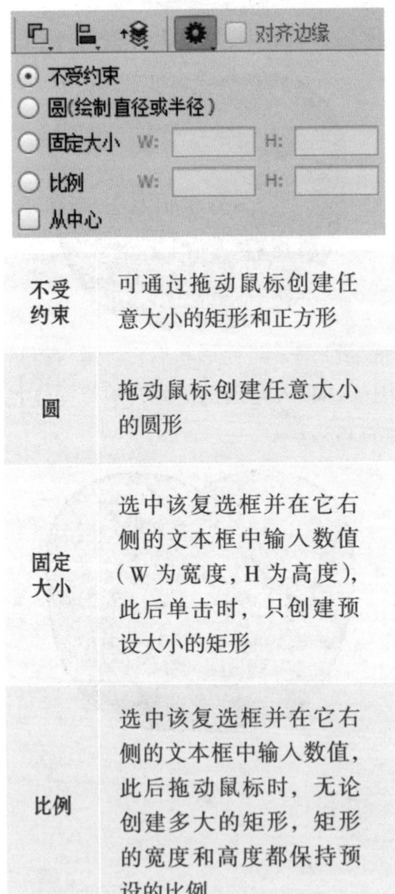

不受约束	可通过拖动鼠标创建任意大小的矩形和正方形
圆	拖动鼠标创建任意大小的圆形
固定大小	选中该复选框并在它右侧的文本框中输入数值（W 为宽度，H 为高度），此后单击时，只创建预设大小的矩形
比例	选中该复选框并在它右侧的文本框中输入数值，此后拖动鼠标时，无论创建多大的矩形，矩形的宽度和高度都保持预设的比例

续表

从中心	以任何方式创建矩形时，鼠标在画面中的单击点即为矩形的中心，拖动鼠标时矩形将由中向外扩展

使用“椭圆工具” 绘制卡通红苹果的眼睛，具体操作步骤如下。

Step01 选择“椭圆工具” ，在选项栏中，选择“路径”选项，单击其选项栏中的 按钮，打开下拉面板，在下拉面板中，选择“圆(绘制直径或半径)”选项。

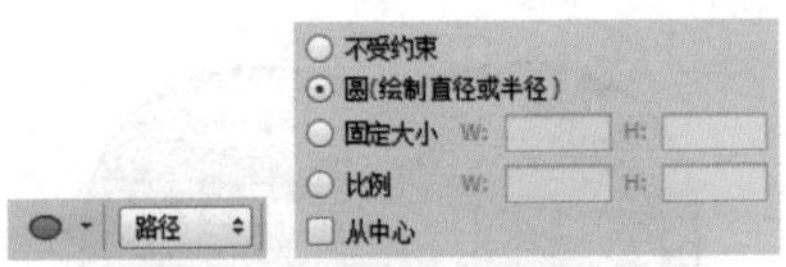

Step02 拖动鼠标绘制圆形。

Step03 新建“眼白”图层。载入路径选区后，填充白色 #FFFFFF。

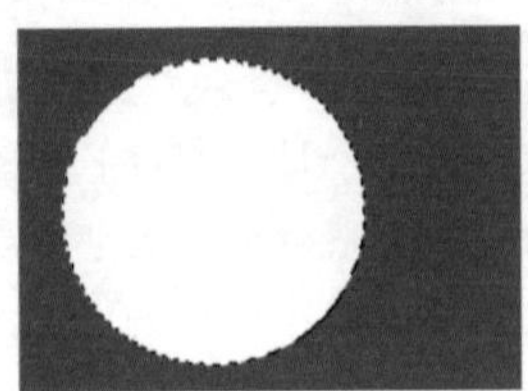

Step04 使用相同的方法绘制四个圆形，同时选中这个图形。

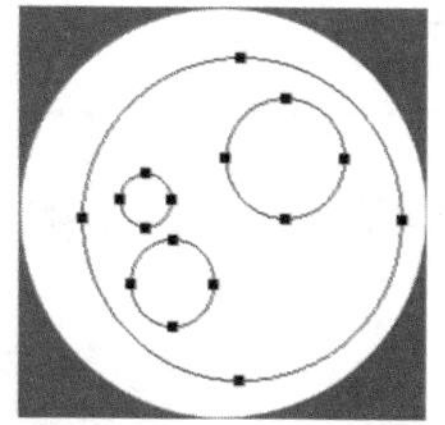

6.1.13 路径合并

使用路径合并功能，可以创建更加复杂的图形。

接下来，合并选中的路径，具体操作方法如下。

Step01 在选项栏中，单击“路径操作”按钮，在下拉列表框中，选择“排除重叠形状”选项，使“排除重叠形状”命令处于选中状态。

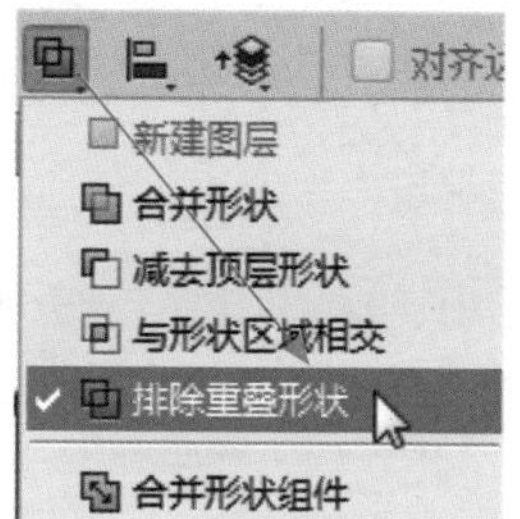

Step02 再次单击“路径操作”按钮，在下拉列表框中，选择“合并形状组件”命令。

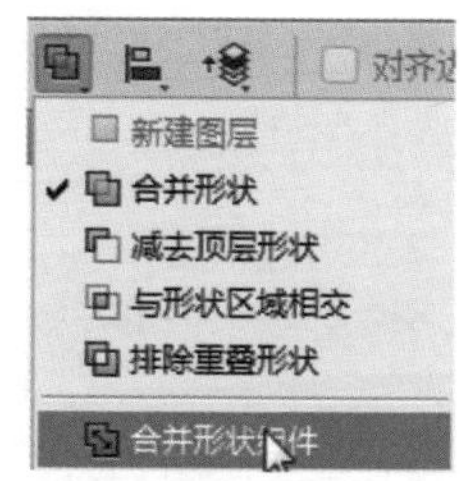

Step03 在弹出提示对话框中，单击“是”按钮。

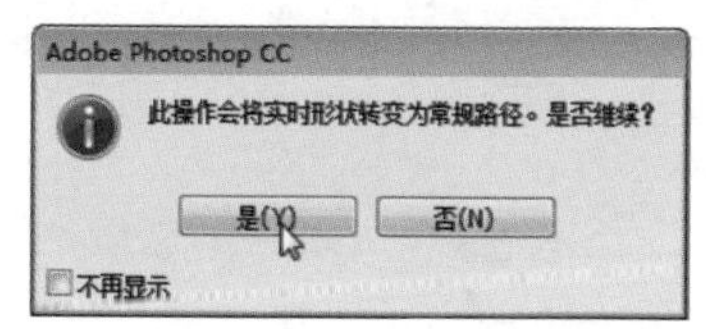

Step04 通过前面的操作，合并选中的路径。新建“眼黑”图层，载入选区后填充黑色 #000000。

6.1.14 钢笔工具

使用“钢笔工具”可以绘制矢量线条。选择工具箱中的“钢笔工具”，其选项栏中常用参数的作用如下表所示。

❶	**绘制方式**：包括三个选项，分别为“形状”“路径”和“像素”。选择“形状”选项，可以创建一个形状图层；选择“路径”选项，绘制的路径则会保存在“路径”面板中；选择“像素”选项，则会在图层中为绘制的形状填充前景色
❷	**建立**：包括“选区”“蒙版”和“形状”三个选项，单击相应的按钮，可以将路径转换为相应的对象
❸	**路径操作**：单击“路径操作”按钮，将打开下拉列表，选择“合并形状”，新绘制的图形会添加到现有的图形中；选择“减去图层形状”，可从现有的图形中减去新绘制的图形；选择“与形状区域相交”，得到的图形为新图形与现有图形的交叉区域；选择“排除重叠区域”，得到的图形为合并路径中排除重叠的区域
❹	**路径对齐方式**：可以选择多个路径的对齐方式，包括“左边”“水平居中”和“右边”等
❺	**路径排列方式**：选择路径的排列方式，包括“将路径置为顶层”和“将形状前移一层”等选项
❻	**橡皮带**：单击“橡皮带”按钮，可以打开下拉列表，选中“橡皮带”选项，在绘制路径时，可以显示路径外延
❼	**自动添加／删除**：选中该复选框，则“钢笔工具”就具有了智能增加和删除锚点的功能。将“钢笔工具”放在选取的路径上，光标即可变成形状，表示可以增加锚点；而将钢笔工具放在选中的锚点上，光标即可变成形状，表示可以删除此锚点

使用“钢笔工具”绘制红苹果的黑眼皮，具体操作步骤如下。

Step01 选择“钢笔工具”，在图像中单击定义路径起点。

Step02 在下一点单击并拖动鼠标，即可绘制一条曲线。

Step03 继续在下一点单击并拖动鼠标，完成曲线绘制。

Step04 新建“黑眼皮”图层，使用前面介绍的方法，描边路径。

6.1.15 直线工具

使用“直线工具” 可以创建直线和带有箭头的线段。选择“直线工具” 后，在选项栏中单击 按钮，打开下拉面板，各选项的含义如下表所示。

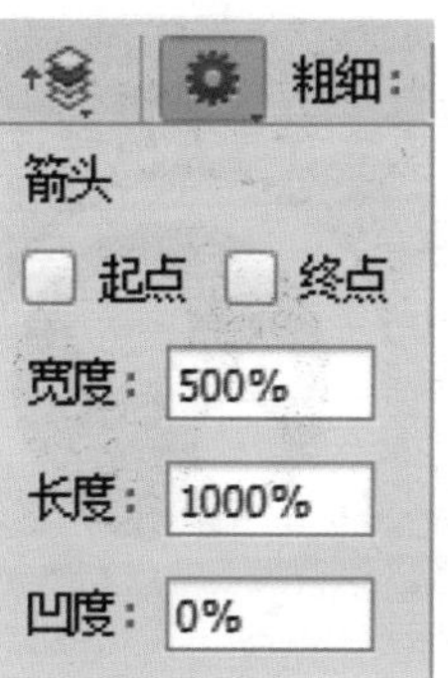

起点 / 终点	选中“起点”复选框，可在直线的起点添加箭头；选中“终点”复选框，可在直线的终点添加箭头；两项都选中，则起点和终点都会添加箭头
宽度	用于设置箭头宽度与直线宽度的百分比，范围为 10%~1000%。
长度	用于设置箭头长度与直线宽度的百分比，范围为 10%~1000%。
凹度	用于设置箭头的凹陷程度，范围为 -50%~50%。该值为 0% 时，箭头尾部平齐；大于 0% 时，向内凹陷；小于 0% 时，向外凸出

使用“直线工具” 绘制红苹果的眼睫毛，具体操作步骤如下。

Step01 选择“直线工具” ，在选项栏中，选择“像素”选项，设置“粗细”为 6 像素，拖动鼠标绘制直线。

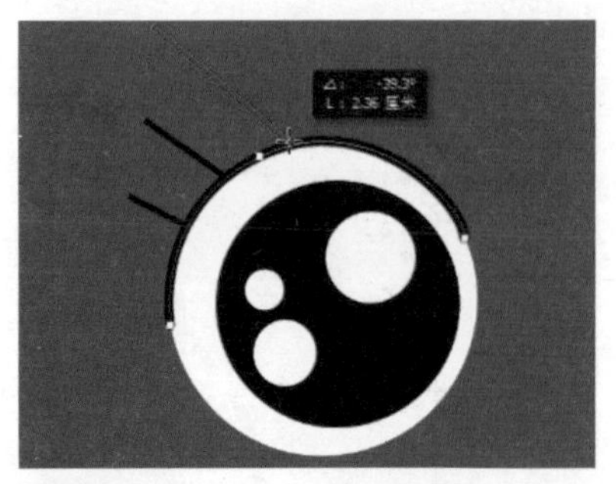

Step02 使用“钢笔工具” 绘制路径，新建“闭眼”图层，并描边路径。

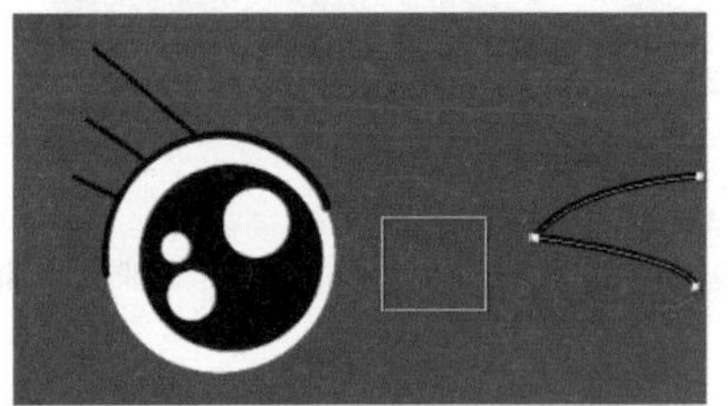

Step03 使用“钢笔工具” 绘制嘴唇，新建“嘴唇”图层，并描边路径。

Step04 打开“光盘\素材文件\第6章\叶茎.tif”文件，拖动到当前文件中，自动生成“叶茎”图层，移动到适当位置。

6.2 实例24：制作简易播放器

本案例主要通过制作简易播放器，学习路径绘制技能，包括矩形工具、圆角矩形工具、对齐路径和多边形工具等知识。

6.2.1 圆角矩形工具

“圆角矩形工具” 用于创建圆角矩形。它的使用方法以及选项都与“椭圆工具” 相同，只是多了一个“半径”选项，通过“半径”功能可以设置倒角的幅度，数值越大，产生的圆角效果越明显。

接下来绘制播放器外轮廓。

打开“光盘\素材文件\第6章\花朵.jpg”文件，选择“圆角矩形工具” ，在选项栏中，设置“半径”

为 1000 像素。拖动鼠标绘制路径。

6.2.2 矩形工具

“矩形工具”▣主要用于绘制矩形或正方形图形。接下来绘制播放器内轮廓。

选择“矩形工具”▣，在选项中，选择“路径”选项，拖动鼠标绘制路径，

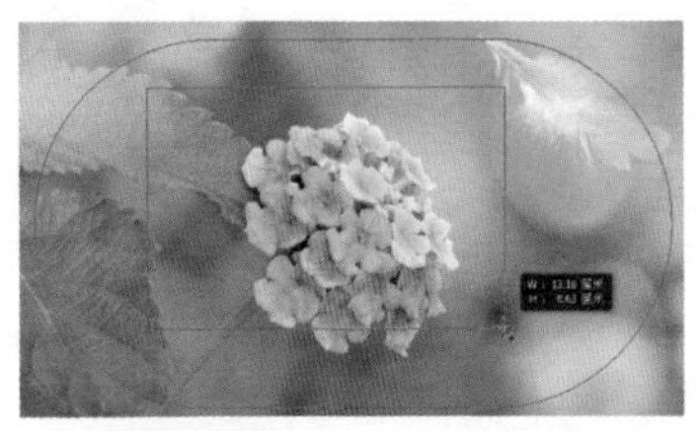

6.2.3 对齐路径

选中路径后，还可以对多个路径进行对齐和分布操作，具体操作步骤如下。

Step01 同时选中两个路径，在选项栏中，单击“路径对齐方式”按钮，在下拉列表框中，选择“水平居中”选项。

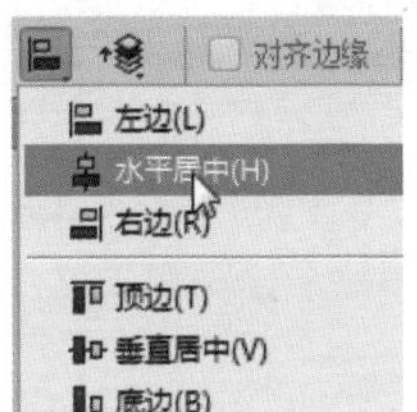

Step02 单击“路径对齐方式”按钮，在下拉列表框中选择“垂直居中”选项。

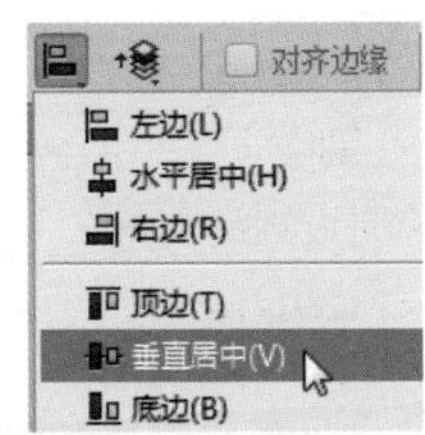

Step03 通过前面的操作，水平垂直居中对齐两条路径。

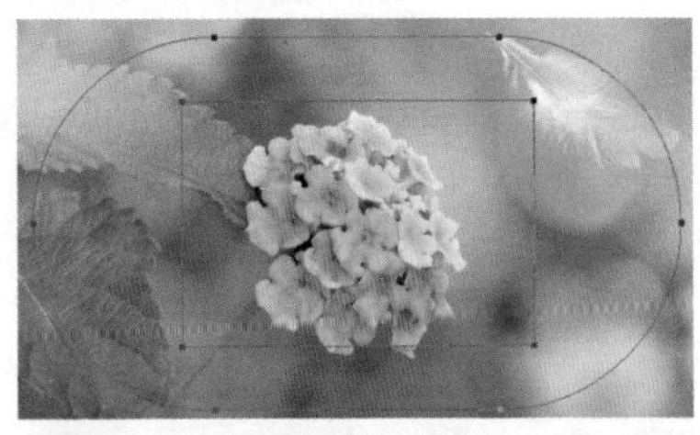

Step04 使用前面的方法组合路径，载入选区后，填充浅黄色 #f7f7d5。

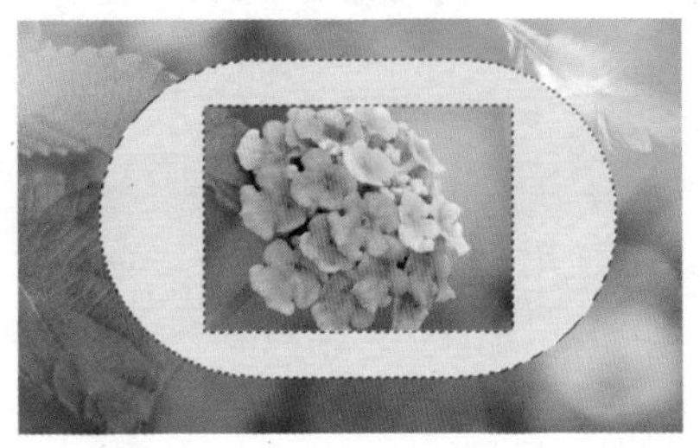

6.2.4 多边形工具

“多边形工具”⬡用于绘制多边形和星形，通过在选项栏中设置边数的数值来创建多边形图形，单击其工具栏中的⚙按钮，打开下拉面板。

“多边形选项”面板中，各选项的含义如下表所示。

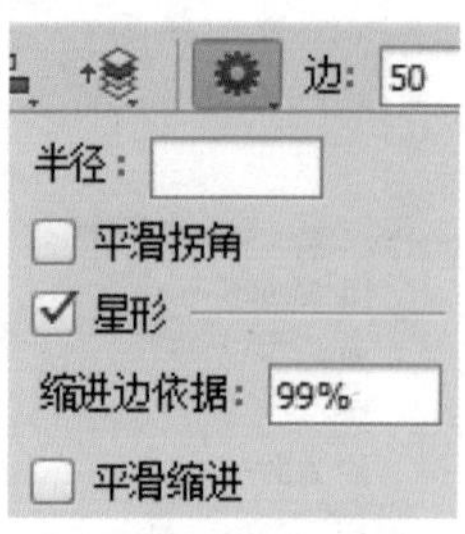

半径	设置多边形或星形的半径长度，此后单击并拖动鼠标时将创建指定半径值的多边形或星形
平滑拐角	创建具有平滑拐角的多边形和星形
星形	选中该复选框可以创建星形。在“缩进边依据”选项中可以设置星形边缘向中心缩进的数量，该值越高，缩进量越大。选中“平滑缩进”复选框，可以使星形的边平滑地向中心缩进

使用“多边形工具”绘制播放按钮，具体操作步骤如下。

Step01 选择“多边形工具”，在选项栏中，选择“像素”选项，设置“边数”为 3，拖动鼠标绘制路径。

Step02 使用相同的方法，继续绘制其他两个播放按钮。

·技能拓展·

一、创建剪贴路径

在将图像置入图形应用程序时，如 Illustrator、CorelDRAW，如果只想使用该图像的一部分，使其他图像区域变得透明，可以创建剪贴路径，具体操作步骤如下。

Step01 打开“光盘\素材文件\第 6 章\仙人球花 .jpg”文件，使用“快速选择工具”选中花朵。

Step02 在“路径”面板中，单击“从选区生成工作路径”按钮。

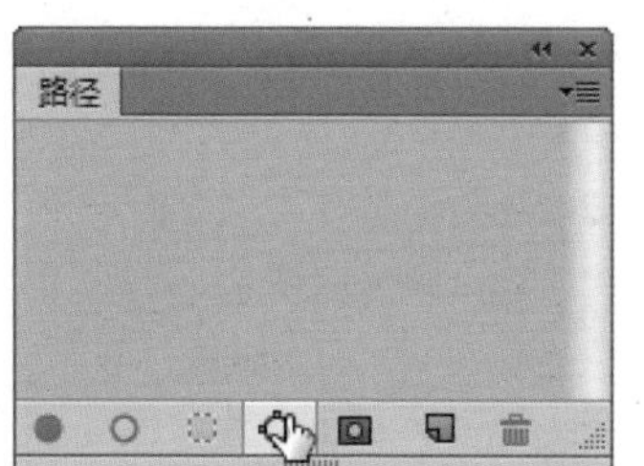

Step03 通过前面的操作，生成工作路径。

Step04 将工作路径拖动到“创建新路径”按钮，将工作路径存储为“路径 1”。

Step05 单击“路径”面板右上角的扩展按钮，选择“剪贴路径”命令。

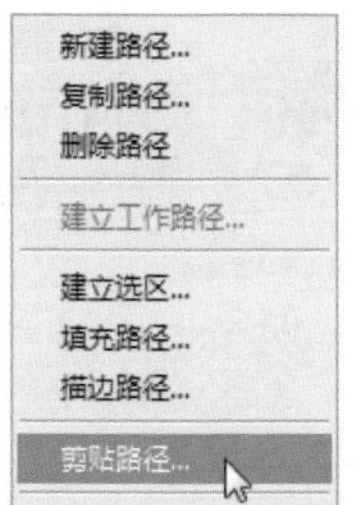

Step06 在“剪贴路径”对话框的“展平度”文本框中输入适当的数值，也可以将该文本框保留为空白，以便使用打印机的默认值打印图像，完成设置后，单击“确定”按钮。

小技巧

将图像存储为 tif 格式后，置入图形应用程序时，只显示仙人球，图像其他位置显示为透明。

二、选择和隐藏路径

在“路径”面板中单击，可以选择目标路径。

在面板的空白位置单击，可以隐藏路径。

三、删除路径

在“路径”面板中，将路径拖动到“删除当前路径”按钮，可以删除该路径。

·同步实训·

制作邮票效果

邮票常体现一个国家或地区的历史、科技、经济、文化、风土人情、自然风貌等特色，故邮票除了邮政价值外还有收藏价值。下面讲解如何在Photoshop CS6 中制作邮票效果。

Step01 打开“光盘\素材文件\第6章\向日葵.jpg”文件。

Step02 在“图层”面板中，新建“图层1”图层和“图层2”图层，将“图层1”图层填充为黑色。

Step03 选择“自定形状工具”，在选项栏中，单击“形状”图标，单击下拉列表框右上角的“扩展”按钮，在打开的下拉菜单中，选择“全部”选项。

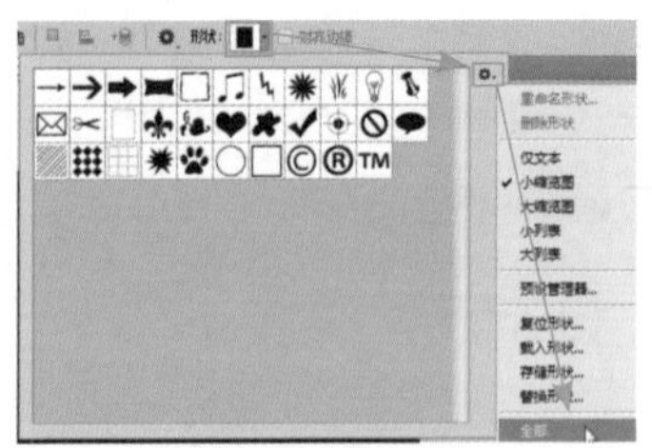

Step04 通过前面的操作，载入全部预设形状。单击选择“邮票1”。

Step05 设置前景色为白色 #ffffff，在选项栏中，选择“像素”选项。拖动鼠标绘制图像。

Step06 复制背景图层，移动到面板最上方。

Step07 按“Ctrl+T”组合键，执行“自由变换”操作，适当缩小图像。

学习小结

本章讲解了路径和图形的绘制和编辑，其中包括绘制直线和平滑曲线、更改锚点类型、调整路径，还包括矩形工具、椭圆工具和自定义形状工具等知识。重点内容包括钢笔工具、矩形工具和路径编辑等。

Photoshop CS6 虽然是位图处理软件，但在处理矢量图形时，功能也非常强大。

第7章 创建与编辑文字

文字是设计的重要组成部分，使用文字有利于人们了解作品所要表现的主题。Photoshop CS6 提供了强大的文字处理功能，使文字的编辑变得更加容易。

本章将详细讲解文字的创建与编辑方法。

※ 横排文字工具　※ 直排文字工具　※ “字符”面板
※ “段落”面板　※ 点文字和段落文字的互换　※ 拼写检查

案例展示

7.1 实例 25：制作幼儿成长档案

本案例主要通过制作幼儿成长档案，学习文字基本操作，包括创建点文字和段落文字，以及“字符”和“段落”面板操作等知识。

7.1.1 创建点文字

使用“横排文字工具” T 和“直排文字工具” ↓T 可以在图像中输入点文字。

在使用文字工具输入文字前，可以在工具选项栏或“字符”面板中设置字符的属性，也可以输入文字后再进行设置。文字工具选项栏中常用参数的作用如下表所示。

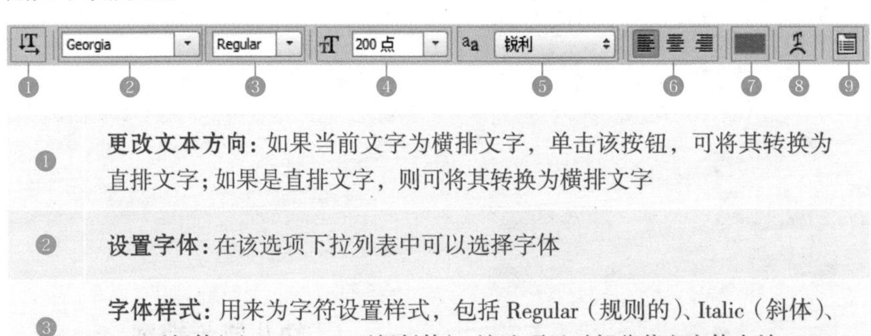

❶	**更改文本方向：**如果当前文字为横排文字，单击该按钮，可将其转换为直排文字；如果是直排文字，则可将其转换为横排文字
❷	**设置字体：**在该选项下拉列表中可以选择字体
❸	**字体样式：**用来为字符设置样式，包括 Regular（规则的）、Italic（斜体）、Bold（粗体）和 Bold Italic（粗斜体）。该选项只对部分英文字体有效

续表

❹	**字体大小：**可以选择字体的大小，或者直接输入数值来进行调整
❺	**消除锯齿的方法：**可以为文字消除锯齿选择一种方法，Photoshop 会通过部分地填充边缘像素来产生边缘平滑的文字，使文字的边缘混合到背景中而看不出锯齿。其中包含选项“无”“锐利”“犀利”“深厚”和“平滑”
❻	**文本对齐：**根据输入文字时光标的位置来设置文本的对齐方式，包括“左对齐文本”、“居中对齐文本”和“右对齐文本”
❼	**文本颜色：**单击颜色块，可以在打开的“拾色器”中设置文字的颜色
❽	**文本变形：**单击该按钮，可以在打开的“变形文字”对话框中为文本添加变形样式，创建变形文字
❾	**显示 / 隐藏字符面板和段落面板：**单击该按钮，可以显示或隐藏“字符”和“段落”面板

以“横排文字工具”为例，输入点文字，具体操作步骤如下。

Step01 打开“光盘\素材文件\第 7 章\背景 .jpg”文件。

Step02 设置前景色为深绿色 # 4d5e03，选择“横排文字工具”，在图像中单击确认文字输入点，

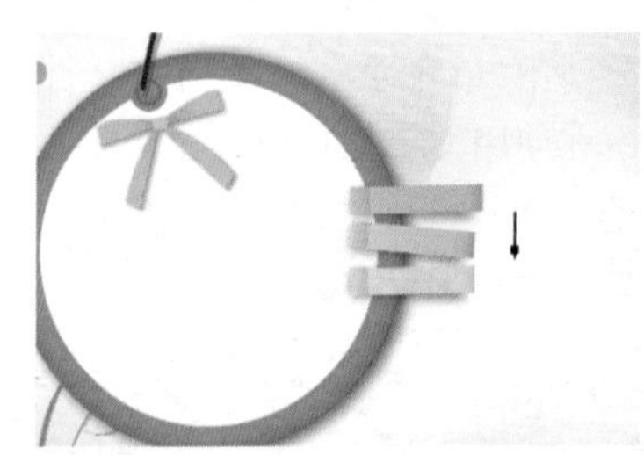

Step03 依次输入文字“幼儿成长档案”。

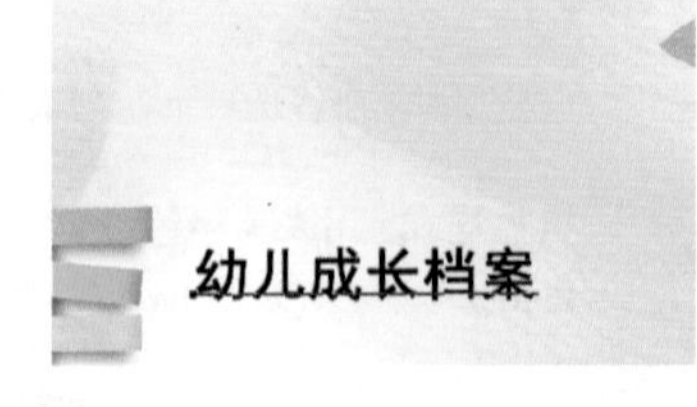

Step04 在选项栏中，单击“提交所有当前编辑”按钮确认文字输入。

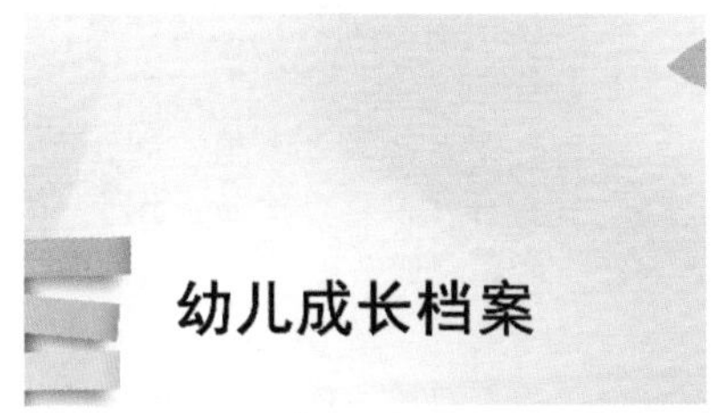

小技巧

输入文字后，按“Enter”键，可以快速确认文字输入和编辑操作。

Step05 使用相同的方法，依次输入其他文字。

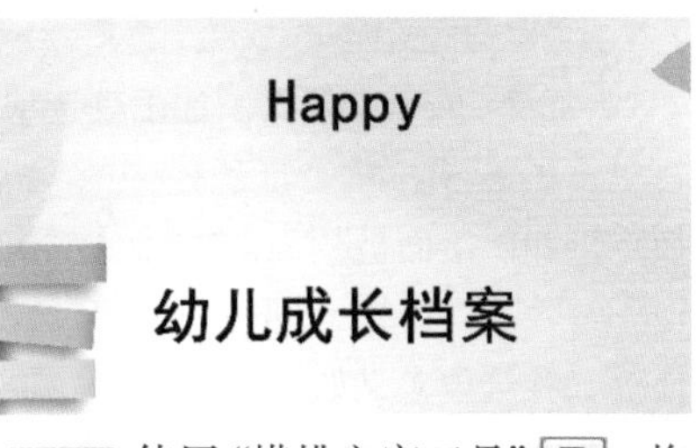

Step06 使用“横排文字工具” T，拖动即可选中文字。

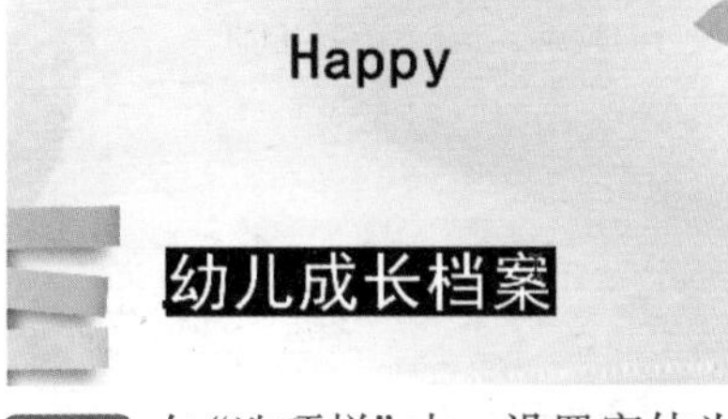

Step07 在“选项栏”中，设置字体为方正稚艺简体，字体大小为 40 点，单击“设置文本颜色”色块。

Step08 在打开的“拾色器(文本颜色)”对话框中，设置颜色为绿色 #4d5e03，单击“确定”按钮。

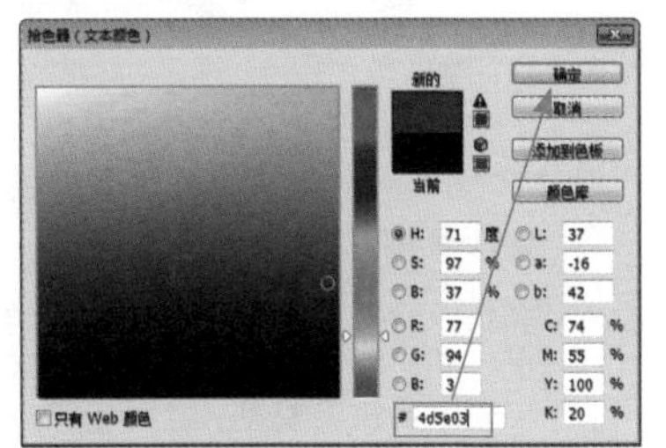

Step09 在选项栏中，单击“提交所有当前编辑”按钮，调整选中文字的字体、字体大小和颜色。

小技巧

选中文字后，按“Shift+Ctrl+<”组合键，可以缩小字号；按“Shift+Ctrl+>”组合键，可以增大字号。

7.1.2 “字符”面板

“字符”面板中提供了比工具选项栏更多的选项，单击选项栏中的“切换字符和段落面板”按钮或执行“窗口”→“字符”命令，都可以打开“字符”面板。各选项含义如下表所示。

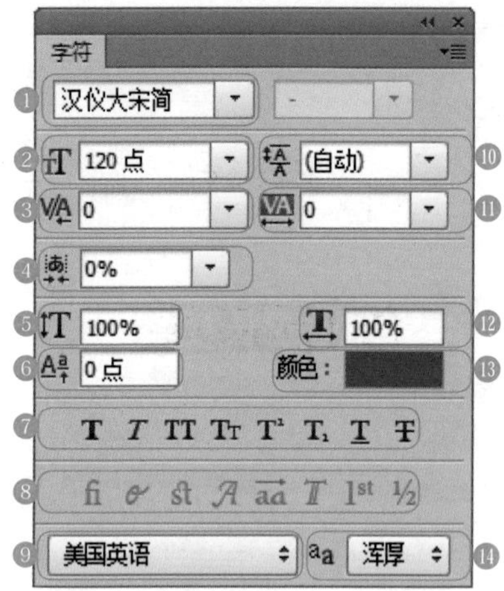

❶	**设置字体系列：**该选项与文字工具选项栏中设置字体系列选项相同，用于设置文本的字体
❷	**设置字体大小：**在其下拉列表框中选择预设的文字大小值，也可以在文本框中输入大小值，对文字的大小进行设置
❸	**设置所选字符的字距调整：**选中文字后，在其下拉列表框中选择需要调整的字距数值

续表

❹	**设置所选字符的比例间距：**选中需要进行比例间距设置的文字，在其下拉列表框中选择需要变换的间距百分比，百分比越大比例间距越近
❺	**垂直缩放：**选中需要进行缩放的文字后，垂直缩放的文本框显示为100%，可以在文本框中输入任意数值对选中的文字进行垂直缩放
❻	**设置基线偏移：**在该选项中可以对文字的基线位置进行设置，输入负值可以将基线向下偏移，输入正值则可以将基线向上偏移
❼	**设置字体样式：**单击面板中的按钮可以对文字进行仿粗体、仿斜体、全部大写字母、小型大写字母、设置文字为上标等设置
❽	**OpenType 字体：**包含 Post Script 和 True Type 字体不具备的功能，如花饰字和自由连字
❾	**连字及拼写规则：**对所选字符进行有关连字符和拼写规则的语言设置，Photoshop 用语言词典检查连字符连接

续表

⑩	**设置行距：**使用文字工具进行多行文字的创建时，可通过面板下的“设置行距”选项对多行文字间距进行设置，在下拉列表框中选择固定的行距值，也可以在文本框中直接输入数值进行设置，输入的数值越大则行间距越大
⑪	**设置两个字符间的字距微调：**该选项用于设置两个字符之间的字距微调，设置范围为 -1000~1000
⑫	**水平缩放：**选中需要进行缩放的文字，水平缩放的文本框显示默认值为 100%，可以在文本框中输入任意数值对选中的文字进行水平缩放
⑬	**设置文本颜色：**在面板中直接单击颜色块可以弹出“选择文本颜色”对话框，在该对话框中选择适合的颜色即可完成对文本颜色的设置
⑭	**设置消除锯齿的方法：**该选项与在其选项栏中设置消除锯齿的方法效果相同，用于设置消除锯齿的方法

在“字体”面板中设置文字属性，具体操作步骤如下。

Step01 在“图层”面板中，选择目标文字图层。

Step02 在“字符”面板中，设置“行距”为 50，单击“仿粗体”图标 T。

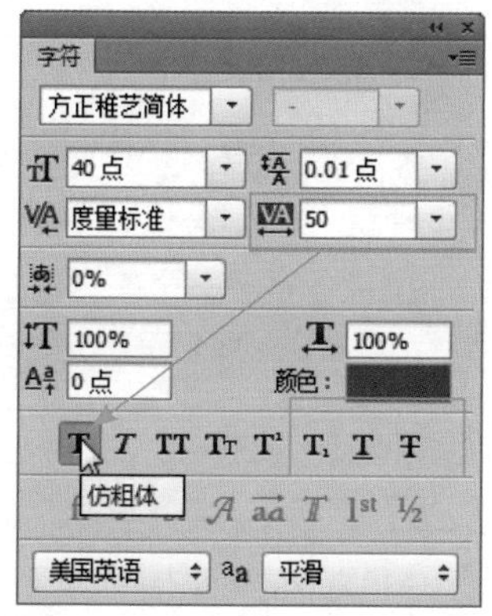

Step03 通过前面的操作，得到加宽字距和加粗文字效果。

小技巧

选中文字后，按“Alt+ ←”组合键，可以缩小字距；按“Alt+ →”组合键，可以增大字距。

7.1.3 创建段落文字

使用文字工具输入段落文字时，文字会基于设定的文字框进行自动换行。可以根据需要自由调整段落定界框的大小。

Step01 选择工具箱中的“横排文字工具” T，在选项栏中，设置字体为黑体，字体大小为 24 点，颜色为黑色，拖动鼠标创建段落文本框。

Step02 在段落文本框内输入文字，如果文字达到文本框边界，将会自动换行。

小技巧

选中文字后，按“Alt+ ↑”组合键，可以缩小行距；按“Alt+ ↓”组合键，可以增大行距。如果文字达到文本框边界，将会自动换行。拖动段落文本框可以调整大小和方向。

7.1.4 “段落”面板

“段落”面板主要用于设置文本的对齐方式和缩进方式等。单击选项栏中的“切换字符面板和段落面板”按钮，或者执行“窗口”→“段落”命令，都可以打开“段落”面板。各选项含义如下表所示。

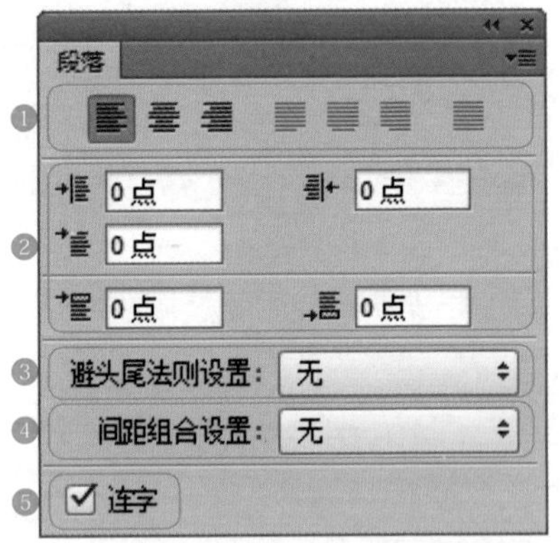

1	**对齐方式：**包括“左对齐文本”、“居中对齐文本”、“右对齐文本”、“最后一行左对齐”、“最后一行居中对齐”、“最后一行右对齐和全部对齐”

续表

❷	**段落调整**：包括“左缩进”、“右缩进”、“首行缩进”、“段前添加空格”和“段后添加空格”
❸	**避头尾法则设置**：选取换行集为“无”“JIS 宽松”和“JIS 严格”
❹	**间距组合设置**：选取内部字符间距集
❺	**连字**：自动用连字符连接

设置段落文本的对齐方式，具体操作步骤如下。

Step01 在“段落”面板中，单击“居中对齐文本”按钮。

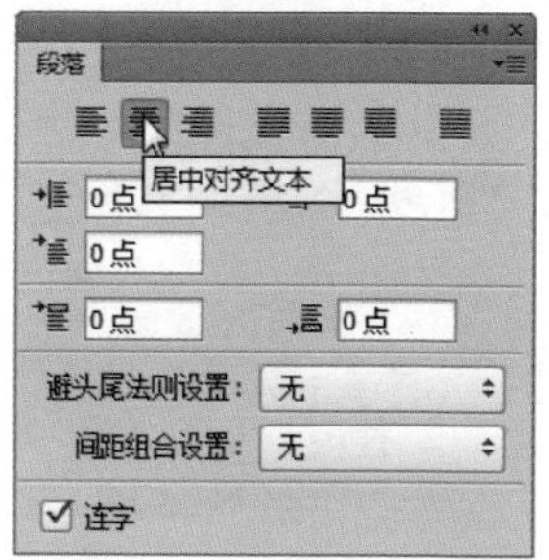

Step02 通过前面的操作，设置段落文本为居中对齐。适当调整段落文本的位置。

7.1.5 变形文字

变形文字是指对创建的文字进行变形处理，具体操作步骤如下。

Step01 在“图层”面板中，选择“Happy”文字图层。

Step02 在选项栏中，设置字体为汉仪秀英体，字体大小为 100 点，文字颜色为粉红色 #ff8da9。

Step03 选中文字后，在选项栏中，单击“创建文字变形”按钮，在打开的“变形文字”对话框中，设置“样式”为波浪，选中“水平”单选项，设置“弯曲”为 50%，单击“确定”按钮。

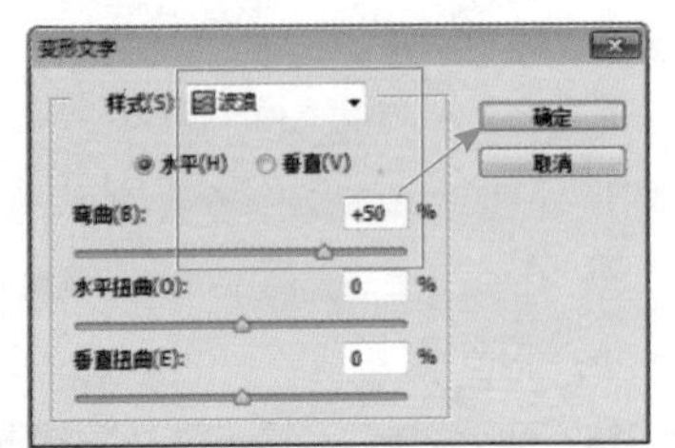

Step04 通过前面的操作，得到文字变形效果。

Step05 打开“光盘 \ 素材文件 \ 第 7 章 \ 男孩 .tif”文件，拖动到当前文件中，移动到适当位置。

Step06 使用“横排文字工具” T，在选项栏中输入字母“Family”，在选项栏中，设置字体为方正幼稚简体，字体大小为 40 点。

7.2 实例 26：制作苹果宣传单页

本案例主要通过制作苹果宣传单页，学习文字基本操作，包括路径文字、查找和替换文字等知识。

7.2.1 路径文字

路径文字是指创建在路径上的文字，文字会沿着路径排列，改变路径形状时，文字排列方式也会随之改变。图像在输出时，路径不会被输出。使用路径文字制作文字图案，具体操作步骤如下。

Step01 打开“光盘 \ 素材文件 \ 第 7 章 \ 苹果 .jpg”文件。使用“椭圆工具” 绘制路径。

Step02 选择工具箱中的“横排文字工具” T ，将鼠标指针移动至路径上，此时鼠标指针会变成为特殊形状，单击即可确认路径文字起点。

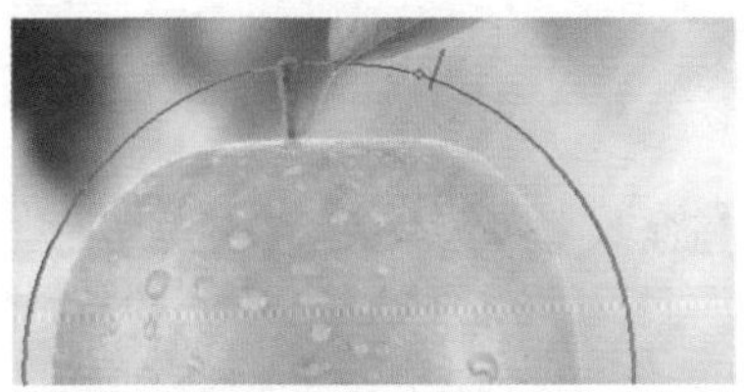

Step03 画面中会出现闪烁的“╎”，此时输入文字即可沿着路径排列。

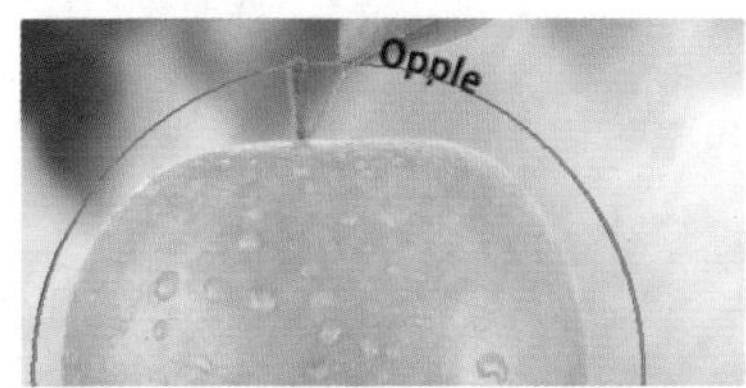

Step04 继续输入文字，直到排满整条路径。设置字体为黑体，字体大小为 24 点。

7.2.2 拼写检查

拼写检查可以检查当前文本中的英文单词拼写是否有误。

检查文档中的单词“Opple”拼写是否正确，具体操作步骤如下。

Step01 执行“编辑”→“拼写检查”命令，打开“拼写检查”对话框，检查到错误时，Photoshop CS6 会提供修改建议。选择修改方案，例如：选择单词“Apple”，单击“更改全部”按钮。

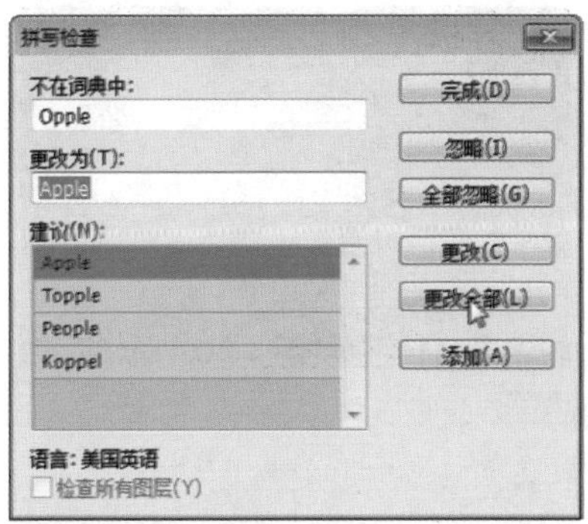

Step02 弹出提示对话框，单击“确定”按钮。

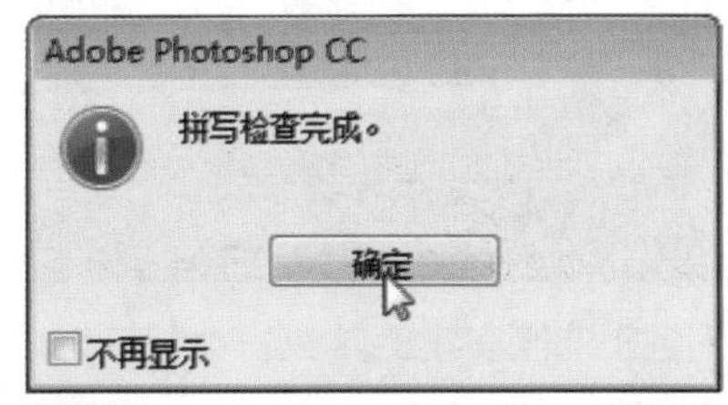

Step03 通过前面的操作，单词“Opple”被替换为“Apple”。更改文字颜色为浅黄色 #fcfae4。

Step04 复制文字图层，执行自由变换，适当放大图像。

Step05 更改文字大小为 50 点，文字颜色为绿色 #d3de78。

7.2.3 选区文字工具

“横排文字蒙版工具” 和“直排文字蒙版工具” ，用于创建文字选区，具体操作步骤如下。

Step01 选择“直排文字蒙版工具” ，在选项栏中，设置字体为黑体，字体大小为 100 点，输入直排文字。

Step02 按“Ctrl+Enter”组合键，确认文字输入，将文字选区移动到适当位置。

Step03 按“Ctrl+M”组合键，执行“曲线”命令，向下方拖动曲线。

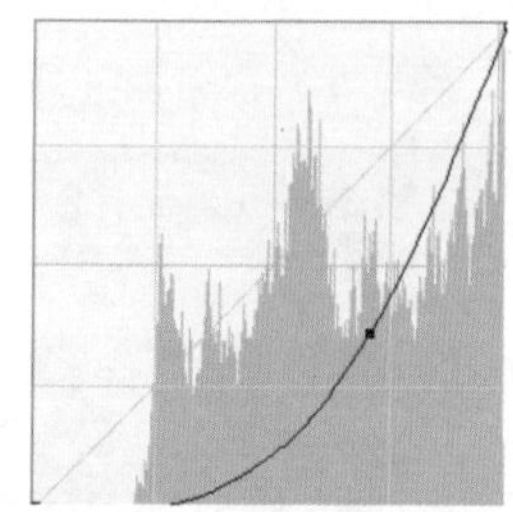

Step04 通过前面的操作，调暗文字，得到最终效果。

·技能拓展·

一、点文字与段落文字的互换

在 Photoshop CS6 中，点文字和段落文字虽然都是文字，但都有各自独有的属性。点文字与段落文字之间可以相互转换。创建点文字后，执行“类型”→“转换为段落文本”命令，即可将点文字转换为段落文字。

创建段落文字后，执行“类型”→“转换为点文字”命令，即可将段落文字转换为点文字。

二、更改字体预览大小

进行图像处理时，计算机中通常会安装大量字体，如果字体预览太小，会影响视力，下面介绍如何更改字体预览大小，具体操作步骤如下。

Step01 在“字符”面板或文字工具选项栏中选择字体后，可以看到字体的预览效果。

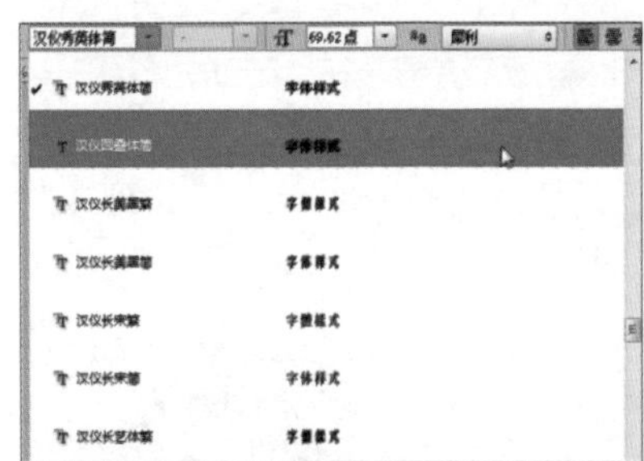

Step02 执行“文字”→“字体预览大小”命令，在打开的级联菜单中，可以调整字体预览大小，包括“无”“中”“大”“特大”“超大”五种。例如，选择“超大”选项。

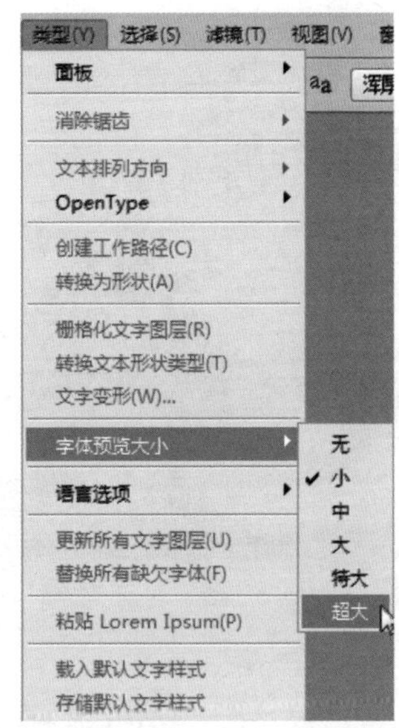

Step03 通过前面的操作，使用“超大”方式预览文字效果。

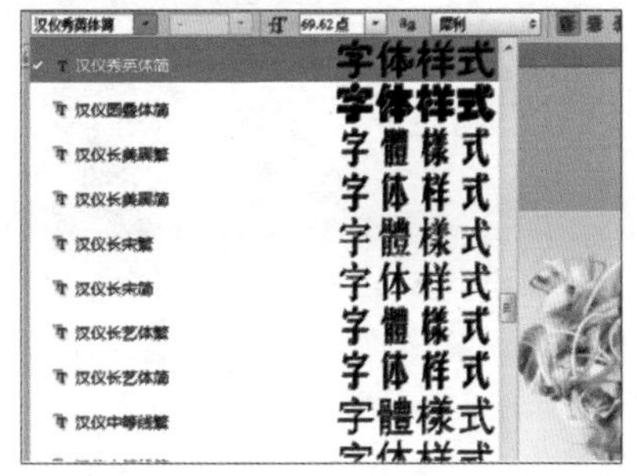

·同步实训·

添加装饰文字

通过为图像添加装饰文字，可以使图像表达的意思更加明确。下面讲解如何在 Photoshop CS6 中，为图像添加装饰文字，具体操作步骤如下。

Step01 打开“光盘\素材文件\第 7 章\情侣 .jpg”文件。

Step02 选择工具箱中的“横排文字工具”T，在选项栏中，设置字体为黑体，字体大小为 30 点，颜色为黑色，输入字母“LOVER”。

Step03 单击选项栏中的按钮，打开“变形文字”对话框，设置“样式”为旗帜，“弯曲”为 -30%，单击“确定”按钮。

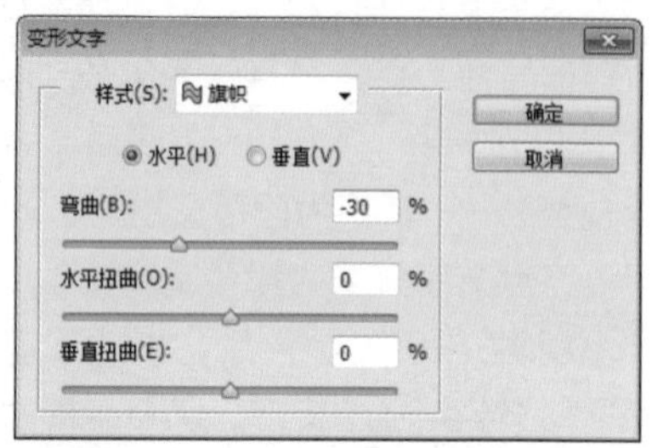

Step04 更改文字“不透明度”为 30%，减淡文字。

Step05 通过前面的操作，得到人物纹身效果。

Step06 选择“自定形状工具”，载入全部形状后，选择“红心”形状，拖动鼠标绘制路径。

Step07 选择工具箱中的“横排文字工具”T，将鼠标指针移动至路径上，单击并输入多个白色字母“Love”。字体为黑体，字体大小为 30 点。

Step08 执行“图层”→“栅格化”→“文字”命令，将文字图层转换为普通图层。

Step09 使用“套索工具”选择多余图像，按“Delete”键删除图像。

Step10 按“Ctrl+J”组合键复制图层，并水平翻转图像，移动到适当位置。

Step11 使用“横排文字工具”T输入红色 #f90320 文字“Lover”，在选项栏中，设置字体为 Curlz MT，字体大小为 200 点和 150 点。

学习小结

本章主要讲述了横排文字工具、直排文字工具、“字符”面板和“段落”面板的使用，创建文字和编辑文字，以及将文字进行变形处理的一些技巧，重点内容为横排文字工具、直排文字工具、“字符”面板和“段落”面板的使用。

合理运用文字，是进行图像处理的必备技能。希望通过本章的讲解，读者能够熟练掌握文字处理基础知识。

第 8 章

蒙版和通道的应用

蒙版可以保护图像的选择区域，可将部分图像处理成透明或半透明效果。通道是存储不同类型信息的灰度图像，通道可以存储选区，还可以创建专色通道。

本章将详细讲解蒙版和通道的编辑方法。

※ 创建图层蒙版 ※ 创建矢量蒙版 ※ 创建剪贴蒙版
※ 分离和合并通道 ※ 创建 Alpha 通道 ※ 创建专色通道

案 例 展 示

8.1 实例 27：换脸术

本案例主要通过制作换脸术，学习蒙版基本操作，包括创建和编辑图层蒙版、创建和编辑矢量蒙版等基础知识。

8.1.1 创建图层蒙版

图层蒙版是一种特殊的蒙版，它附加在目标图层上，用于控制图层中的部分区域是隐藏还是显示。通过使用图层蒙版，可以在图像处理中制作出特殊的效果。具体操作步骤如下。

Step01 打开"光盘\素材文件\第 8 章\乱发 .jpg"文件。

Step02 打开"光盘\素材文件\第 8 章\四童 .jpg"文件。

Step03 将四童图像拖动到乱发图像中，调整大小、位置和方向，命名为"四童"。

Step04 在"图层"面板中，单击"添加图层蒙版"按钮，为"图层 1"添加图层蒙版。

8.1.2 编辑图层蒙版

创建图层蒙版后，常会使用“画笔工具” 对蒙版进行编辑。将画笔设置为黑色，在蒙版中绘画后，被绘制的区域即被隐藏；将画笔设置为白色，在蒙版中涂抹后，被绘制的区域即可显示出来；使用半透明画笔进行涂抹，可以创建图像的羽化效果。具体操作步骤如下。

Step01 选择“画笔工具” ，在画笔选取器中，选择柔边圆画笔。设置“大小”为 400 像素，“硬度”为 50%。

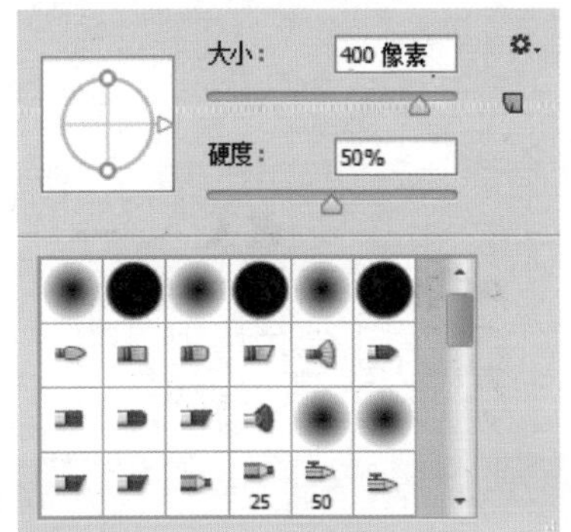

Step02 设置前景色为黑色 #000000，在图像中单击，图像被隐藏。

Step03 继续拖动鼠标，修改图层蒙版，隐藏多余图像。

8.1.3 隐藏图层蒙版

对于已经通过蒙版进行编辑的图层，也可以随时查看原图效果。

查看图层蒙版原图效果的具体操作步骤如下。

Step01 按住“Shift”键，单击图层蒙版缩览图。

Step02 通过前面的操作，可以暂时隐藏图层蒙版，方便观察蒙版效果。

Step03 再次按住“Shift”键，单击图层蒙版缩览图，可以显示出图层蒙版，图层蒙版缩览图中的红叉消失。

小技巧

按住“Alt”键，单击图层蒙版缩览图，可以显示蒙版的灰度图像。

8.1.4 创建矢量蒙版

将矢量图形引入蒙版中，不仅丰富了蒙版的多样性，还提供了一种可以在矢量状态下编辑蒙版的特殊方式。具体操作步骤如下。

Step01 打开“光盘\素材文件\第8章\五彩.jpg”文件。

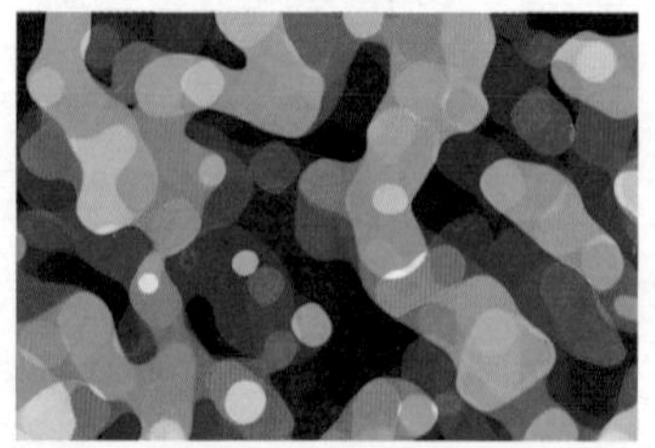

Step02 复制粘贴到当前文件中，命名为“五彩”。

Step03 选择“自定形状工具”，在选项栏中，载入全部形状后，选择“边框6”形状。

Step04 在选项栏中，选择“路径”选项，拖动鼠标绘制路径。

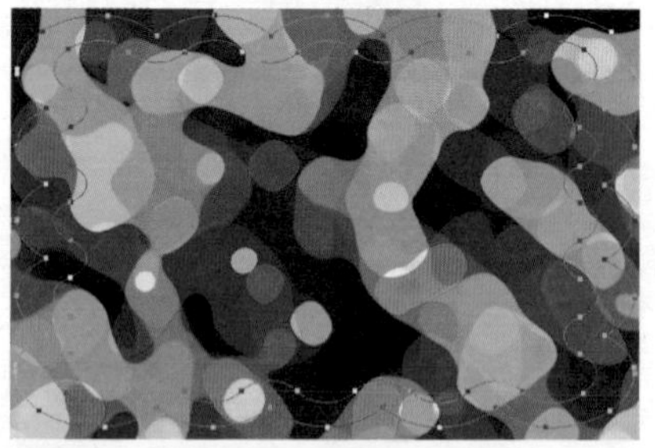

Step05 在“图层”面板中，按住“Ctrl”键，单击“添加图层蒙版”按钮，即可为图像添加矢量蒙版。

Step06 添加矢量蒙版后，隐藏路径，得到图像效果。

8.1.5 变换矢量蒙版

创建矢量蒙版后，还可以变换矢量蒙版，变换边框图像的具体操作步骤如下。

Step01 单击“图层”面板中的矢量蒙版缩览图，选中矢量蒙版。

Step02 执行“编辑”→“自由变换路径”命令，即可对矢量蒙版进行各种变换。例如，放大蒙版的效果如下。

8.1.6 链接与取消链接蒙版

创建蒙版后，蒙版缩览图和图像缩览图中间有一个链接图标，它表示蒙版与图像处于链接状态，此时进行变换操作，蒙版会与图像一同变换。取消链接蒙版后，则可以单独变换图像和蒙版。取消蒙版链接状态的具体操作步骤如下。

Step01 在“图层”面板中，单击图层和蒙版缩览图之间的“指示矢量蒙版链接到图层”图标。

Step02 通过前面的操作，可以取消图层和蒙版之间的链接，取消后可

以单独变换图像和蒙版。单击“五彩”图层缩览图，选中该图层。

Step03 使用“移动工具”移动图像，调整图像位置，显示出色彩最丰富的边框。

小技巧

在蒙版快捷菜单中，可以选择“删除蒙版”→“应用蒙版”命令。删除蒙版后，蒙版和蒙版效果不再存在。应用蒙版后，蒙版效果会合并到图层中。

8.1.7 矢量蒙版转换为图层蒙版

矢量蒙版和图层蒙版都有其独有的编辑属性。将矢量蒙版转换为图层蒙版的具体操作步骤如下。

Step01 在蒙版缩览图上右击，在弹出的菜单中选择“栅格化矢量蒙版”命令。

Step02 通过前面的操作，可以将矢量蒙版转换为图层蒙版。

8.2 实例 28：打造清新淡雅色调

本案例主要通过制作清新淡雅色调，学习通道基本操作，包括选择通道、合并和分离通道、删除通道等知识。

8.2.1 分离和合并通道

在 Photoshop CS6 中，可以将通道拆分为几个灰度图像，同时，也可以将通道组合在一起，或者将两个图像分别进行拆分，然后选择性地将部分通道组合在一起，可以得到意想不到的图像合成效果。

拆分图像通道的具体操作步骤如下。

Step01 打开“光盘 \ 素材文件 \ 第 8 章 \ 花瓶 .jpg”文件。

Step02 单击“通道”面板中的扩展按钮，在弹出的菜单中选择“分离通道”命令，

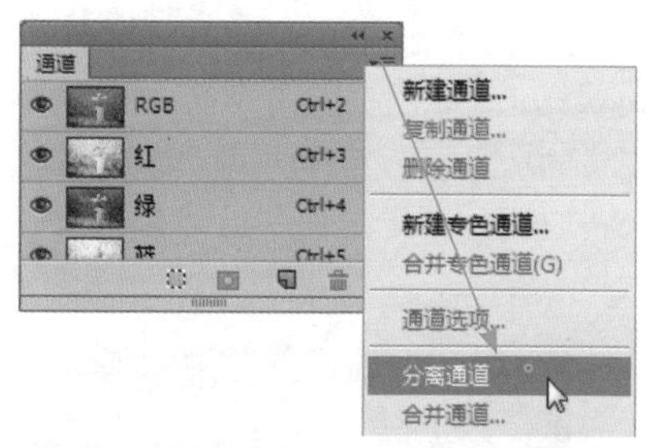

Step03 在图像窗口中可以看到已将原图像分离为三个单独的灰度图像。

Step04 单击“通道”面板右上角的扩展按钮，在打开的快捷菜单中选择“合并通道”命令。

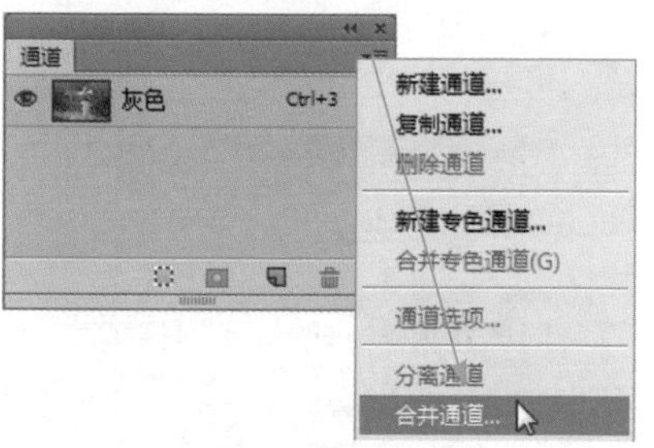

Step05 打开“合并通道”对话框，在“模式”下拉列表中选择“RGB 颜色”，单击“确定”按钮。

Step06 在弹出的“合并 RGB 通道”对话框中，设置“红色”为“花瓶 .jpg_绿”，“绿色”为“花瓶 .jpg_蓝”，“蓝色”为“花瓶 .jpg_绿”，单击“确定”按钮。

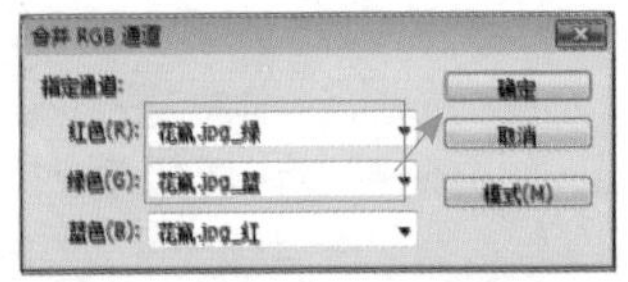

Step07 通过前面的操作，合并通道后的效果如下图所示。

8.2.2 选择通道

在进行通道操作时，首先需要选择通道。接下来选择目标通道。

在“通道”面板中，单击“绿”通道，可将其选中。

8.2.3 删除通道

复合通道不能删除。但是，普通通道却可以进行删除。

删除选中的“绿”通道的具体操作步骤如下。

Step01 将“绿”通道拖到“删除当前通道”按钮中。

Step02 释放鼠标后，删除“绿”通道。

Step03 通过前面的操作，图像自动转换为多通道模式，图像效果如下图所示。

8.3 实例 29：艺术图像效果

本案例主要通过打造艺术图像效果，学习通道基本操作，包括新建 Alpha 通道、通道转换为选区等基础知识。

8.3.1 新建 Alpha 通道

Alpha 通道是存储选区的通道，它是利用颜色的灰阶亮度来存储选区的，是灰度图像，只能以黑、白、灰来表现图像。在默认情况下，白色为选区部分，黑色为非选区部分，中间的灰度表示具有一定透明效果的选区。新建 Alpha 通道的具体操作步骤如下。

Step01 打开“光盘\素材文件\第 8 章\蓝裙 .jpg”文件。

Step02 在“通道”面板中，单击“创建新通道”按扭，新建“Alpha 1”通道。

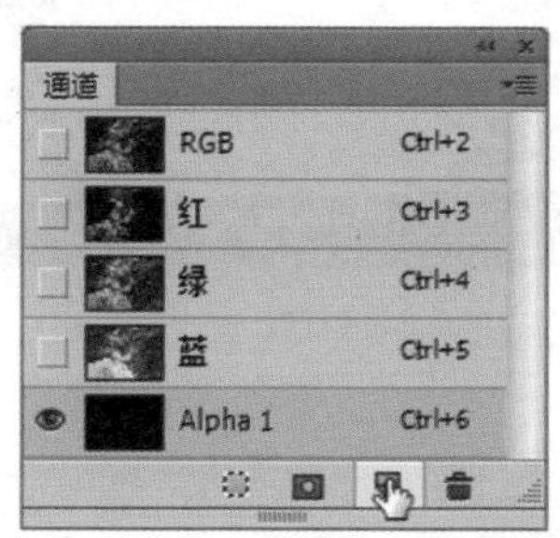

Step03 使用“椭圆选框工具”创建选区，填充白色。

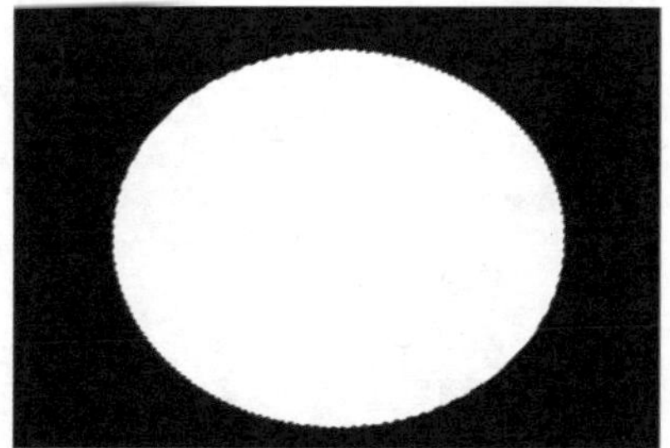

Step04 执行“滤镜”→“像素化”→“彩色半调”命令，设置参数后，单击“确定”按钮。

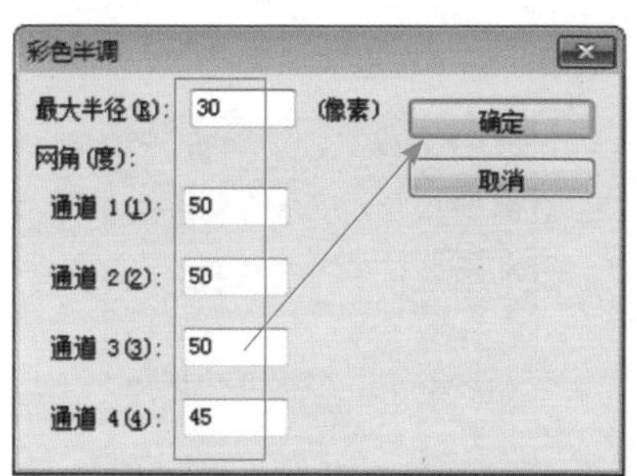

Step05 通过前面的操作，图像效果如下图所示。

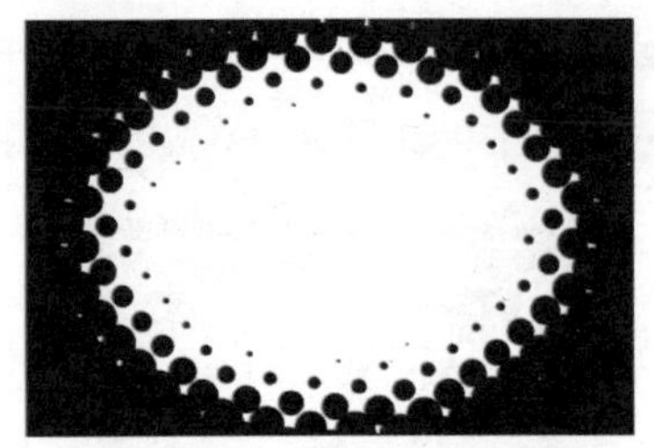

8.3.2 通道和选区的转换

通道与选区是可以互相转换的，可以把选区存储为通道，也可把通道作为选区载入。

将通道转换为选区的具体操作步骤如下。

Step01 在“通道”面板中，单击“将通道作为选区载入”按钮。

Step02 在“通道”面板中，单击选中“RGB”复合通道。

Step03 通过前面的操作，将“Alpha 1”通道作为选区载入。

Step04 在“图层”面板中，新建“图层1”。按“D”键恢复默认前(背)景色，反向选区后，按“Alt+Delete”组合键，为选区填充白色。

Step05 执行“滤镜”→“风格化”→“照亮边缘”命令，设置“边缘宽度”为6，“边缘亮度”为14，“平滑度”为4。

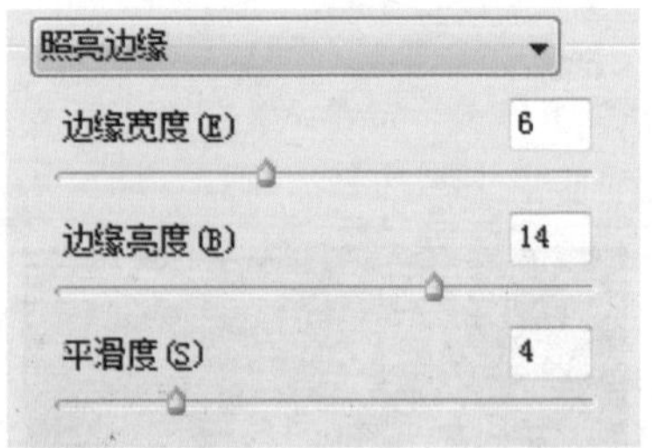

Step06 通过前面的操作，得到照亮边缘的效果。

Step07 设置前景色为浅蓝色 #b3e1f2。执行“滤镜”→“滤镜库”→“素描”→“图章”命令，设置“明 / 暗平衡”为 23，“平滑度”为 35。

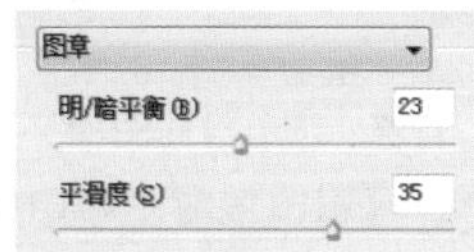

Step08 通过前面的操作，最终效果如下图所示。

8.4 实例 30：合成火焰中的眼睛

本案例主要通过合成火焰中的眼睛，学习通道运算基本操作，包括应用图像和计算命令等知识。

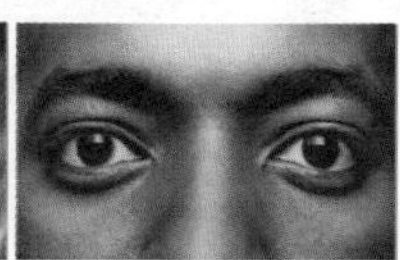

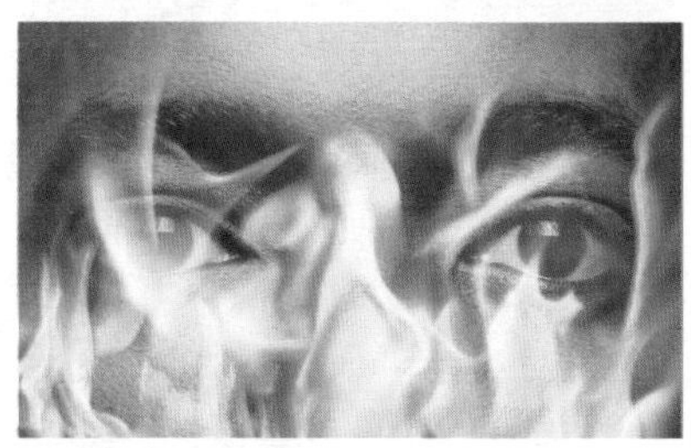

8.4.1 应用图像

在“应用图像”对话框中，各选项的含义如下表所示。

1	**源：**默认的当前文件，也可以选择使用其他文件来与当前图像混合，但选择的文件必须打开，并且应为与当前文件具有相同尺寸和分辨率的图像
2	**图层和通道：**“图层”选项用于设置源图像需要混合的图层，当只有一个图层时，就显示背景图层。“通道”选项用于选择源图像中需要混合的通道，如果图像的颜色模式不同，通道也会有所不同

续表

❸	**目标**：显示目标图像，以执行应用图像命令的图像为目标图像
❹	**混合和不透明度**：“混合”选项用于选择混合模式。“不透明度”选项用于设置源中选择的通道或图层的不透明度
❺	**反相**：该选项对源图像和蒙版后的图像都是有效的。如果想要使用与选择区相反的区域，可选择该项

混合通道，具体操作步骤如下。

Step01 打开“光盘\素材文件\第 8 章\火.jpg”文件。

Step02 打开“光盘\素材文件\第 8 章\双眼.jpg”文件。

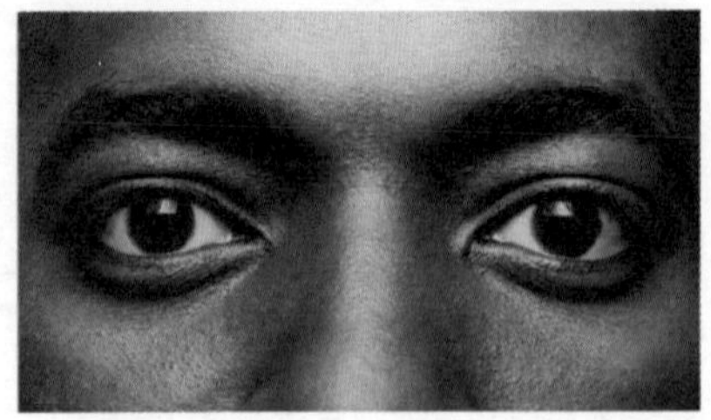

Step03 执行“图像”→“应用图像”命令，在弹出的“应用图像”对话框中，设置“源”为火.jpg，“混合”为滤色。

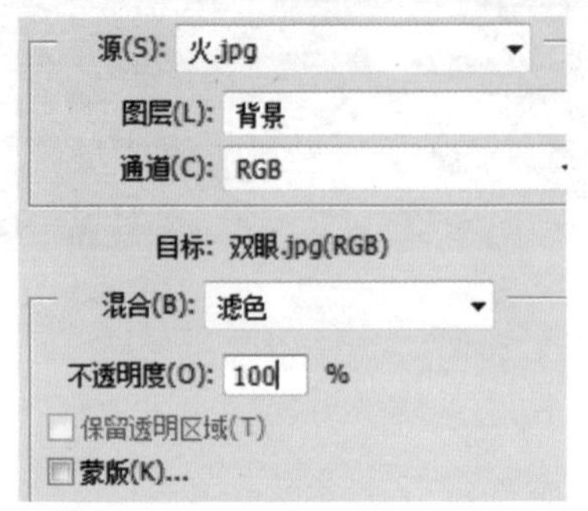

Step04 通过前面的操作，通道混合的效果如下图所示。

8.4.2 计算

“计算”命令与“应用图像”命令基本相同，也可将不同的两个图像中的通道混合在一起。它与“应用图像”命令不同的是，使用“计算”命令混合出来的图像以黑、白、灰显示；并且通过对“计算”面板中“结果”选项的设置，可将混合的结果新建为通道、文档或选区。具体操作步骤如下。

Step01 执行“图像”→“计算”命令，在弹出的“计算”对话框中，设置“源 1”为双眼.jpg，“通道”为红，“源 2”

为火 .jpg,“通道”为红,“混合”为正片叠底,“结果”为选区。

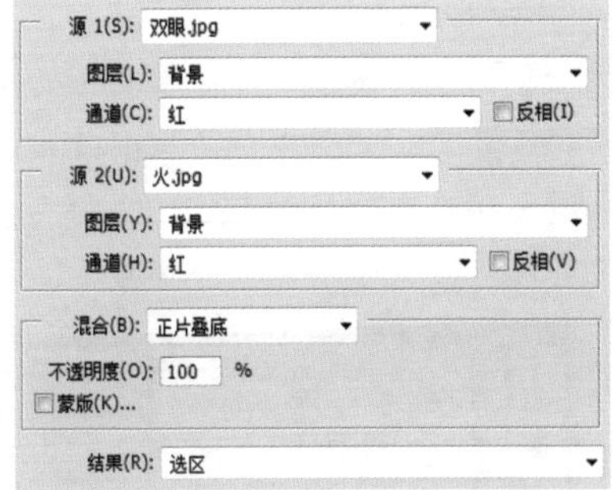

Step02 通过前面的操作，得到混合通道选区。

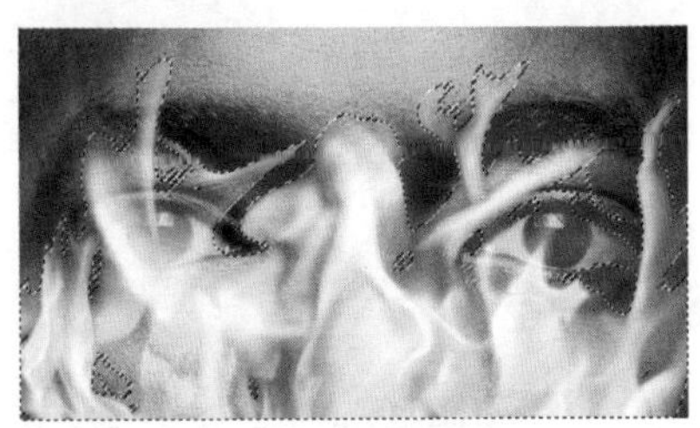

Step03 按“Ctrl+J”组合键，复制选区到新图层中。更改图层混合模式为正片叠底。

Step04 通过前面的操作，火焰变得更加鲜艳。

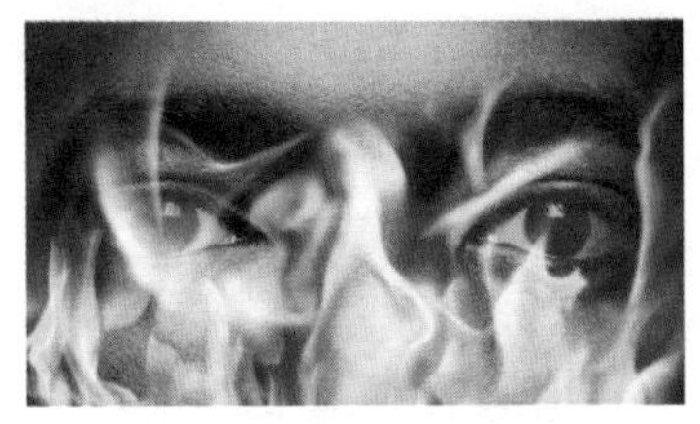

小技巧

使用“应用图像”和“计算”命令进行操作时，如果是对两个文件之间进行通道合成，需要确保两个文件有相同的文件大小和分辨率，否则将不能进行通道合成。

·技能拓展·

一、复制通道

在编辑通道内容之前，可以将需要编辑的通道创建一个备份，具体操作步骤如下。

Step01 在“通道”面板中，将“青色”通道拖动到面板右下方的“创建新通道”按钮。

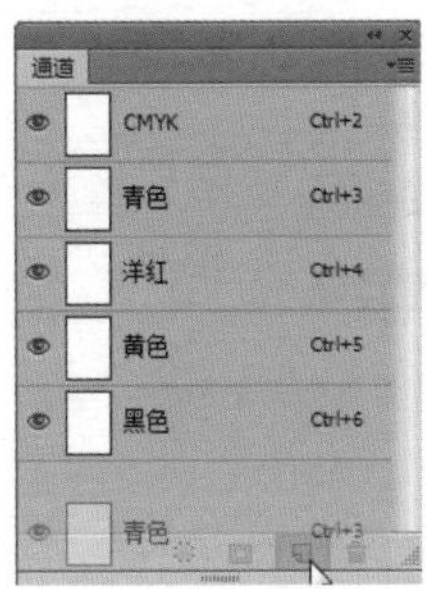

Step02 释放鼠标后，得到“青色 副本”复制图层。

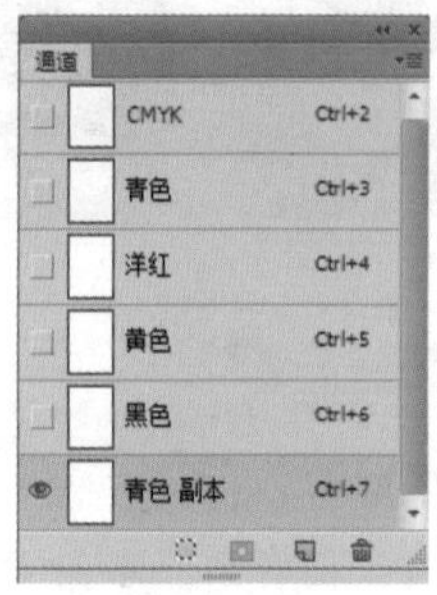

二、显示和隐藏通道

在“通道”面板中，可以显示和隐藏通道。具体操作步骤如下。

Step01 在“通道”面板中，将鼠标移动到“红”通道前方的“指示通道可见性”图标。

Step02 单击即可隐藏图标，表示该通道处于隐藏状态。

三、剪贴蒙版

剪贴蒙版是通过下方图层的形状来限制上方图层的显示状态，达到一种剪贴画的效果。剪贴蒙版至少需要两个图层才能创建。具体操作步骤如下。

Step01 打开“光盘\素材文件\第 8 章\窗格 .jpg”文件。按“Ctrl+J”组合键复制选区得到图层 1。使用“魔棒工具”选中白色窗外区域。

Step02 打开“光盘\素材文件\第 8 章\树干 .jpg”文件。将树干复制粘贴到窗格图像中，调整大小和位置。

Step03 执行“图层”→“创建剪贴蒙版”命令，剪贴蒙版的效果如下图所示。

Step04 打开“光盘\素材文件\第 8 章\枝干 .jpg”文件。选中主体图像后，复制粘贴到当前图像中。

Step05 执行“图层”→“创建剪贴蒙版”命令，创建剪贴蒙版效果。

Step06 在“图层”的剪贴蒙版组中，最下面的图层称为“基底图层”，它的名称带有下画线；位于上面的图层称为“内容图层”，它们的缩览图是缩进的，并带有↓状图标。

小技巧

按住“Alt”键不放，将鼠标指针移动到剪贴图层和基底图层之间，单击即可创建剪贴蒙版。选择“基底图层”上方的内容图层，执行“图层”→“释放剪贴蒙版”命令，或者按“Alt+Ctrl+G”组合键，可以快速释放剪贴蒙版。

·同步实训·

合成可爱图像

合成可爱图像可以增强画面的艺术氛围，使画面更加富有韵味。在 Photoshop CS6 中合成可爱图像的具体操作步骤如下。

Step01 打开“光盘\素材文件\第 8 章\荷花 .jpg”和“吊床”文件。把吊床图像复制粘贴到荷花图像中。

Step02 使用“椭圆选框工具” 创建选区。

Step03 在“图层”面板中，选择图层1，按住 Ctrl 键，单击“添加图层蒙版”按钮，为“图层 1”添加图层蒙版。

Step04 通过前面的操作，图像蒙版的效果如下图所示。

Step05 在“图层样式”对话框中，选中“描边”复选项，设置“大小”为 2 像素，描边“颜色”为黄色 # f5ce0c。

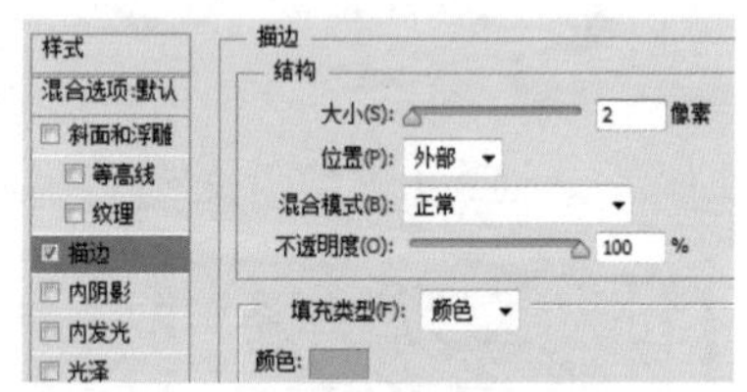

Step06 通过前面的操作，为图像添加描边效果。

Step07 复制两个图层，调整大小和位置。

Step08 在“图层”面板中，取消图层和蒙版的链接关系。

Step09 拖动图像在蒙版中的位置，并调整图像大小。同时，调整两个小圆图层描边大小为 10 像素。图像最终效果如下图所示。

学习小结

本章主要讲述了图层蒙版、矢量蒙版和剪贴蒙版的创建与编辑，以及分离和合并通道、新建 Alpha 通道、新建专色通道。重点内容为新建 Alpha 通道、创建和编辑图层蒙版、创建剪贴蒙版等。

通道和蒙版常用于图像合成和特效制作，是 Photoshop CS6 的进阶知识，读者需要充分理解它们的原理。

第 9 章

图像色彩、亮度的调整方法

色彩赋予图像吸引力，色彩不同带给人的主观感受就不同。在 Photoshop CS6 中，有大量的命令用于色调和色彩调整，使用这些功能不仅可以校正色调，还可以调整图像色彩。

本章将详细讲解色彩的调整与编辑。

※ 色阶　※ 曲线　※ 色相 / 饱和度

※ 色彩平衡　※ 可选颜色　※ 颜色查找

案例展示

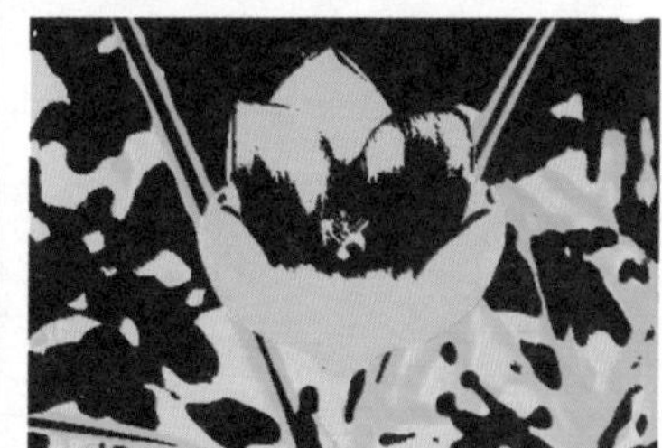

9.1 实例 31：制作灰度图像效果

本案例主要通过制作灰度图像效果，学习色调基本操作，包括去色、色阶、曝光度、阴影 / 高光等知识。

9.1.1 去色

使用“去色”命令可以将彩色图像转换为相同颜色模式下的灰度图像，具体操作步骤如下。

Step01 打开“光盘 \ 素材文件 \ 第 9 章 \ 红裙 .jpg”文件。

Step02 执行“图像”→“调整”→“去色”命令，去除图像颜色。

小技巧 

按“Ctrl+Shift+U”组合键，可以快速去除图像颜色。

9.1.2 色阶

使用“色阶”命令可以调整图像的阴影、中间调和高光，校正色调范围和色彩平衡。

执行“图像”→“调整”→“色阶”命令，可以打开“色阶”对话框，常用参数的作用如下表所示。

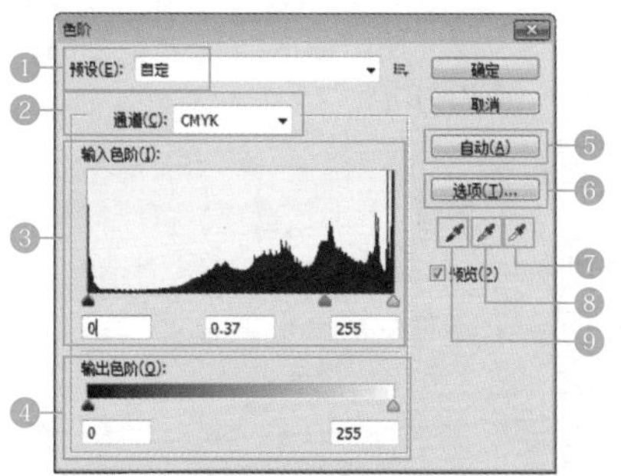

续表

❶	**预设：**单击“预设”选项右侧的按钮，在打开的下拉列表中选择“存储”命令，可以将当前的调整参数保存为一个预设文件。在使用相同的方式处理其他图像时，可以用该文件自动完成调整
❷	**通道：**在“色阶”对话框中，可以选择一个通道进行调整，例如，“蓝”，调整通道会影响图像的颜色
❸	**输入色阶：**用于调整图像的阴影、中间调和高光区域。可拖动滑块或者在滑块下面的文本框中输入数值来进行调整
❹	**输出色阶：**可以限制图像的亮度范围，从而降低对比度，使图像呈现褪色效果
❺	**自动：**单击该按钮，可应用自动颜色校正，Photoshop 会以0.5% 的比例自动调整图像色阶，使图像的亮度分布更加均匀
❻	**选项：**单击该选项，可以打开“自动颜色校正选项”对话框，在对话框中可以设置黑色像素和白色像素的比例
❼	**设置白场：**使用该工具在图像中单击，可以将单击点的像素调整为白色，比该点亮度值高的像素也都会变为白色
❽	**设置灰点：**使用该工具在图像中灰阶位置单击，可根据单击点像素的亮度来调整其他中间色调的平均亮度。通常使用它来校正色偏
❾	**设置黑场：**使用该工具在图像中单击，可以将单击点的像素调整为黑色，原图中比该点暗的像素也变为黑色

使用“色阶”命令调整图像对比度的具体操作步骤如下。

Step01 执行“图像”→“调整”→“色阶”命令，打开“色阶”对话框，设置“输入色阶”为(0,1.2,250)。

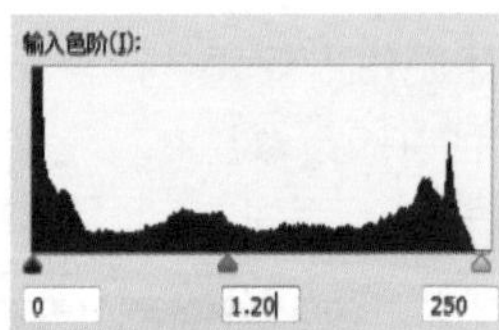

Step02 通过前面的操作，调整图像的色调。

按“Ctrl+L”组合键，可以快速打开“色阶”对话框。

9.1.3 曝光度

使用“曝光度”命令可以调整图像的曝光度，使图像中的曝光度恢复正常。执行“图像”→“调整”→“曝光度”命令，打开“曝光度”对话框，各选项含义如下表所示。

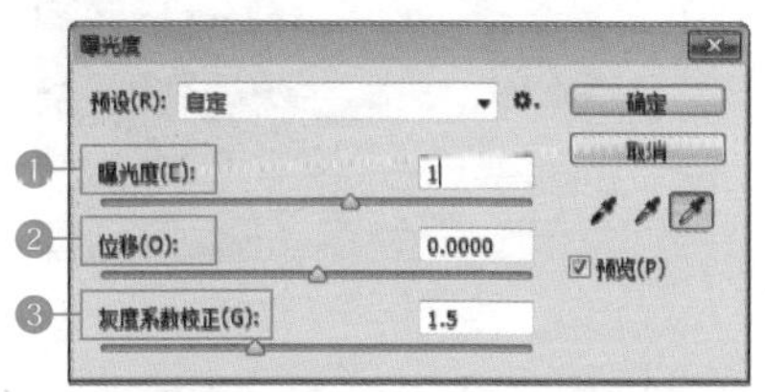

❶	**曝光度：**设置图像的曝光度，向右拖动下方的滑块可增强图像的曝光度，向左拖动滑块可降低图像的曝光度
❷	**位移：**该选项将使数码照片中的阴影和中间调变暗，对高光的影响很小，通过设置“位移”参数可快速调整数码照片的整体明暗度
❸	**灰度系数校正：**该选项使用简单的乘方函数调整数码照片的灰度系数

使用“曝光度”命令调整图像的曝光度的具体操作步骤如下。

Step01 创建“曝光度”调整图层。弹出“属性”对话框，设置“曝光度”为 0.2。

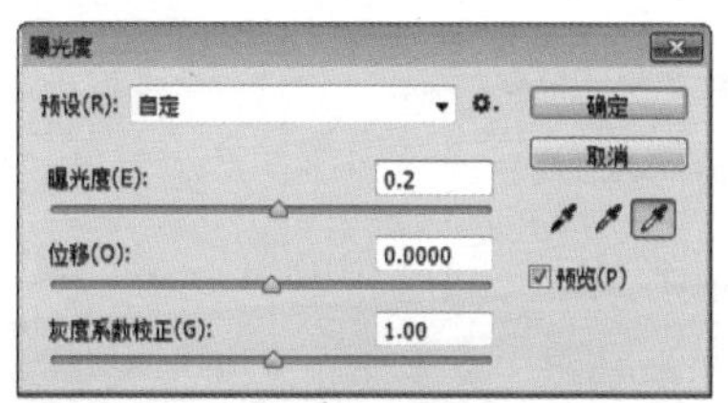

Step02 通过前面的操作，提高图像整体曝光度。

9.1.4 阴影 / 高光

使用“阴影 / 高光”命令可以调整图像的阴影和高光部分，主要用于修改一些因为阴影或者逆光而主体较暗的照片。

执行“图像”→“调整”→“阴影 / 高光”命令，打开“阴影 / 高光”对话框，各选项含义如下表所示。

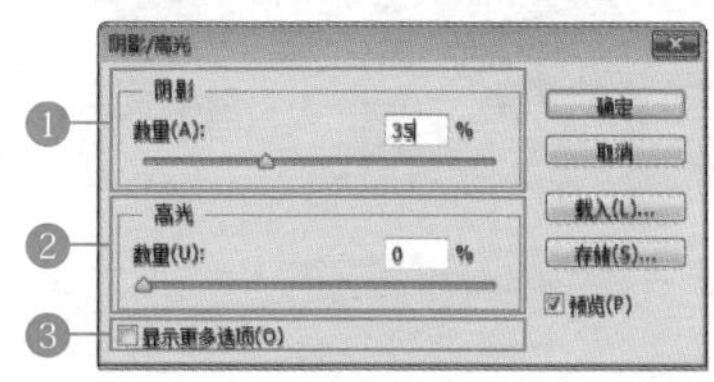

❶ **阴影：** 拖动“数量”滑块可以控制调整强度，其值越高，阴影区域越亮

❷ **高光：** 拖动“数量”滑块可以控制调整强度，其值越大，高光区域越暗

❸ **显示更多选项：** 选中此复选项，可以显示全部选项

使用“阴影 / 高光”命令调整阴影色调的具体操作步骤如下。

Step01 执行“图像”→“调整”→“阴影 / 高光”命令，打开“阴影 / 高光”对话框，设置阴影“数量”为 35%，单击“确定”按钮。

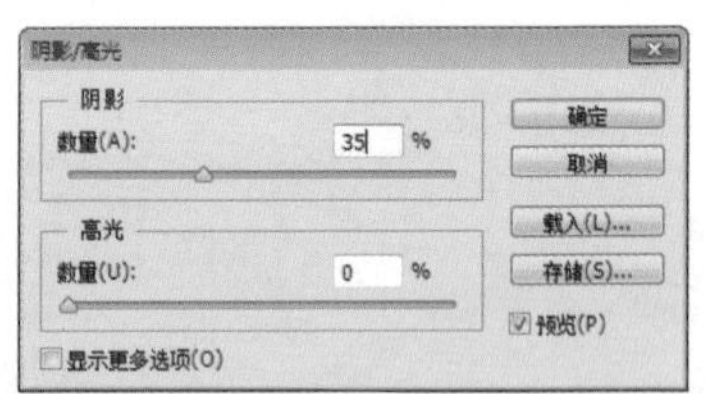

Step02 通过前面的操作，适当调亮阴影区域。

9.2 实例 32：制作日式胶片效果

本案例主要通过制作日式胶片效果，学习色调和色彩调整命令，包括色相 / 饱和度、照片滤镜、色彩平衡、曲线等命令。

9.2.1 色相 / 饱和度

通过使用“色相 / 饱和度”命令，可以对色彩的色相、饱和度、明度进行修改。它的特点是可以调整整个图像或图像中一种颜色成分的色相、饱和度和明度。

执行“图像”→“调整”→“色相 / 饱和度”命令，打开“色相 / 饱和度”对话框，各选项含义如下表所示。

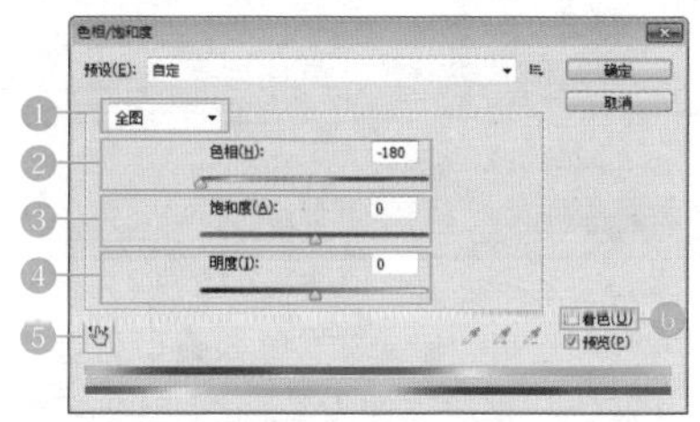

1	**编辑：**在下拉列表框中可选择要改变的颜色：红色、蓝色、绿色、黄色或全图
2	**色相：**色相是各类颜色的相貌称谓，用于改变图像的颜色。可通过在数值框中输入数值或拖动滑块来调整
3	**饱和度：**饱和度是指色彩的鲜艳程度，也称为色彩的纯度
4	**明度：**明度是指图像的明暗程度，数值设置越大，图像越亮；反之，数值越小，图像越暗

续表

5	**图像调整工具：**选择该工具后，将鼠标指针移动至需要调整的颜色区域上，单击并拖动鼠标可修改单击颜色点的饱和度，向左拖动鼠标可以降低饱和度，向右拖动则增加饱和度
6	**着色：**选中该复选框后，如果前景色是黑色或白色，图像会转换为红色；如果前景色不是黑色或白色，则图像会转换为当前前景色的色相；变为单色图像以后，可以拖动“色相”滑块修改颜色，或者拖动下面的两个滑块调整饱和度和明度

使用“色相 / 饱和度”命令调整图像的饱和度的具体操作步骤如下。

Step01 打开“光盘 \ 素材文件 \ 第 9 章 \ 哈士奇 .jpg”文件。

Step02 按“Ctrl+U”组合键，弹出“色相 / 饱和度”对话框。选择“青色”，设置参数为 –8、–33、39，单击“确定”按钮。

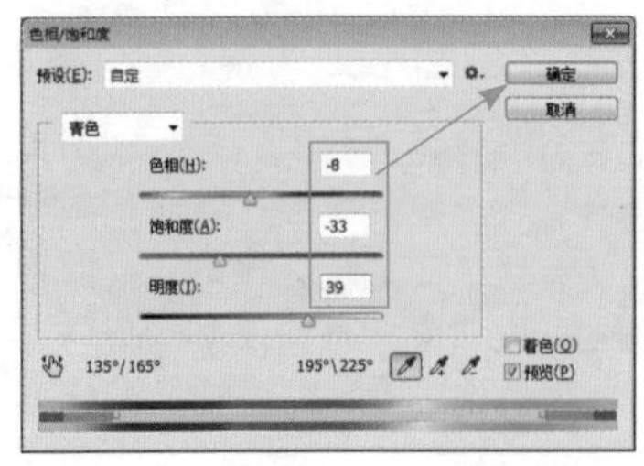

小技巧

按“Ctrl+U”组合键，可以快速打开“色相 / 饱和度”对话框。

Step03 设置完成后，照片中的蓝色饱和度明显降低，整张照片的色彩饱和度都有降低。

小技巧

执行“图像”→“调整”→“自然饱和度”命令，可以打开“自然饱和度”对话框。使用“自然饱和度”命令也可以调整图像的饱和度。它的特别之处是可在增加饱和度的同时防止颜色过于饱和而出现溢色。

9.2.2 照片滤镜

使用“照片滤镜”命令可以模拟彩色滤镜，调整通过镜头传输的光的色彩平衡和色温。

执行“图像”→“调整”→“照片滤镜”命令，打开“照片滤镜”对话框，常用参数的作用如下表所示。

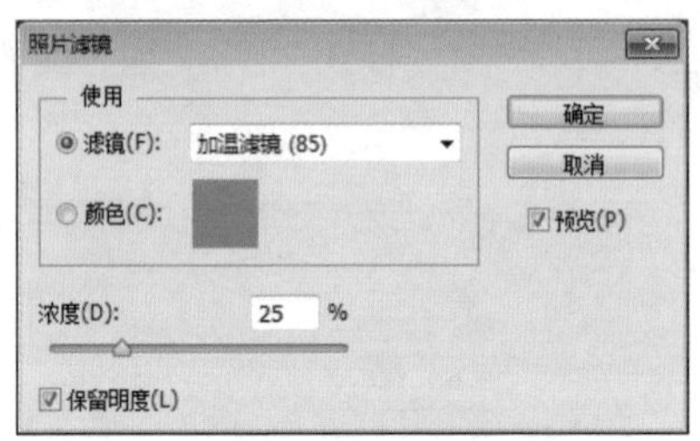

滤镜	在“滤镜”下拉列表中可以选择要使用的滤镜
颜色	如果要自定义滤镜颜色，则可单击“颜色”选项右侧的颜色块，打开“拾色器”调整颜色
浓度	可调整应用到图像中的颜色数量，该值越高，颜色的调整强度越大
保留明度	选中该复选框，可以保持图像的明度不变；取消选中，则会因为添加滤镜效果而使图像色调变暗

使用“照片滤镜”命令，调整图像的整体色温的具体操作步骤如下。

Step01 执行“图像”→“调整”→“照

片滤镜”命令，打开“照片滤镜”对话框，单击颜色色块，弹出“选择滤镜颜色”对话框，设置参数为#38f03d,“浓度”为 48%，单击“确定”按钮。

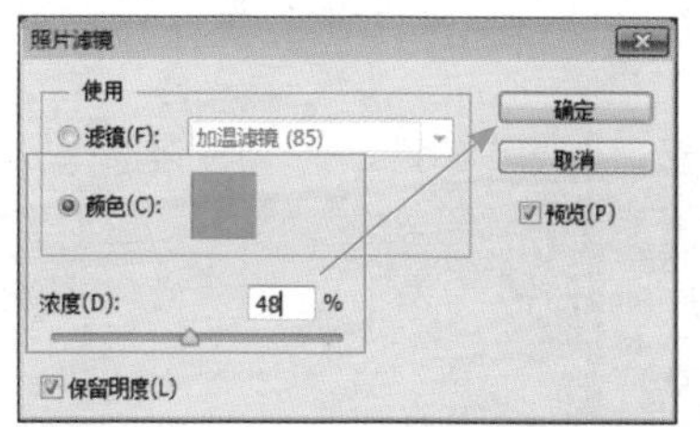

Step02 通过前面的操作，图像色温得到调整。

Step03 按“Alt+Shift+Ctrl+E”组合键，生成盖印图层。执行“滤镜”→“纹理”→“颗粒”菜单命令，设置“强度”为 40,“对比度”为 40,“颗粒类型”为“柔和”，单击“确定”按钮。

Step04 通过前面的操作，为图像添加颗粒效果。

9.2.3 色彩平衡

使用“色彩平衡”命令可以分别调整图像阴影区、中间调和高光区的色彩成分，并混合色彩达到平衡。

执行“图像”→“调整”→“色彩平衡”命令，打开“色彩平衡”对话框，各选项含义如下表所示。

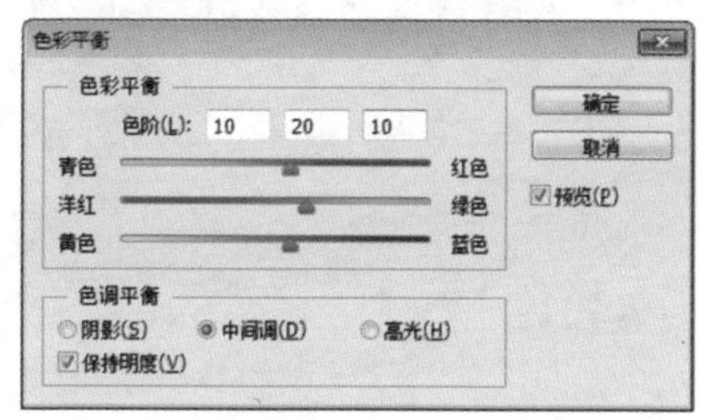

色彩平衡	往图像中增加一种颜色，同时减少另一侧的补色
色调平衡	选择一个色调来进行调整
保持明度	防止图像亮度随颜色的更改而改变

使用“色彩平衡”命令调整图像

色彩的具体操作步骤如下。

Step01 按“Ctrl+B”组合键，弹出“色彩平衡”对话框，设置参数为12、-12、15，单击“确定”按钮。

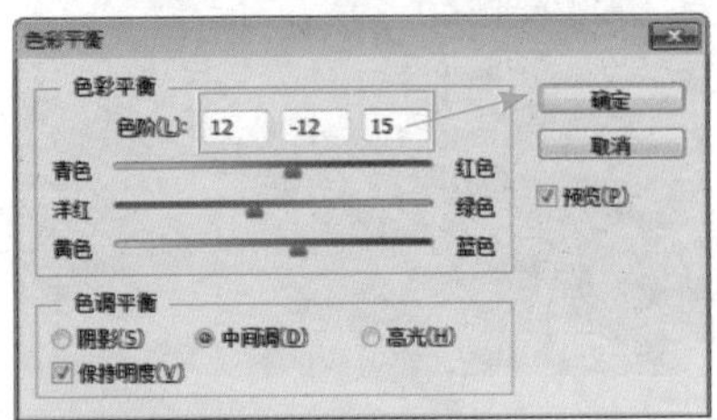

Step02 通过前面的操作，调整图像色彩的效果如下图所示。

小技巧

按“Ctrl+B”组合键，可以快速打开“色彩平衡”对话框。

9.2.4 曲线

“曲线”命令是功能强大的图像校正命令，使用该命令可以在图像的整个色调范围内调整不同的色调，还可以对图像中的个别颜色通道进行精确的调整。

执行“图像”→“调整”→“曲线”命令，打开“曲线”对话框，常用参数的作用如下表所示。

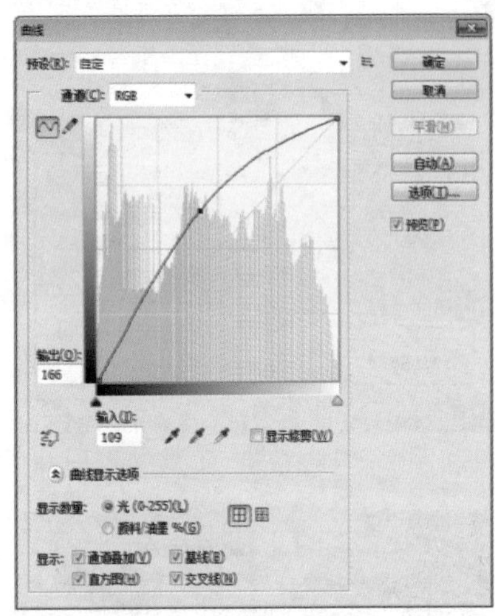

❶	**通过添加点来调整曲线：**该按钮为按下状态，此时在曲线中单击，可添加新的控制点。拖动控制点改变曲线形状，即可调整图像
❷	**使用铅笔绘制曲线：**按下该按钮后，可绘制手绘效果的自由曲线
❸	**输入输出：**“输入”选项显示了调整前的像素值，“输出”选项显示了调整后的像素值

续表

❹	**图像调整工具**：选择该工具后，将鼠标指针放在图像上，曲线上会出现一个圆形图形，它代表了鼠标指针处的色调在曲线上的位置，在画面中单击并拖动鼠标可添加控制点并调整相应的色调
❺	平滑：使用铅笔绘制曲线后，单击该工具，可以对曲线进行平滑处理
❻	**自动**：单击该按钮，可对图像应用“自动颜色”“自动对比度”或“自动色调”命令校正。具体的校正内容取决于“自动颜色校正选项”对话框中的设置

使用“曲线”命令适当调亮图像的具体操作步骤如下。

Step01 执行“图像”→“调整”→“曲线”命令，拖动调整曲线形状，单击“确定”按钮。

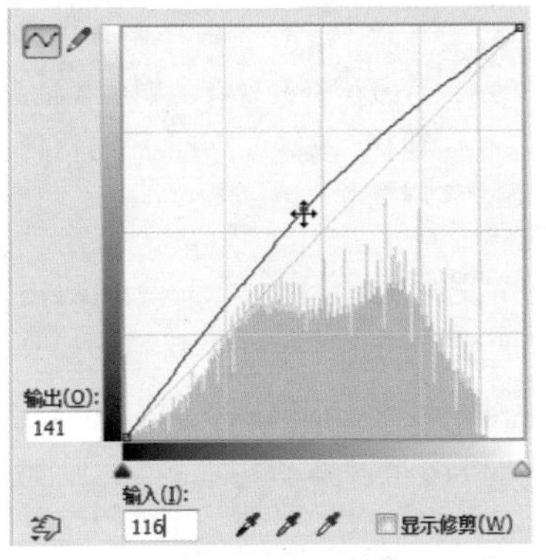

小技巧

如果图像为 RGB 模式，曲线向上弯曲时，可以将色调调亮；曲线向下弯曲时，可以将色调调暗，曲线为 S 形时，可以加大图像的对比度。如果图像为 CMYK 模式，调整方向为相反即可。

Step02 通过前面的操作，整体调亮图像。

小技巧

按“Ctrl+M”组合键，可以快速打开“曲线”对话框。

9.3 实例 33：制作艺术画效果

本案例主要通过制作艺术画效果，学习色彩调整命令，包括可选颜色和颜色分离等命令。

9.3.1 可选颜色

所有的印刷色都是由青、洋红、黄、黑四种油墨混合而成的。“可选颜色”命令通过调整印刷油墨的含量来控制颜色。该命令可以修改某一种颜色的油墨成分，而不影响其他主要颜色。

执行“图像”→“调整”→“可选颜色”命令，打开“可选颜色”对话框，在“可选颜色”对话框中，各选项含义如下表所示。

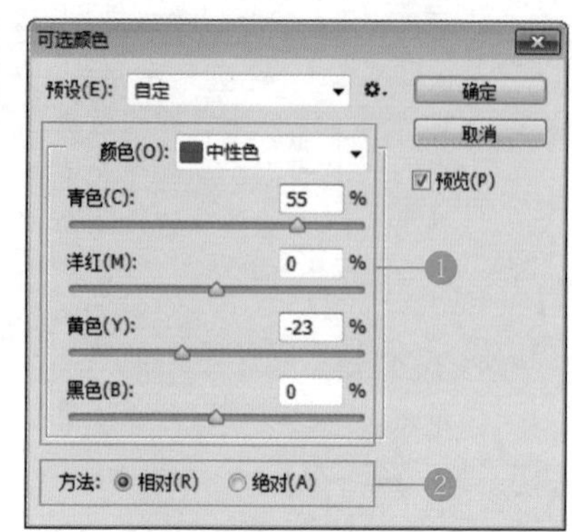

❶	**颜色：**用于设置图像中要改变的颜色，单击下拉按钮，在弹出的下拉列表中选择要改变的颜色。然后通过下方的青色、洋红、黄色、黑色的滑块对选择的颜色进行调整，设置的参数越小，这种颜色就越淡；参数越大，该颜色就越浓
❷	**方法：**用于设置调整的方式。选择“相对”，可按照总量的百分比修改现有的颜色含量；选择“绝对”，则采用绝对值调整颜色

使用“可选颜色”命令，调整图像的颜色的具体操作步骤如下。

Step01 打开“光盘\素材文件\第 9 章\粉花 .jpg”文件。

Step02 执行“图像”→“调整”→“可选颜色”命令，打开“可选颜色”对话框，在“可选颜色”对话框中，设置“颜色”为红色（55%，-11%，-32%，0%）。

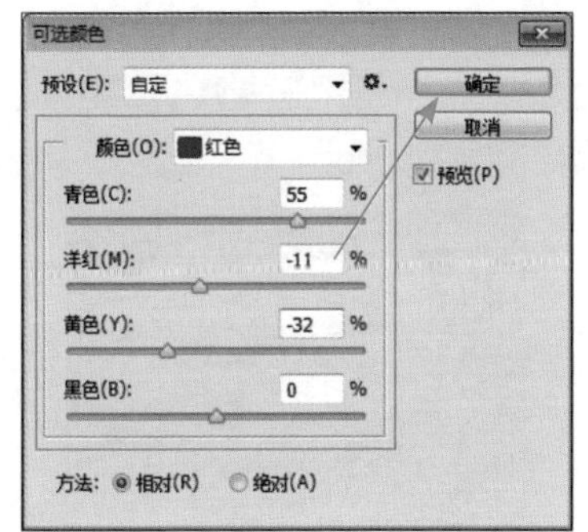

Step03 设置“颜色”为黄色（62%，-30%，-24%，0%）。

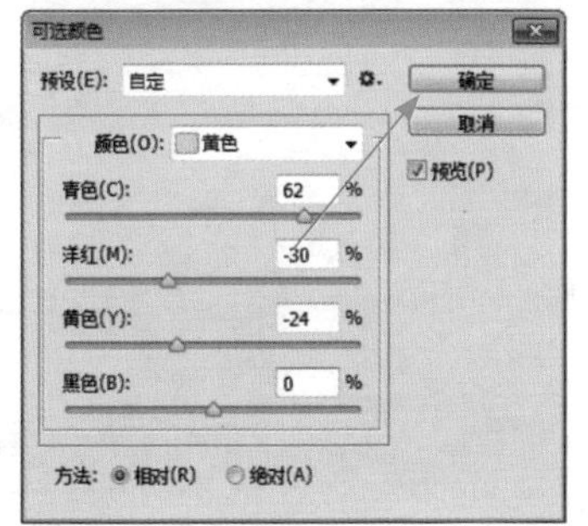

Step04 设置“颜色”为白色（0%，+100%，0%，0%）。

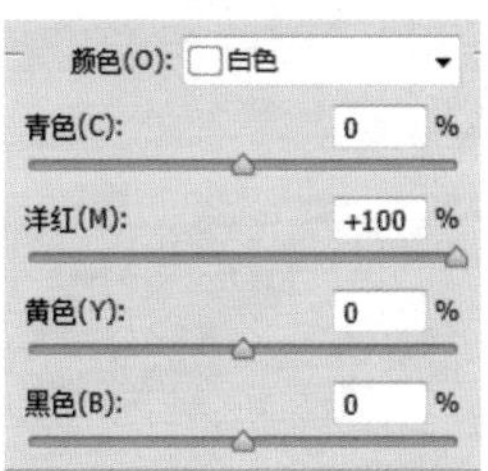

Step05 设置“颜色”为中性色（0%，0%，69%，0%）。

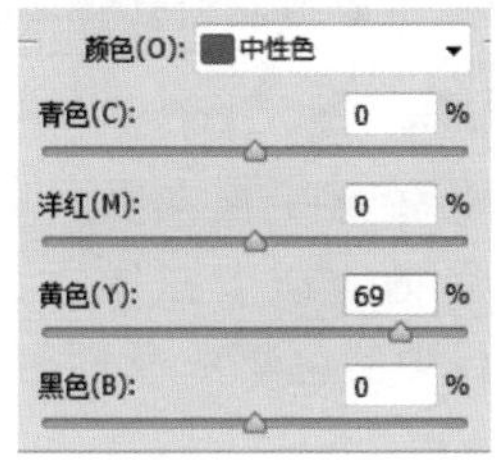

Step06 通过前面的操作，调整图像色彩。

Step07 新建“图层 1”图层。填充紫色 #d480ff，更改图层混合模式为柔光。

Step08 通过前面的操作，使图像色彩整体略偏紫。

9.3.2 颜色分离

使用“色调分离”命令可以按照指定的色阶数减少图像的颜色(或灰度图像中的色调)，从而简化图像内容。

使用“色调分离”命令创建艺术画效果的具体操作步骤如下。

Step01 按“Alt+Shift+Ctrl+E”组合键，生成盖印图层。

Step02 执行“图像”→“调整”→“色调分离”命令，设置“色阶”为4，单击“确定”按钮。

Step03 通过前面的操作，得到色调分离效果。

Step04 在“图层”面板中，更改图层混合模式为强光。

Step05 通过前面的操作，混合图层的最终效果如下图所示。

9.4 实例 34：制作抽象画效果

本案例主要通过制作抽象画效果，学习色彩调整命令，包括反相、阈值和颜色查找等命令。

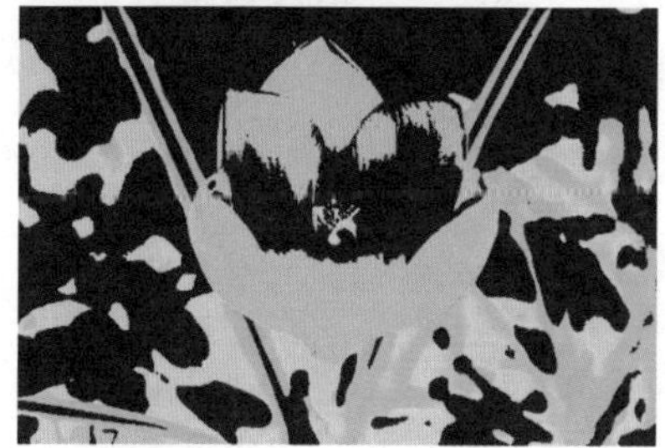

9.4.1 反相

使用“反相”命令可以将黑色变成白色，如果是一张彩色的图像，它能够把每一种颜色都反转成该颜色的互补色。反相图像的具体操作步骤如下。

Step01 打开“光盘\素材文件\第 9 章\番红花 .jpg”文件。按“Ctrl+J”组合键，复制生成“图层 1”。

Step02 执行“图像”→“调整”→“反相”命令，得到反相效果。

小技巧

按“Ctrl+I”组合键，可以快速反相图像。

9.4.2 阈值

使用“阈值”命令可以将灰度或彩色图像转换为高对比度的黑白图像。指定某个色阶作为阈值，所有比阈值色阶亮的像素转换为白色，反之转换为黑色，适合制作单色照片或者模拟手绘效果的线稿。具体操作步骤如下。

Step01 执行“图像”→“调整”→“阈值”命令，设置“阈值色阶”为 128，单击“确定”按钮。

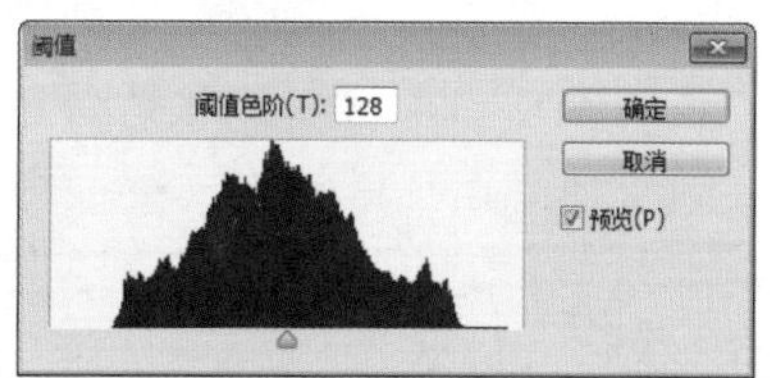

Step02 通过前面的操作，将图像转换为单色手绘线稿。

9.4.3 颜色查找

使用“颜色查找”命令可以让颜色在不同的设备之间精确地传递和再现，还可以创建特殊色调效果，具体操作步骤如下。

Step01 执行“图像”→“调整”→“颜色查找”命令，设置“3DLUT 文件”为“EdgyAmber.3DL”，单击“确定”按钮。

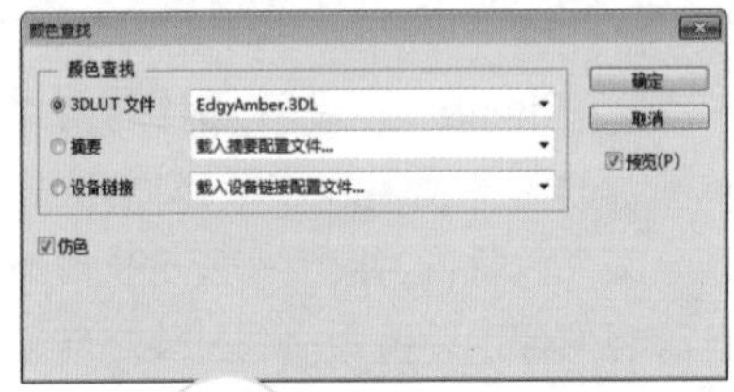

小技巧

3dlut 文件是颜色查找表，和滤镜一样，它相当于一个颜色预设，广泛应用于图像处理领域。

Step02 通过前面的操作，得到特殊色调效果。

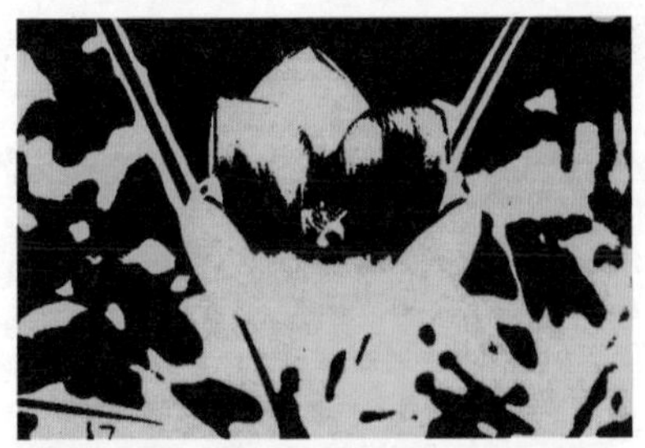

Step03 在“图层”面板中，复制生成“背景 副本”图层。

Step04 执行“滤镜”→“风格化”→“查找边缘”命令，得到图像效果。

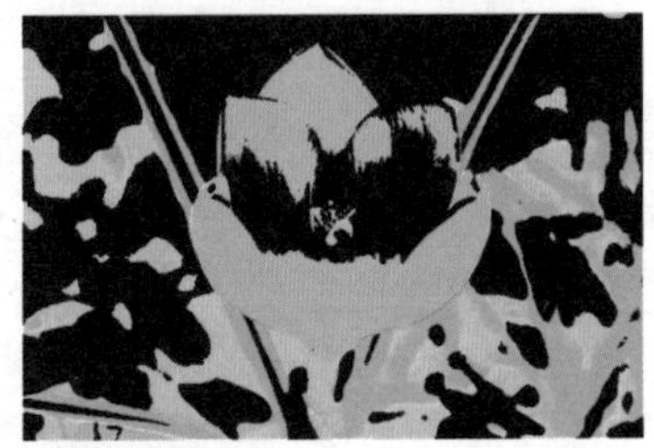

· 技能拓展 ·

一、匹配颜色

使用“匹配颜色”命令可以匹配不同图像、多个图层之间以及多个颜色选区之间的颜色，还可以通过改变亮度和色彩范围来调整图像中的颜色。

执行“图像”→“调整”→“匹配颜色”命令，打开“匹配颜色”对话框，各选项含义如下表所示。

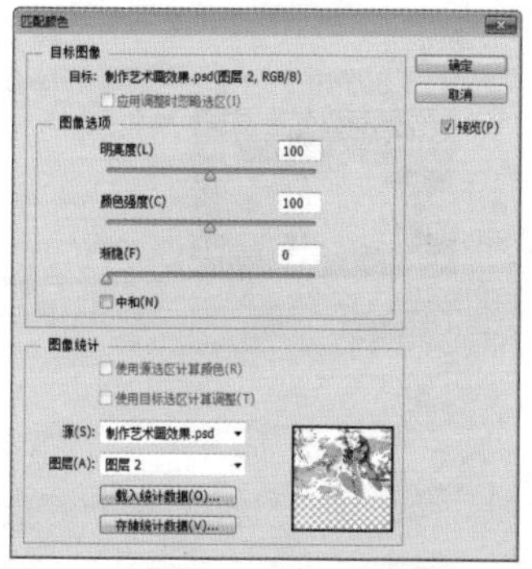

目标图像	“目标”中显示了被修改的图像的名称和颜色模式。如果当前图像中包含选区，选中“应用调整时忽略选区”选项，可忽略选区，将调整应用于整个图像
图像选项	“明亮度”用于调整图像的亮度；“颜色强度”用于调整色彩的饱和度；“渐隐”用于控制应用于图像的调整量，该值越高，调整强度越弱。选中“中和”复选框，可以消除图像中出现的色偏
图像统计	如果在源图像中创建了选区，选中“使用源选区计算颜色”，可使用选区中的图像匹配当前图像的颜色；如果在目标图像中创建了选区，选中“使用目标选区计算调整”，可使用选区内的图像来计算调整

续表

源	可选择要将颜色与目标图像中的颜色相匹配的源图像
图层	选择需要匹配颜色的图层
载入统计数据 / 存储统计数据	单击“存储统计数据”按钮，将当前的设置保存；单击“载入统计数据”按钮，可载入已存储的设置

使用“匹配颜色”命令，统一两个图层的色调的具体操作步骤如下。

Step01 打开“光盘\素材文件\第 9 章\闭眼 .psd”文件。

Step02 执行“图像”→“调整”→“匹配颜色”命令，弹出“匹配颜色”对话框。在“源”选项下拉列表中选择“闭眼 .psd”，“图层”为背景，设置“明亮度”为 100，“颜色强度”为 100，“渐隐”为 0，单击“确定”按钮。

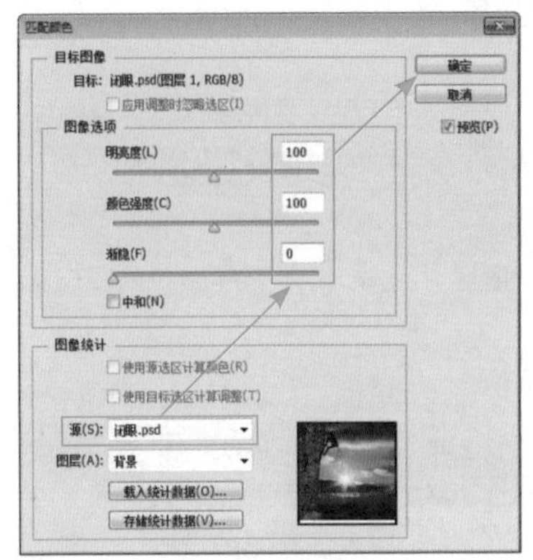

Step03 通过前面的操作，统一“图层1”和背景图层的色调。

二、替换颜色

使用“替换颜色”命令可以快速替换图像中某个特定颜色，在图像中创建颜色区域来调整其色相、饱和度和亮度值。

执行“图像”→“调整”→“替换颜色”命令，弹出“替换颜色”对话框，常用选项的含义如下表所示。

❶	**本地化颜色簇：**如果要在图像中选择多种颜色，可以选中该项，再用吸管工具进行颜色取样
❷	**吸管工具：**用“吸管工具” 在图像上单击，可以选中鼠标指针下面的颜色；用“添加到取样”工具 在图像中单击，可以添加新的颜色；用“从取样中减去”工具 在图像中单击，可以减少颜色
❸	**颜色容差：**控制颜色的选择精度。该值越高，选中的颜色范围越广

续表

4	**选区 / 图像：** 选中“选区”，可在预览区中显示蒙版。选中“图像”，则会显示图像内容，不显示选区。其中，黑色代表未选择的区域，白色代表选中的区域，灰色代表被部分选择的区域
5	**替换：** 拖动各个滑块即可调整选中的颜色的色相、饱和度和明度

使用“替换颜色”命令替换衣服的颜色的具体操作步骤如下。

Step01 打开“光盘\素材文件\第 9 章\两童.jpg”文件。执行“图像”→“调整”→“替换颜色”命令，弹出“替换颜色”对话框，在人物绿色衣服上单击，进行取样。设置“颜色容差”为 200。

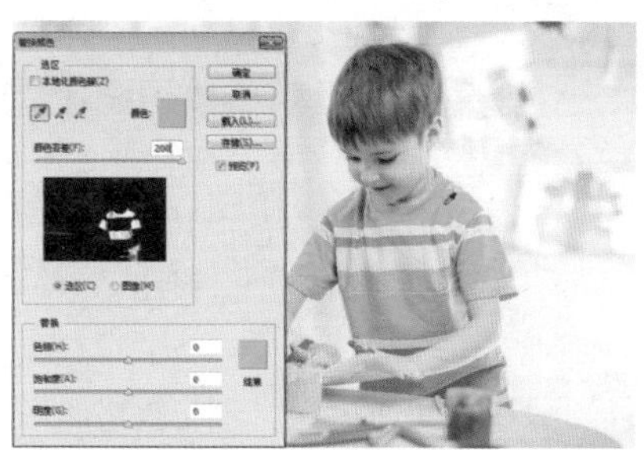

Step02 在“替换”栏中，更改“色相”为 +127。

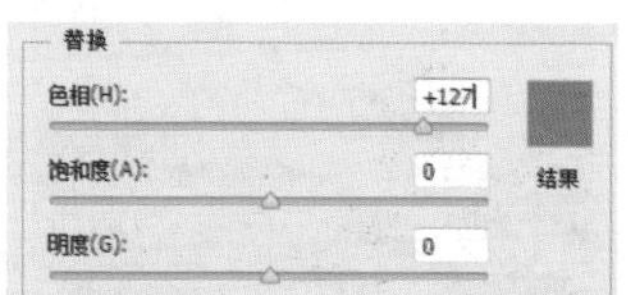

Step03 通过前面的操作，衣服的颜色由绿色变为紫蓝色。

· 同步实训 ·

制作红外拍摄效果

红外线摄影的基本原理是利用红外线照在物体上经过镜片反射到相机内成像。

在 Photoshop CS6 中制作红外拍摄效果的具体操作步骤如下。

Step01 打开“光盘\素材文件\第 9 章\摄影.jpg”文件。

Step02 复制背景图层。执行“图像”→“调整”→“反相”命令。

Step03 在“图层”面板中，更改图层混合模式为颜色。

Step04 通过前面的操作，得到图像效果。

Step05 执行“图像”→“调整”→“通道混合器”命令，设置“输出通道”为红（0%,0%,100%）。

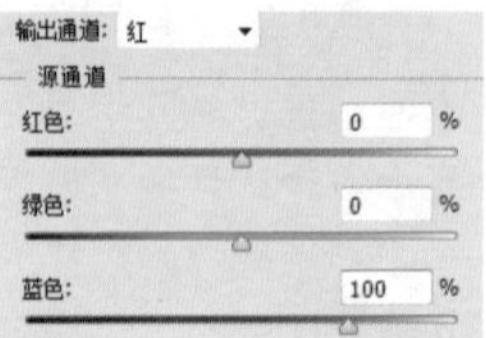

Step06 执行“图像”→“调整”→“通道混合器”命令，设置“输出通道”为蓝（100%,0%,0%）。

输出通道: 蓝
源通道
红色: 100 %
绿色: 0 %
蓝色: 0 %

小技巧

使用“通道混合器”命令可以将所选的通道与想要调整的颜色通道混合，从而修改该颜色通道中的光线量，影响其颜色含量，从而改变色彩。

Step07 使用“通道混合器”调整图像色彩的效果如下图所示。

Step08 按“Ctrl+U”组合键，执行“色相 / 饱和度”命令，设置“色相”为 80，“饱和度”为 –55，单击“确定”按钮。

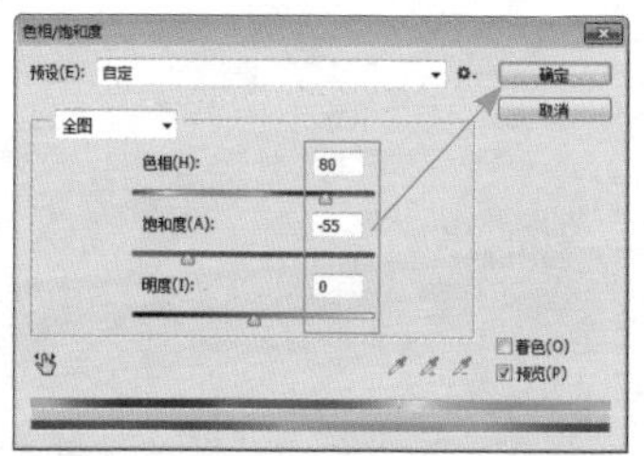

Step09 通过前面的操作，调整图像色彩。

Step10 执行“图像”→“调整”→“照片滤镜”命令，设置“滤镜”为冷却滤镜（LBB），“浓度”为 25%，单击“确定”按钮。

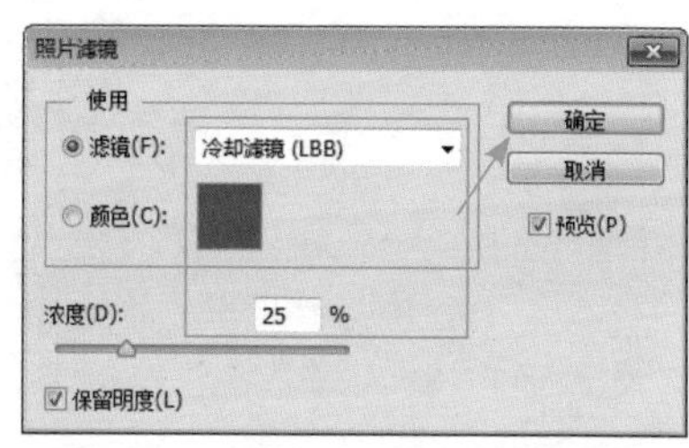

Step11 通过前面的操作，最终效果如下图所示。

学习小结

本章主要讲述了色彩色调的调整与编辑，包括色阶、曲线、可选颜色、色相 / 饱和度、色彩平衡、黑白、颜色查找等命令的使用。重点内容为色阶、曲线、色相 / 饱和度等命令的使用。

色彩是有意义的，不同的色彩可以带给人不同的心理感受。学习并掌握色彩调整，是 Photoshop CS6 学习过程中的重要部分。

第10章

特效滤镜功能与应用

滤镜是一种非常特殊的图像处理功能，常用于制作各种艺术效果。滤镜种类繁多，结合使用多种滤镜，可以制作出各种真实和超真实的视觉效果。

本章将讲解常用滤镜的功能和应用。

※ 波浪　※ 波纹　※ 高斯模糊　※ 查找边缘　※ 液化　※ 消失点

案 例 展 示

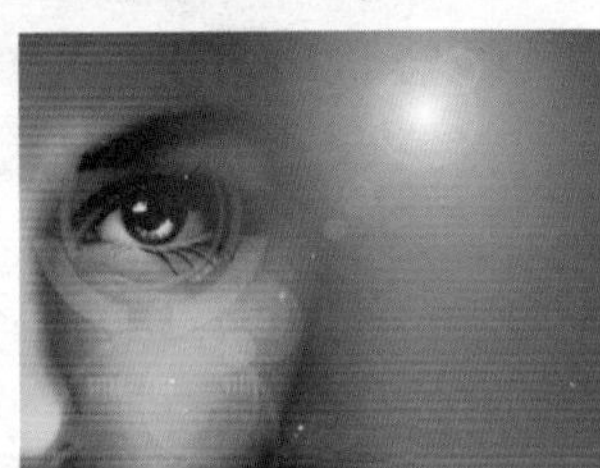

10.1 实例 35：制作褶皱特效

本案例主要通过制作褶皱特效，学习使用滤镜命令，包括云彩、分层云彩、浮雕效果、高斯模糊等命令。

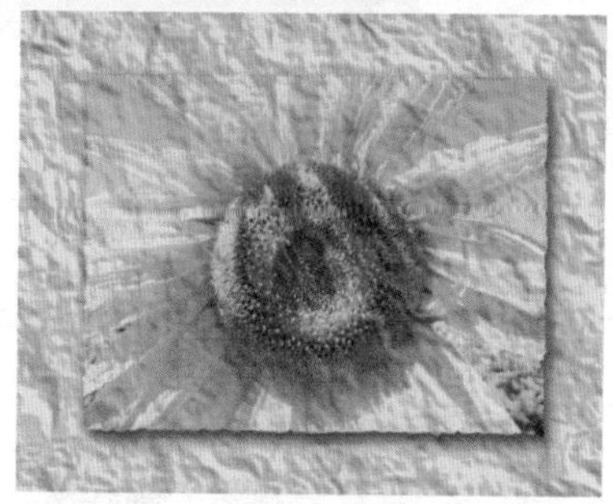

10.1.1 云彩

通过“云彩”滤镜可以使用前景色和背景色之间的随机值来生成柔和的云彩图案。具体操作步骤如下。

Step01 执行“文件”→“新建”命令，设置“宽度”为 10 厘米，“高度”为 8 厘米，“分辨率”为 200 像素 / 英寸。

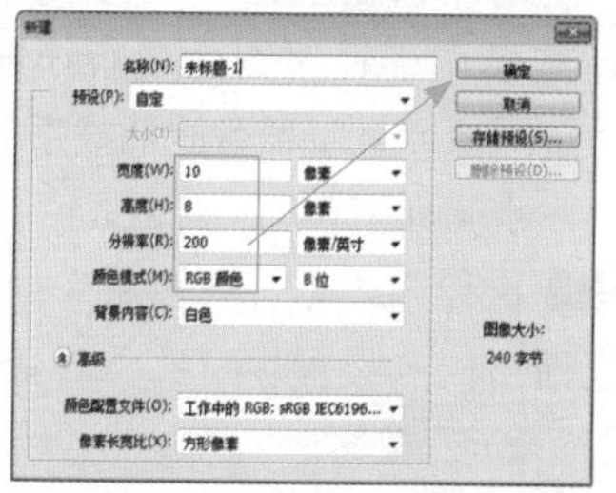

Step02 执行“滤镜”→“渲染”→“云彩”命令，得到云彩效果。

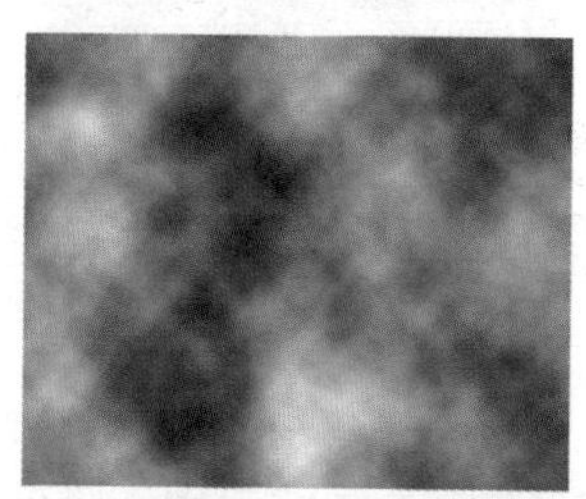

10.1.2 分层云彩

“分层云彩”滤镜与“云彩”滤镜原理相同，但是使用“分层云彩”滤镜时，图像中的某些部分会被反相为云彩图案。具体操作步骤如下。

Step01 执行“滤镜”→“渲染”→“分层云彩”命令，得到分层云彩图像效果。

小技巧 

按“Ctrl+F”组合键，可以重复执行滤镜命令；按“Ctrl+Alt+F”组合键，可以打开上次执行的滤镜命令对话框。

Step02 按“Ctrl+F”组合键多次，重复执行分层云彩命令。

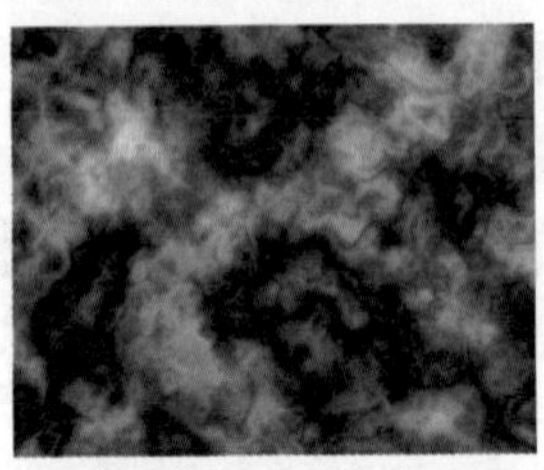

10.1.3 浮雕效果

使用“浮雕效果”命令，可通过勾画图像或选区的轮廓和降低周围色值来生成凸起或凹陷的浮雕效果。

执行“滤镜”→“风格化”→“浮雕效果”命令，可以打开“浮雕效果”对话框，常用参数的作用如下表所示。

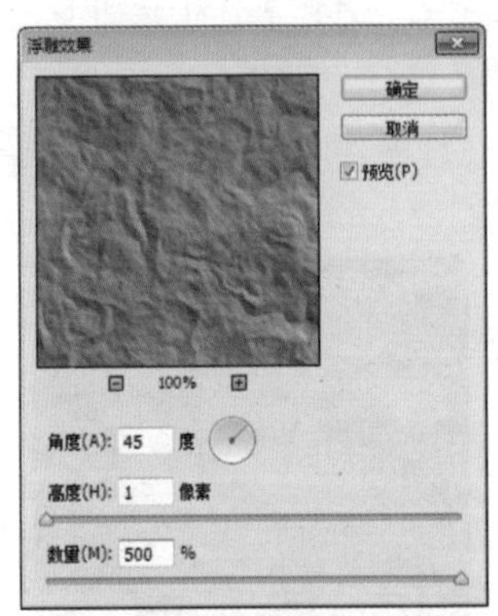

角度	设置照射浮雕的光线角度。它会影响浮雕的凸出位置
高度	设置浮雕凸起的高度
数量	设置浮雕作用范围，数量越大，边界越清晰，数量小于40%时，图像会变成灰色

使用“浮雕效果”命令制作褶皱效果的具体操作步骤如下。

Step01 执行“滤镜”→“风格化”→“浮雕效果”命令，设置“角度”为45度，“高度”为1像素，“数量”为500%，单击“确定”按钮。

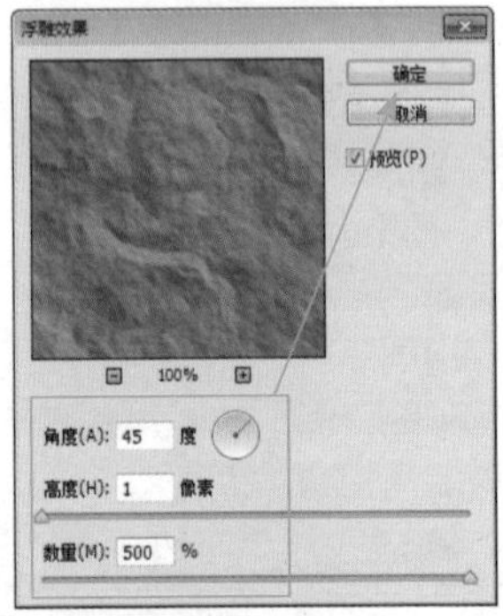

Step02 通过前面的操作，得到纸质褶皱效果。

10.1.4 高斯模糊

使用“高斯模糊”命令，可以通过控制模糊半径对图像进行模糊处理，使图像产生一种朦胧的效果。具体操作步骤如下。

Step01 执行“滤镜”→“模糊”→“高斯模糊”命令，设置“半径”为2像素，单击“确定”按钮。

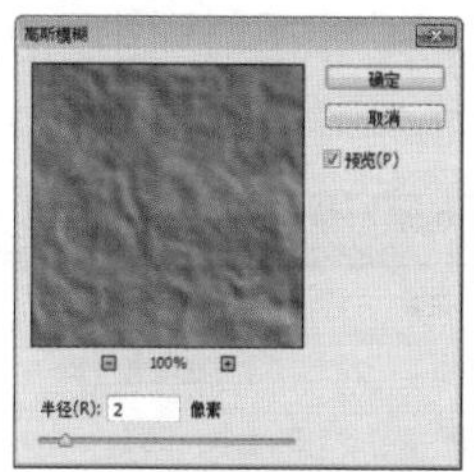

Step02 通过前面的操作，得到图像模糊效果。执行“文件”→“存储为A”命令，将文件另存为“未标题 -1.psd”。

10.1.5 置换

使用“置换”滤镜时，需要使用一个 PSD 格式的图像作为置换图，然后对置换图进行相关的设置，以确定当前图像如何根据位移图产生弯曲、破碎的效果。

执行“滤镜”→“扭曲”→“置换”命令，可以打开“置换”对话框，常用参数的作用如下表所示。

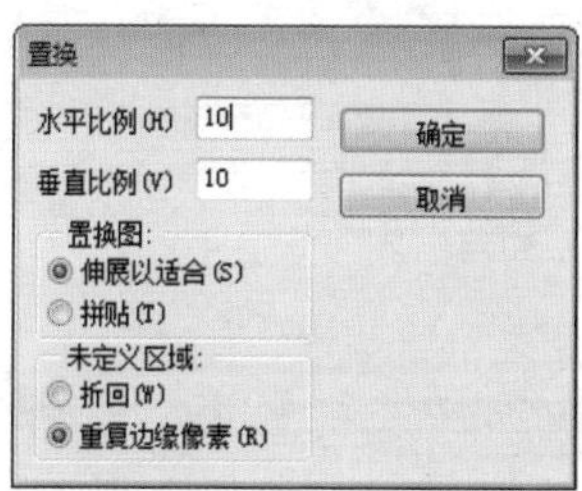

水平 / 垂直比例	设置置换图在水平和垂直方向上的变形比例
置换图	当置换图与当前图像大小不同时，选择“伸展以适合”，置换图的尺寸会自动调整为与当前图像相同大小；选择“拼贴”，则以拼贴的方式来填补空白区域
未定义区域	选择一种方式，在图像边界不完整的空白区域填入边缘的像素颜色

使用“置换”命令置换图像的具体操作步骤如下。

Step01 打开“光盘 \ 素材文件 \ 第 10 章 \ 向日葵 .jpg”文件。

Step02 将图像复制粘贴到刚才制作的褶皱文件中，调整图像大小。

Step03 执行“滤镜”→“扭曲”→“置换”命令，在“置换”对话框中，设置“水平比例”和“垂直比例”均为10，“置换图”为伸展以适合，“未定义区域”为重复边缘像素，单击“确定”按钮。

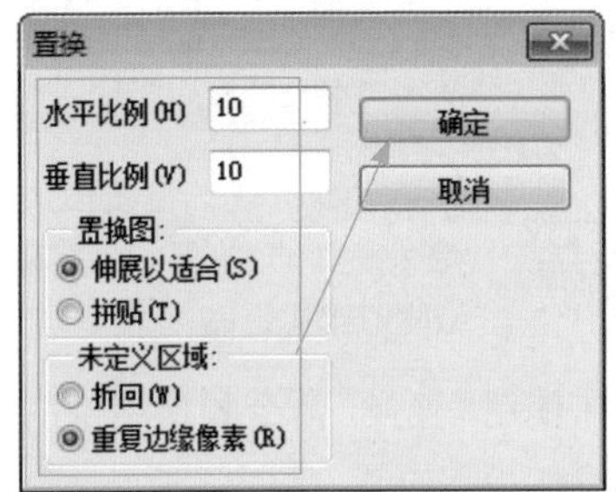

Step04 在弹出的“选取一个置换图”对话框中，选择刚才存储的置换文件，单击“打开”按钮。

Step05 通过前面的操作，“图层 1”的图像产生了褶皱后的扭曲效果。

Step06 更改“图层 1”图层的混合模式为叠加。

Step07 通过前面的操作，得到图层叠加效果。

Step08 按住“Ctrl”键，单击“图层 1”图层缩览图，载入图层选区。

Step09 选择背景图层，按“Ctrl+J”组合键，复制生成“图层 2”。

Step10 双击图层，在打开的“图层样式”对话框中，选中“投影”选项，设置“不透明度”为 75%，“角度”为 120 度，“距离”为 12 像素，“扩展”为 0%，“大小”为 20 像素，选中“使用全局光”复选项。

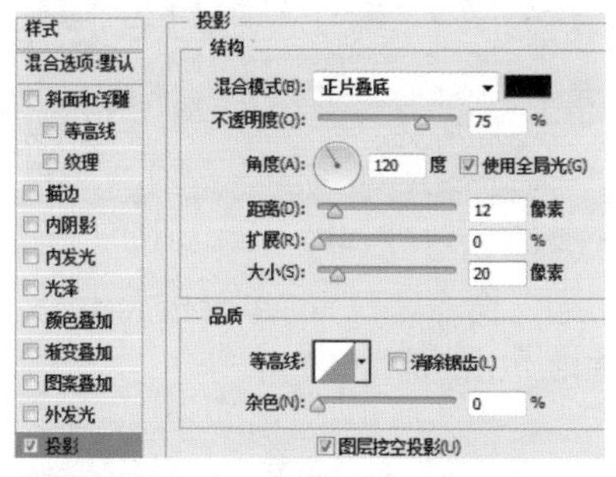

Step11 通过前面的操作，为图像添加投影效果。

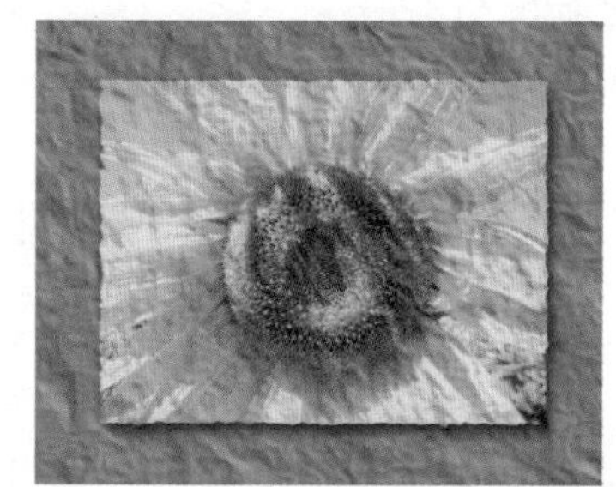

Step12 选择“背景”图层，按“Ctrl+U”组合键，执行“色相/饱和度”命令，选中“着色”复选项，设置“色相”为 53，“饱和度”为 100，“明度”为 –7，单击“确定”按钮。

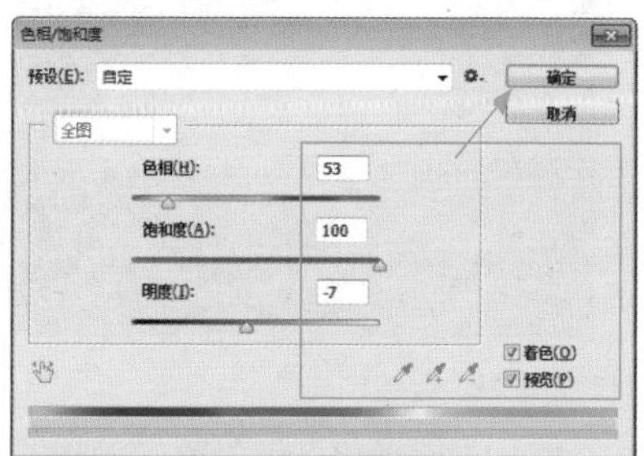

Step13 最终效果如下图所示。

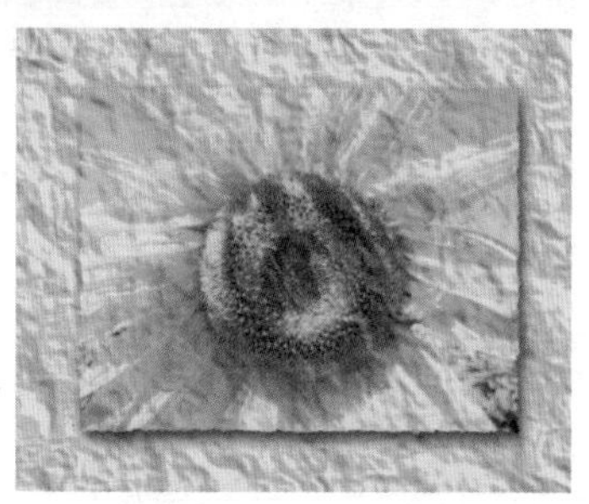

10.2 实例 36：制作花样嘴唇效果

本案例主要通过制作花样嘴唇效果，学习滤镜命令，包括晶格化、高反差保留、光照效果、USM 锐化等命令。

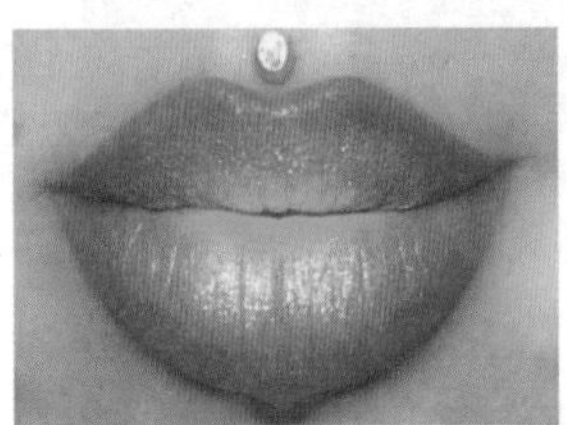

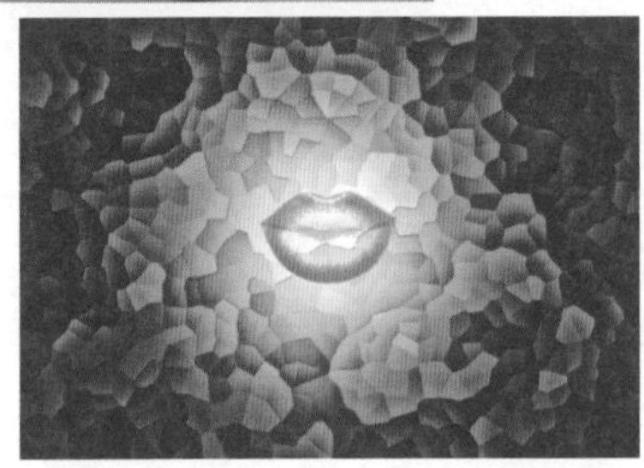

10.2.1 晶格化

使用“晶格化”命令可以使图像中相近的像素集中到多边形色块中，产生类似结晶的颗粒效果。具体操作步骤如下。

Step01 执行“文件”→“新建”命令，设置“宽度”为 650 像素，“高度”为 450 像素，“分辨率”为 200 像素/英寸。

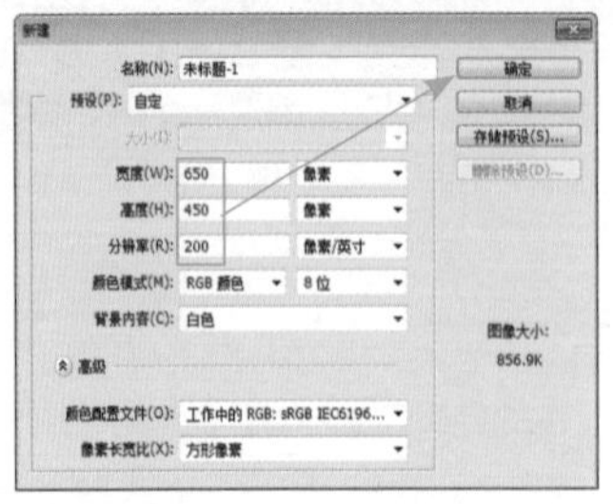

Step02 新建“图层 1”图层，使用“画笔工具”绘制白色圆。

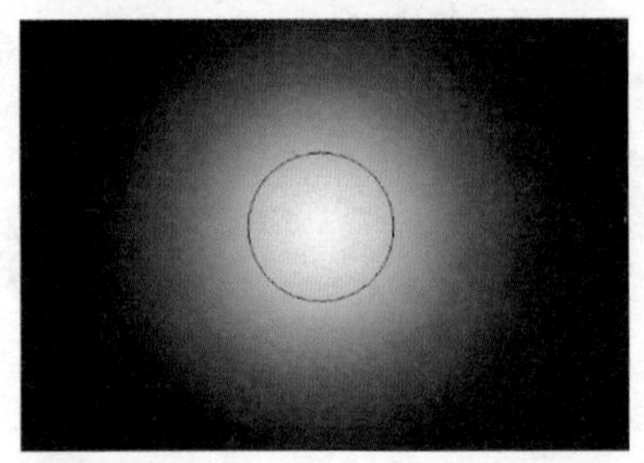

Step03 新建“图层 2”图层，执行“滤镜”→“渲染”→“云彩”命令，按“Ctrl+F”组合键，重复滤镜，得到需要的云彩效果。

Step04 执行“滤镜”→“像素化”→“晶格化”命令，设置“单元格大小”为 30，单击“确定”按钮。

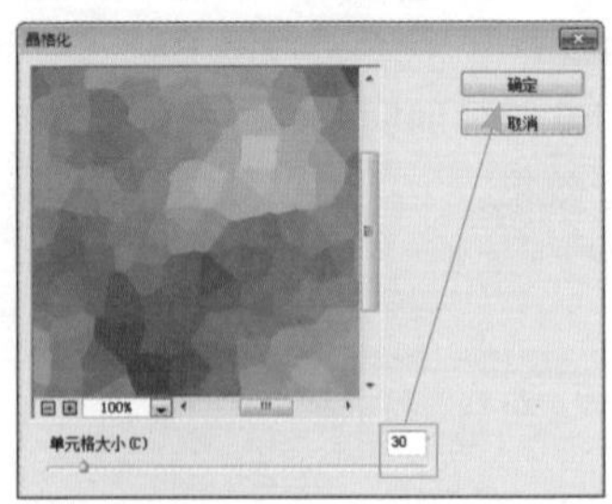

Step05 更改“图层 2”图层的混合模式为线性光。

Step06 通过前面的操作，图像最终效果如下图所示。

10.2.2 高反差保留

使用“高反差保留”命令，可调整图像的亮度，降低阴影部分的饱和度。

Step01 执行“滤镜”→“其他”→“高反差保留”命令，设置“半径”为 20 像素，单击“确定”按钮。

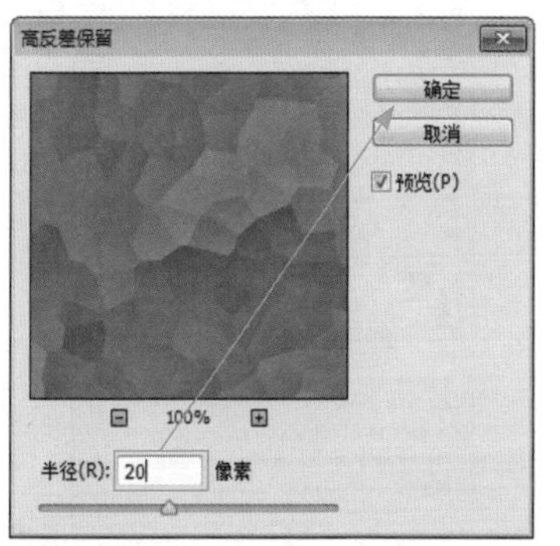

Step02 通过前面的操作，得到图像效果。

10.2.3 光照效果

使用“光照效果”命令可以在图像上产生不同的光源、光类型，以及不同光特性形成的光照效果。

执行“滤镜”→“渲染”→“光照效果”命令，进入“光照效果”操作界面，各选项含义如下表所示。

预设	在“预设”下拉列表框中，列出了各种预设灯光效果
移动聚光灯	拖动灯光中心控制点可以移动灯光

续表

旋转聚光灯	将鼠标指针移动到聚光灯外，拖动可以旋转聚光灯
调整长度和宽度	拖动聚光灯顶或底部控制点可以调整灯光的宽度；拖动两侧控制点可以调整灯光的长度
调整聚光角度	拖动灯光中心白色框，可以调整聚光角度

“光照效果”对话框中，一共提供了三种光源：聚光灯、点光和无限光。在右侧的“光源”面板中，可以添加和删除光源，在“属性”面板中，可以进行详细参数设置。

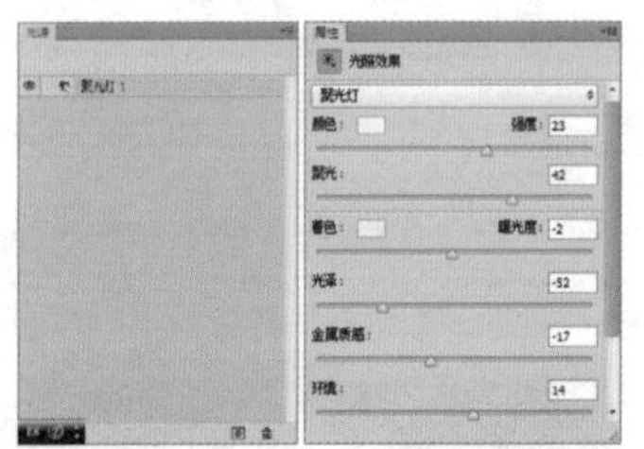

使用“光照效果”命令为图像添加光照的具体操作步骤如下。

Step01 执行“滤镜”→“渲染”→“光照效果”命令，进入“光照效果”操作界面，拖动滑块调整灯光。

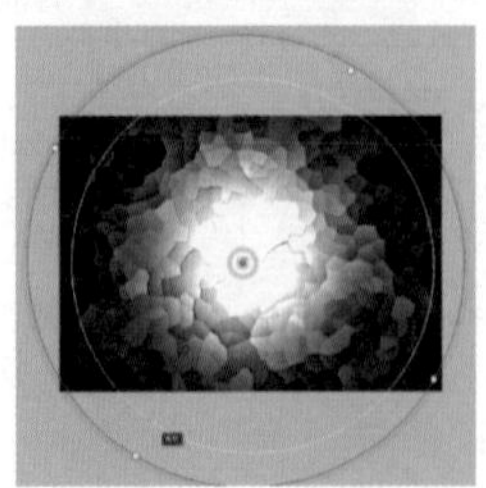

Step02 在右侧的“属性”面板中，设置参数。

10.2.4 USM 锐化

使用“USM 锐化”命令可以调整图像边缘的对比度，并在边缘的每一侧生成一条暗线和一条亮线，使图像的边缘变得更清晰、突出。具体操作步骤如下。

Step01 执行“滤镜”→“锐化”→“USM 锐化”命令，设置“数量”为 479，“半径”为 10 像素，单击“确定”按钮。

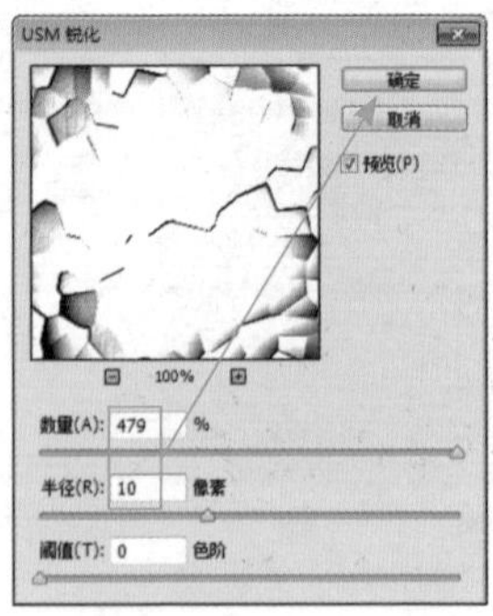

Step02 通过前面的操作，锐化图像效果如下图所示。

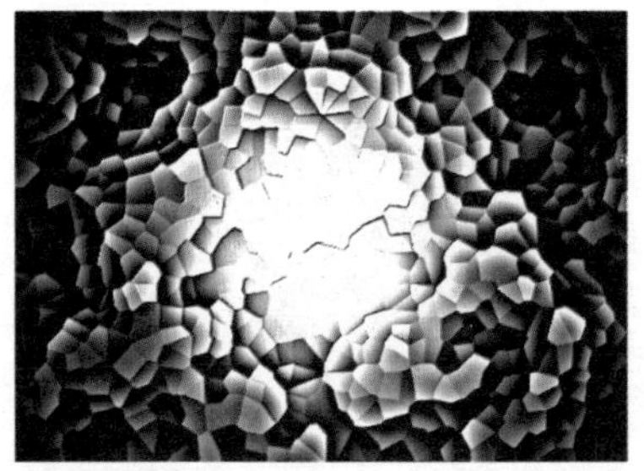

Step03 新建“图层 4”图层。填充紫色 #9605ff，更改图层的混合模式为线性减淡(添加)。

Step04 通过前面的操作，图像效果如下图所示。

Step05 打开“光盘 \ 素材文件 \ 第 10 章 \ 嘴唇 .jpg”文件。使用“磁性套索工具”选中嘴唇。

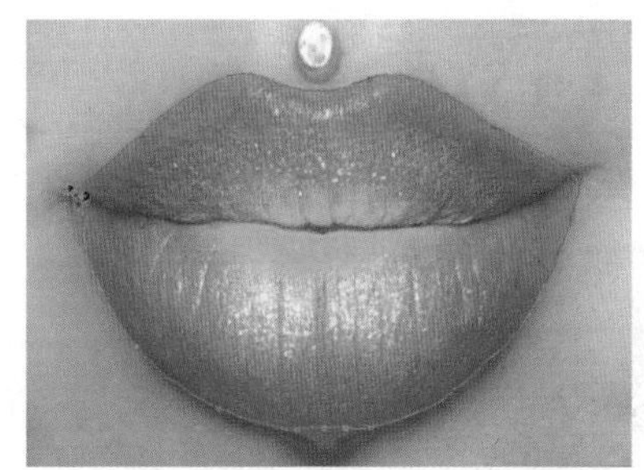

Step06 把嘴唇复制粘贴到当前文件中，更改图层混合模式为点光。

Step07 最终图像效果如下图所示。

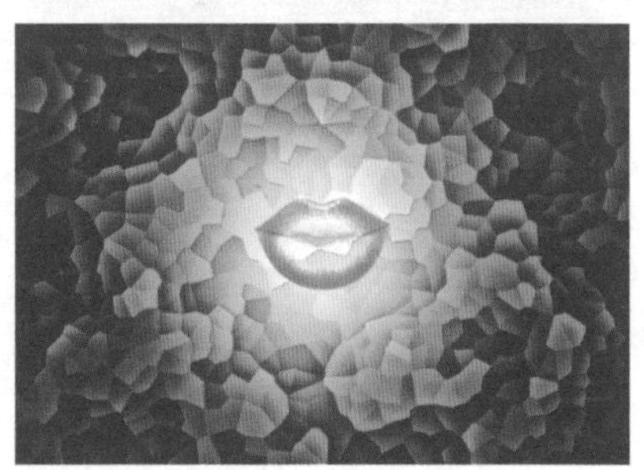

10.3 实例 37：制作飘雨特效

本案例主要通过制作飘雨特效，学习滤镜命令，包括添加杂色、动感模糊、波纹等命令。

10.3.1 添加杂色

使用“添加杂色”命令可以在图像中应用随机像素，使图像产生颗粒状效果，常用于修饰图像中不自然的区域。

执行“滤镜”→“杂色”→“添加杂色”命令，打开“添加杂色”对话框，在“添加杂色”对话框中，各选项含义如下表所示。

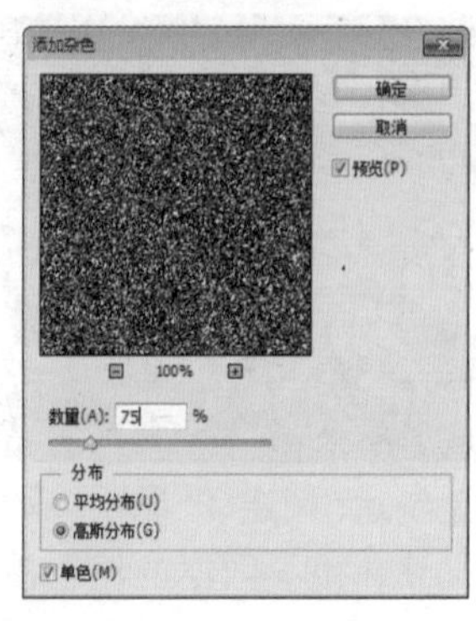

数量	设置杂色的数量
分布	设置杂色的分布方式。选中“平均分布”复选框，会随机在图像中添加杂色；选中“高斯分布”复选框，会以沿一条钟形曲线分布的方式添加杂色
单色	选中该复选项，杂色只影响原有像素的亮度，像素的颜色不会改变

使用“杂色”命令，为图像添加杂色的具体操作步骤如下。

Step01 打开“光盘\素材文件\第 10 章\红伞 .jpg”文件。

Step02 新建“图层 1”图层，为“图层 1”填充黑色。

Step03 执行“滤镜”→“杂点”→“添加杂点”命令，设置“数量”为 75%，“分布”为高斯分布，选中“单色”复选项，单击“确定”按钮。

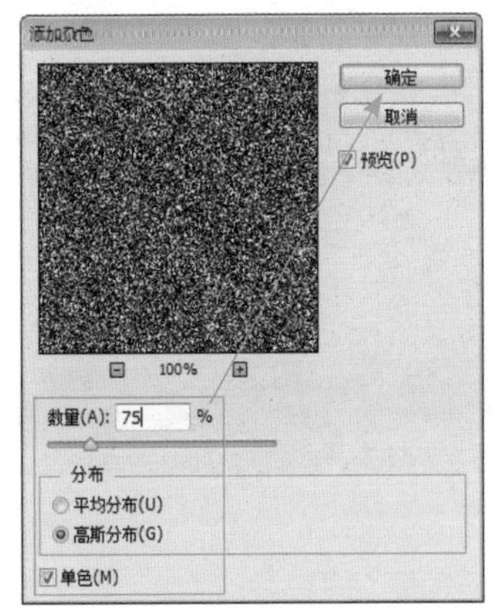

Step04 通过前面的操作，为图像添加杂色。

10.3.2 动感模糊

使用“动感模糊”命令可以使图像按照指定方向和指定强度变模糊，此滤镜的效果类似于以固定的曝光时间给一个正在移动的对象拍照。在表现对象的速度感时会经常用到该滤镜。

执行“滤镜”→“模糊”→“动感模糊”命令，打开“动感模糊”对话框，各选项含义如下表所示。

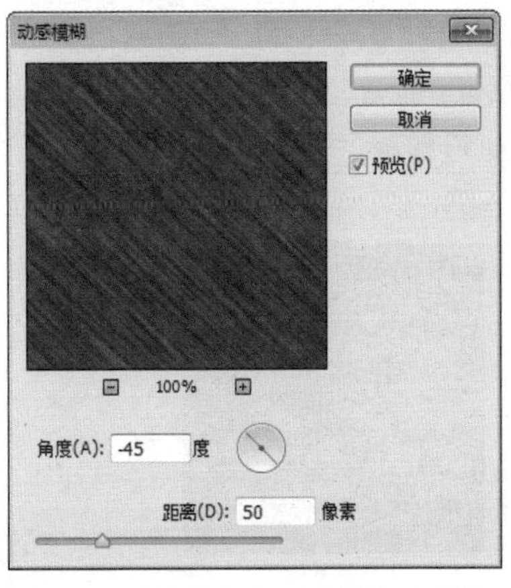

角度	设置动感模糊的方向。可输入角度数值，也可以拖动后面的指针
距离	设置像素动感移动的距离

使用“动感模糊”命令模糊图像的具体操作步骤如下。

Step01 执行“滤镜”→“模糊”→“高斯模糊”命令，设置“半径”为 0.5 像素，单击“确定”按钮。

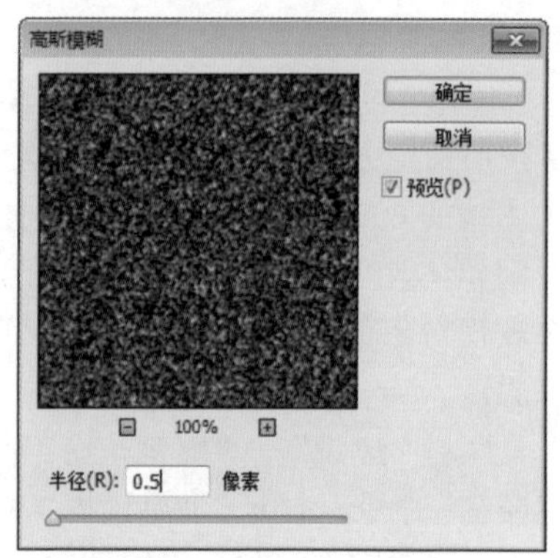

Step02 执行“滤镜”→“模糊”→“动感模糊”命令，打开“动感模糊”对话框，设置“角度”为 -45 度，“距离”为 50 像素，单击“确定”按钮。

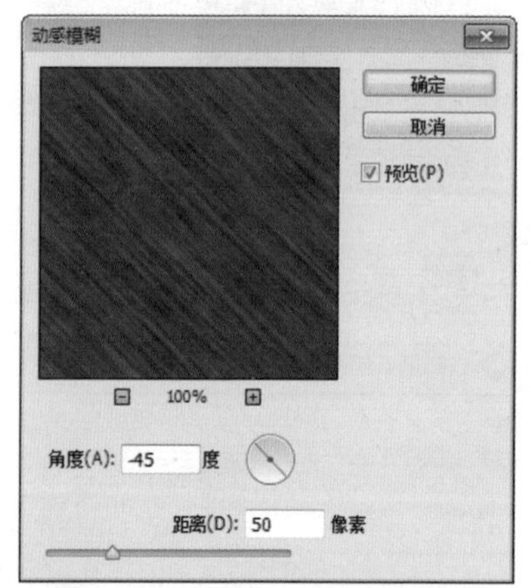

Step03 在“调整”面板中，单击“创建新的色阶调整图层”按钮。

Step04 在“属性”面板中，设置输入色阶值(58,1,123)，单击“此调整剪切到此图层”按钮。

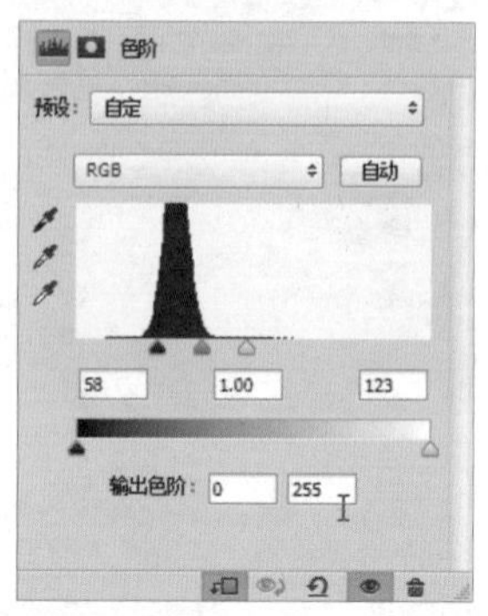

Step05 通过前面的操作，调整图像对比度。

10.3.3 波纹

“波纹”滤镜与“波浪”滤镜相似，可以使图像产生波纹起伏的效果，但提供的选项较少，只能控制波纹的数量和大小。

使用“波纹”滤镜增加雨丝波动效果的具体操作步骤如下。

Step01 更改“图层 1”图层的混合模式为滤色。

Step02 通过前面的操作，得到飘动雨丝的效果。

Step03 执行“滤镜”→“扭曲”→“波纹”命令，打开“波纹”对话框，设置“数量”为 61%，“大小”为大，单击“确定”按钮。

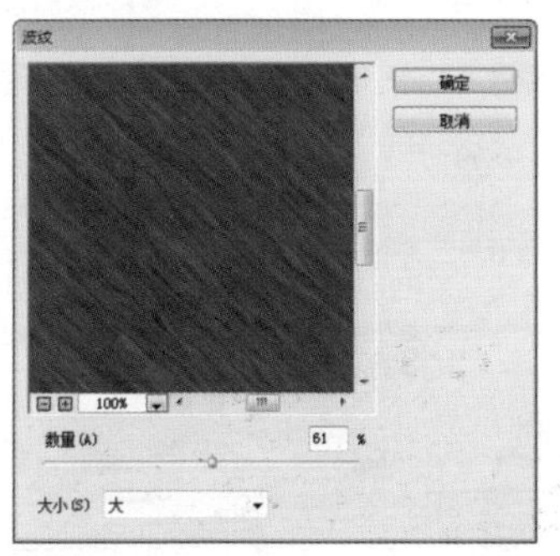

Step04 通过前面的操作，使雨丝呈现轻微的弯曲效果。

Step05 在“图层”面板中，降低“图层 1”不透明度为 80%。

Step06 通过前面的操作，降低雨丝的亮度。

· 技能拓展 ·

一、消失点

使用“消失点”滤镜可以在包含透视平面的图像中进行透视校正。在应用绘画、仿制、复制或粘贴以及变换等编辑操作时，Photoshop CS6 可以正确确定这些编辑操作的方向，并将它们缩放到透视平面，制作出立体效果的图像。

执行“滤镜”→“消失点”命令，可以打开“消失点”对话框。“消失点”对话框左侧常用工具的含义如下表所示。

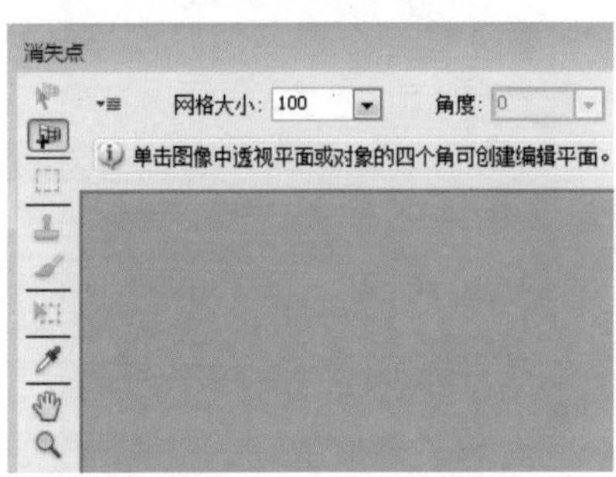

工具	含义
编辑平面工具	用于选择、编辑、移动平面的节点以及调整平面的大小
创建平面工具	用于定义透视平面的四个角节点。创建了四个角节点后，可以移动、缩放平面或重新确定其形状；按住“Ctrl”键拖动平面的边节点可以拉出一个垂直平面。在定义透视平面的节点时，如果节点的位置不正确，可按空格键将该节点删除
选框工具	在平面上单击并拖动鼠标可以选择平面上的图像。选择图像后，将鼠标指针放在选区内，按住“Alt”键拖动可以复制图像；按住“Ctrl”键拖动选区，则可以用源图像填充该区域
图章工具	使用该工具时，按住“Alt”键在图像中单击可以为仿制设置取样点；在其他区域拖动鼠标可复制图像；按住“Shift”键单击可以将描边扩展到上一次单击处
画笔工具	可在图像上绘制选定的颜色
变换工具	使用该工具时，可以通过移动定界框的控制点来缩放、旋转和移动浮动选区，类似于在矩形选区上使用“自由变换”命令
吸管工具	可拾取图像中的颜色作为画笔工具的绘画颜色

使用“消失点”命令复制图像的具体操作步骤如下。

Step01 打开“光盘\素材文件\第 10 章\家居 .jpg”文件。

Step02 执行“滤镜”→“消失点”命令，打开“消失点”对话框，在左上角单击选择“创建平面工具”。

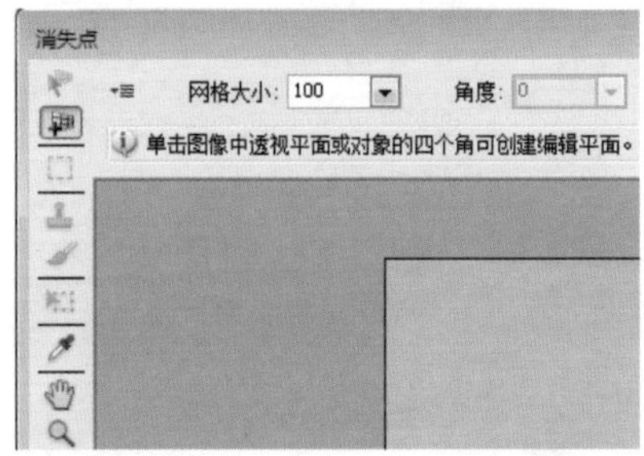

Step03 在图像中依次单击四个点，创建平面。

Step04 在左上角单击选择“编辑平面工具”。

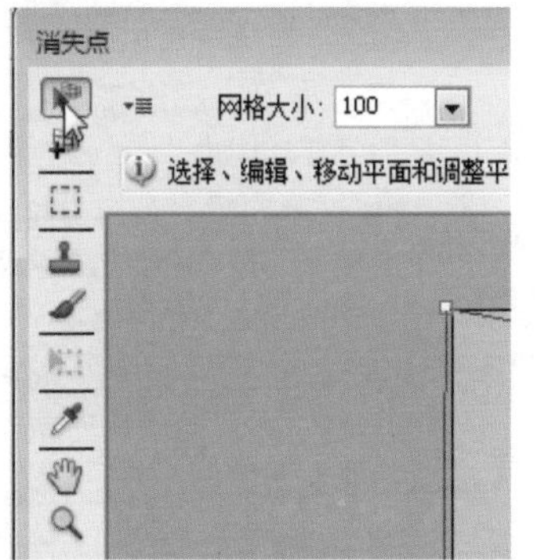

Step05 拖动平面的四个点，调整平面效果。

Step06 在左上角单击选择“选框工具”。

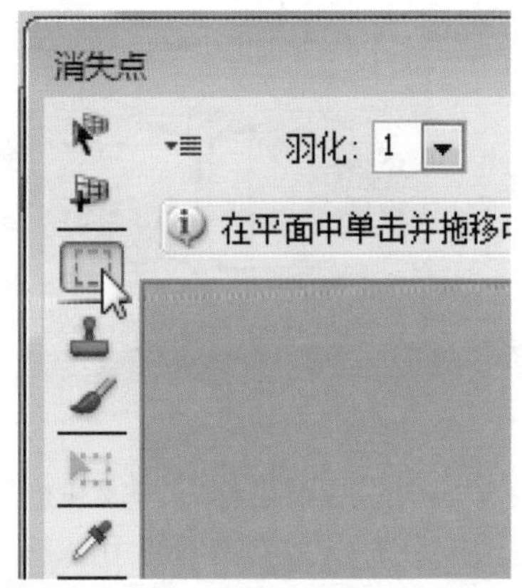

Step07 在平面内拖动选择右侧的推拉门。

Step08 将鼠标指针移动到选区内，按住“Alt”键，向左侧拖动复制图像。

Step09 通过前面的操作，复制的窗户效果如下图所示。

二、液化

“液化”滤镜是修饰图像和创建艺术效果的强大工具。使用“液化”滤镜可创建推拉、扭曲、旋转、收缩等变形效果，可以对图像进行细微的扭曲变化，也可以对图像进行剧烈的变化。

执行“滤镜”→“液化”命令，打开“液化”对话框，各选项含义如下表所示。

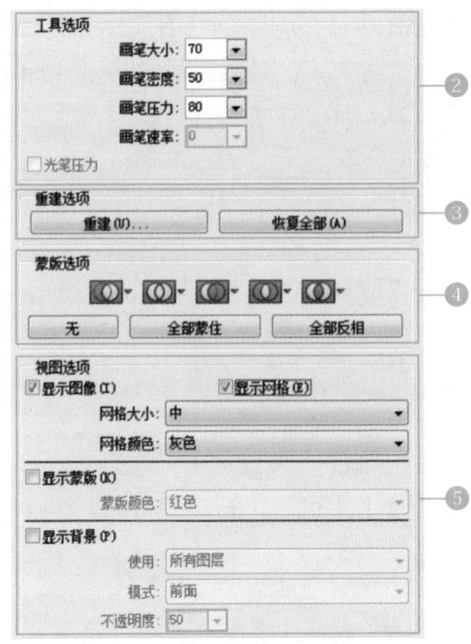

① 工具按钮：“向前变形工具”：通过在图像上拖动，向前推动图像而产生变形

“重建工具”：通过绘制变形区域，能够部分或全部恢复图像的原始状态

“平滑工具”：可以对扭曲的图像进行平滑处理

“顺时针旋转扭曲工具”：在图像中单击或拖动鼠标可顺时针旋转图像

“褶皱工具”：使图像向画笔中心移动，从而使图像产生收缩效果

“膨胀工具”：使图像向画笔中心以外移动，从而使图像产生膨胀效果

“左推工具”：垂直向上拖动鼠标时，图像向左移动，向下拖动鼠标时，图像向右移动

续表

❶	**“冻结蒙版工具”**：将不需要液化的区域创建为冻结的蒙版 **“解冻蒙版工具”**：擦除保护的蒙版区域
❷	**工具选项**：用于设置当前选择的工具的各种属性
❸	**重建选项**：通过下拉列表选择重建液化的方式。其中“恢复”可以通过“重建”按钮将未冻结的区域逐步恢复为初始状态；“恢复全部”可以一次性恢复全部未冻结的区域
❹	**蒙版选项**：设置蒙版的创建方式。单击“全部蒙住”按钮冻结整个图像；单击“全部反相”按钮反相所有的冻结区域
❺	**视图选项**：定义当前图像、蒙版以及背景图像的显示方式

使用“液化”命令为人物减肥的具体操作步骤如下。

Step01 打开“光盘 \ 素材文件 \ 第 10 章 \ 健身 .jpg”文件。

Step02 执行“滤镜”→“液化”命令，打开“液化”对话框。在左侧工具栏中，选择“向前变形工具”。

Step03 在右侧的“工具选项”栏中，设置“画笔大小”为 70，“画笔密度”为 50，“画笔压力”为 80，“画笔速率”为 0。

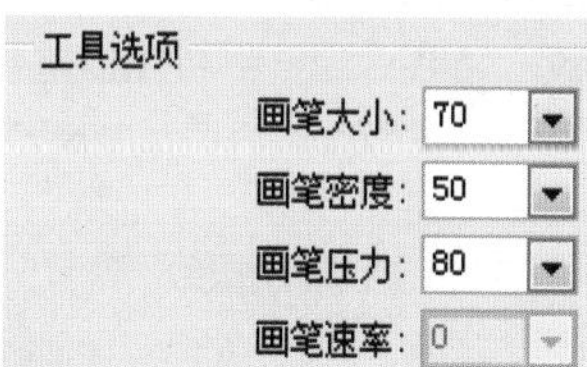

Step04 在人物腹部和手臂位置拖动，使人物变瘦。

三、镜头光晕

使用“镜头光晕”命令可以模拟亮光照射到相机镜头所产生的折射效果。

执行“滤镜”→“渲染”→“镜头光晕”命令，打开“镜头光晕”对话框，各选项含义如下表所示。

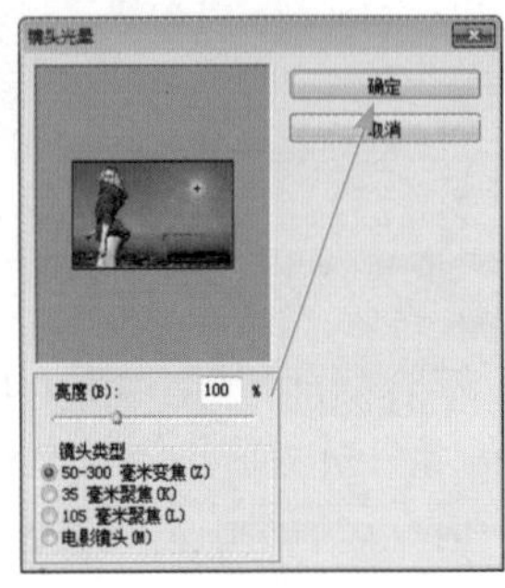

光晕中心	在图像缩览图上单击或拖动十字线，可以调整光晕中心
亮度	控制光晕的强度
镜头类型	模拟不同类型镜头产生的光晕

使用“镜头光晕”命令，为图像添加光晕的具体操作步骤如下。

Step01 打开“光盘\素材文件\第 10 章\绿眼 .jpg”文件。

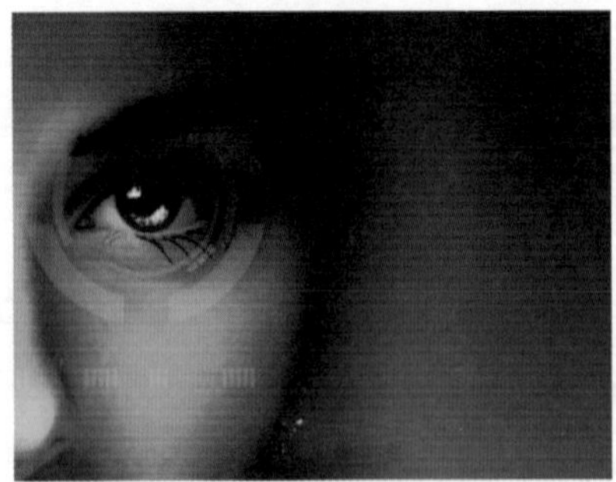

Step02 执行“滤镜”→“渲染”→“镜头光晕”命令，弹出“镜头光晕”对话框。拖动光晕中心到右上角，设置“亮度”为 150%，“镜头类型”为 50~300 毫米变焦，单击“确定”按钮。

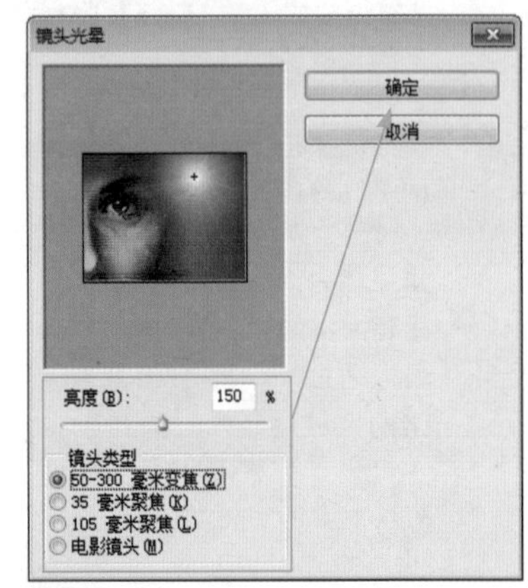

Step03 通过前面的操作，为图像添加光晕效果。

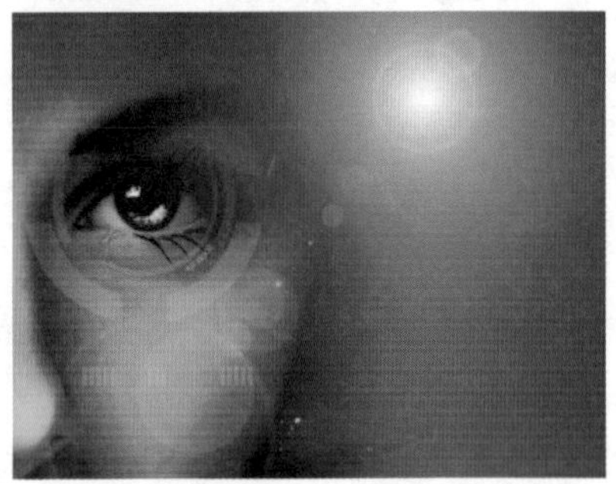

· 同步实训 ·

制作闪电效果

闪电是最常见的自然现象，在 Photoshop CS6 中制作闪电效果的具体操作步骤如下。

Step01 打开"光盘\素材文件\第 10 章\傍晚 .jpg"文件。

Step02 新建"图层 1"图层。拖动"渐变工具"填充黑白渐变。

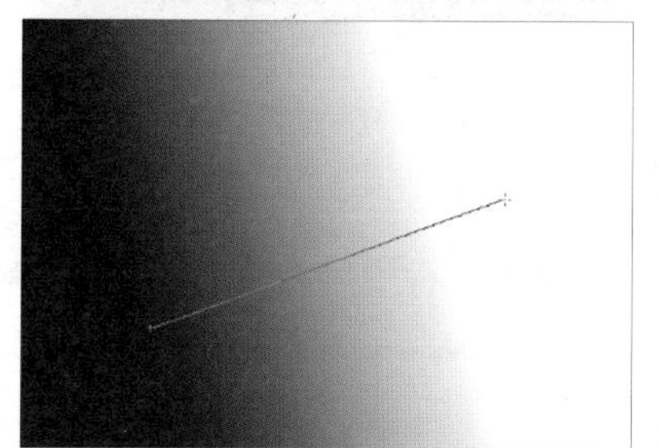

Step03 执行"滤镜"→"渲染"→"分层云彩"命令，得到图像效果。

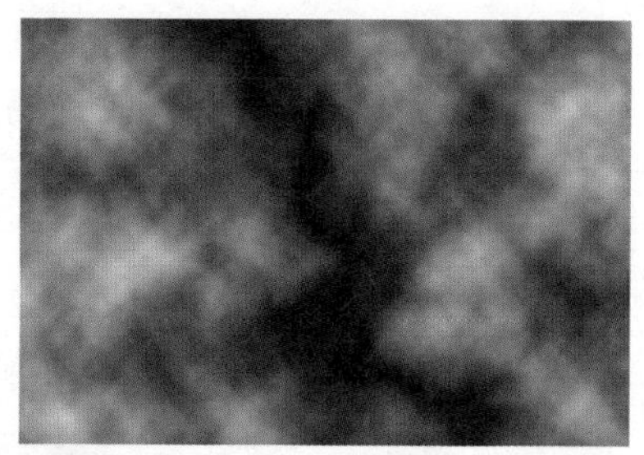

Step04 按"Ctrl+I"组合键，反相图像色调。

Step05 按"Ctrl+L"组合键，执行"色阶"命令，设置"输入色阶"值为(0, 0.16,255)。

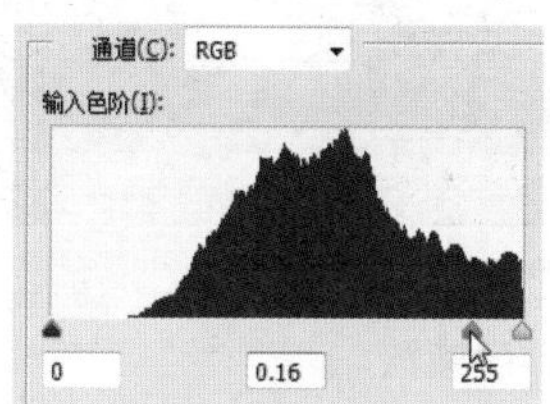

Step06 通过前面的操作，得到图像效果。

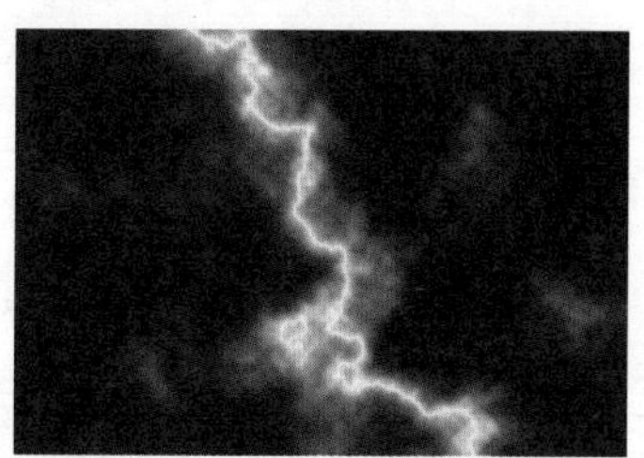

Step07 按“Ctrl+U”组合键，执行“色相/饱和度”命令，选中“着色”复选项，设置“色相”为236，“饱和度”为53，“明度”为-1，单击“确定”按钮。

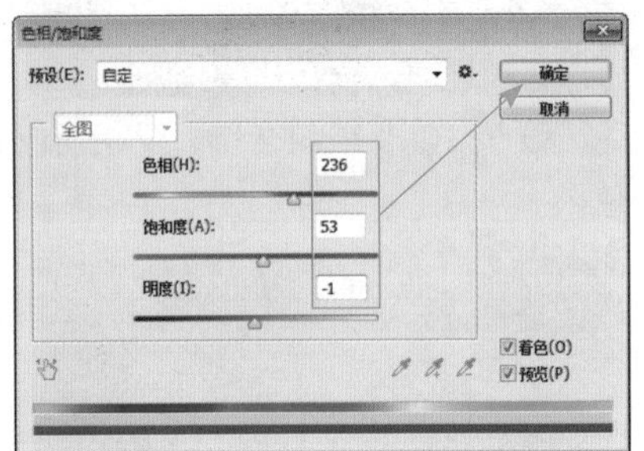

Step08 通过前面的操作，为闪电添加蓝色。

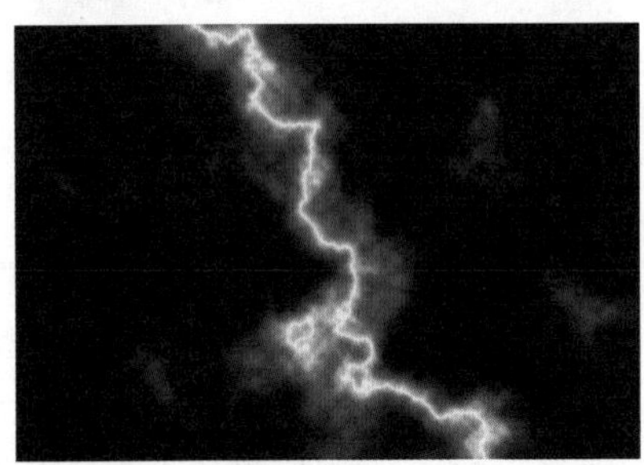

Step09 更改“图层1”图层的混合模式为颜色减淡。

Step10 通过前面的操作，混合闪电和图像。

Step11 复制图层，加粗闪电，最终效果如下图所示。

学习小结

本章主要讲述了常用滤镜命令的功能与应用，包括高斯模糊、查找边缘、风、照亮边缘、极坐标、波纹、波浪等命令。每种滤镜命令有不同的功能，要巧妙利用滤镜的不同功能，创造出想要的艺术效果。

第11章 自动化处理图像效果

使用动作和批处理功能可以自动处理图像，将大量的重复劳动交给计算机去完成，从而使用户将更多的精力用于思考创意。

本章将详细讲解文件自动化操作。

※ 载入预设动作 ※ 应用预设动作 ※ 创建动作
※ 记录动作 ※ 播放动作 ※ 文件批处理

案 例 展 示

11.1 实例 38：通过预设动作处理图像

本案例主要通过预设动作处理图像，学习预设动作基本操作，包括载入预设动作、选择动作、播放预设动作等知识。

11.1.1 载入预设动作

"动作" 面板中提供了多种预设动作，使用这些动作可以快速地制作文字效果、边框效果、纹理效果和图像效果等。具体操作步骤如下。

Step01 打开"光盘\素材文件\第 11 章\粉花.jpg"文件。在"动作"面板中，单击"扩展"按钮，在弹出的扩展菜单中，选择"画框"选项。

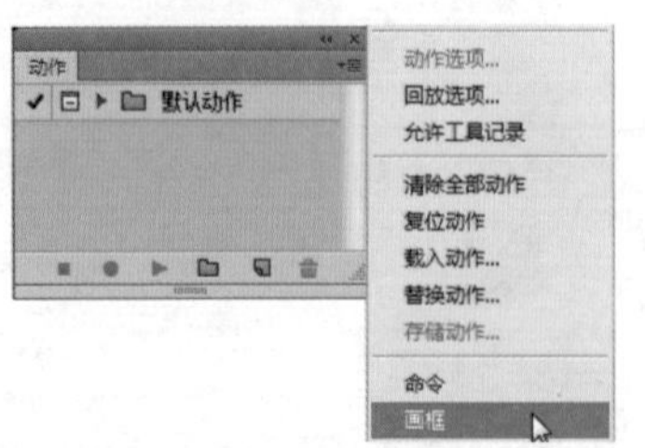

Step02 通过前面的操作，载入画框动作组。

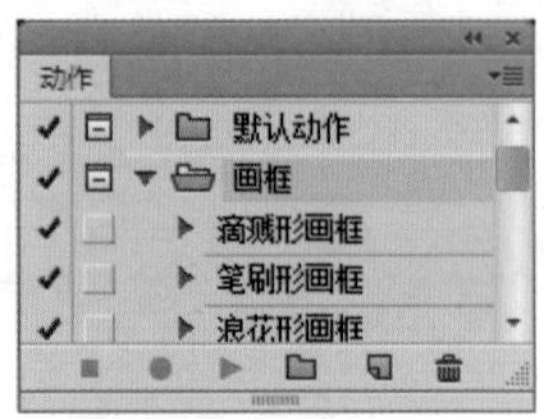

11.1.2 播放预设动作

载入画框动作组后，选择并播放动作的具体操作步骤如下。

Step01 单击选择 "浪花形画框" 动作，单击 "播放选定的动作" 按钮▶。

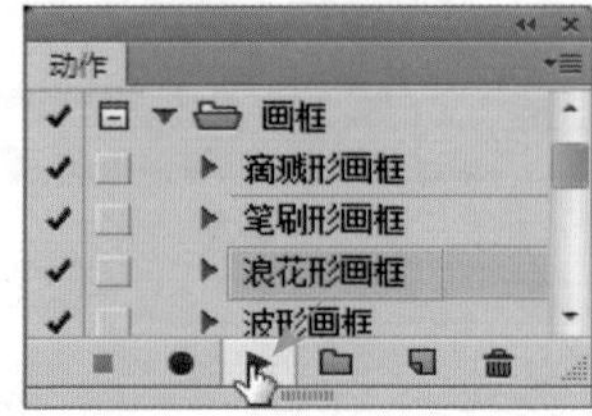

Step02 Photoshop CS6 将自动对素材图像应用"浪花形画框" 动作。在"历史记录" 面板中，会保留操作步骤。

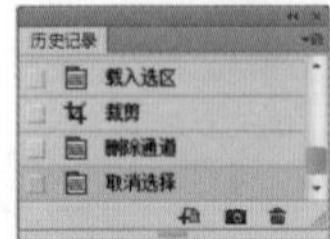

11.2 实例 39：创建人像美颜动作

本案例主要通过录制并播放人像美颜动作，学习动作基本操作，包括创建动作组、创建动作、录制动作等知识。

11.2.1 创建动作组

在创建新动作之前，需要创建一个新的组来放置新建的动作，方便动作的管理。具体操作步骤如下。

Step01 在“动作”面板中单击“创建新组”按钮。

Step02 弹出“新建组”对话框，在“名称”文本框中输入“照片处理”，单击“确定”按钮。

Step03 通过前面的操作，在“动作”面板中新建一个“照片处理”动作组。

11.2.2 创建并录制动作

在 Photoshop CS6 中可以根据需要创建新的动作。

在前面创建的“照片处理”动作组中新建动作的具体操作步骤如下。

Step01 打开“光盘 \ 素材文件 \ 第 11 章 \ 喷香水 .jpg”文件。

Step02 在“动作”面板中，单击“创建新动作”按钮。

Step03 弹出“新建动作”对话框，设置“名称”为“人像美颜”，单击“记录”按钮。

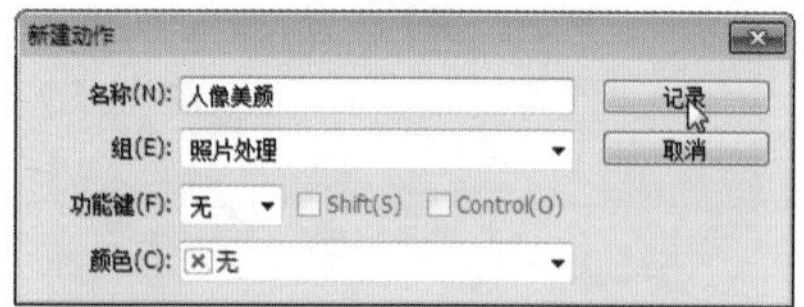

Step04 在“动作”面板中新建“人像美颜”动作，“开始记录”按钮变为红色，表示正在录制动作。

Step05 将背景图层拖动到“创建新图层”按钮，复制背景图层。

Step06 在“人像美颜”动作中，出现“复制 当前图层”步骤。

Step07 执行“滤镜”→“模糊”→“高斯模糊”命令，设置“半径”为 55.0 像素，单击“确定”按钮。

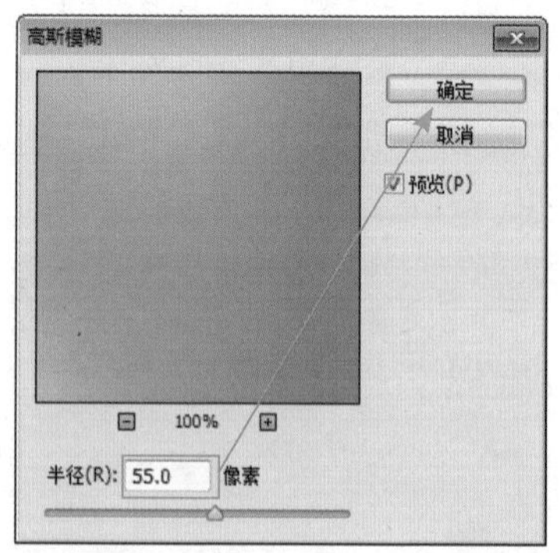

Step08 通过前面的操作，得到高斯模糊效果。在“人像美颜”动作中，

出现“高斯模糊”步骤。

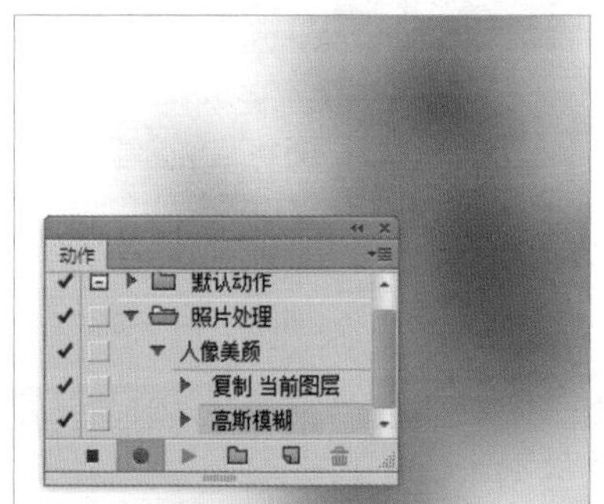

Step09 更改“背景 拷贝”图层的混合模式为柔光。

Step10 通过前面的操作，得到图层混合效果。在“人像美颜”动作中，出现“ 设置 当前图层 ”步骤。

Step11 在“动作”面板中，单击“停止播放 / 记录”按钮■，完成动作录制操作。

小技巧

因为有些键盘操作无法录制，所以在录制动作的过程中，尽量使用菜单命令和鼠标进行操作。

11.2.3 修改动作名称

录制动作后，还可以修改动作名称，将动作名称重命名为“人像美颜”的具体操作步骤如下。

Step01 在“人像美颜”标签上双击，进入文字编辑状态。

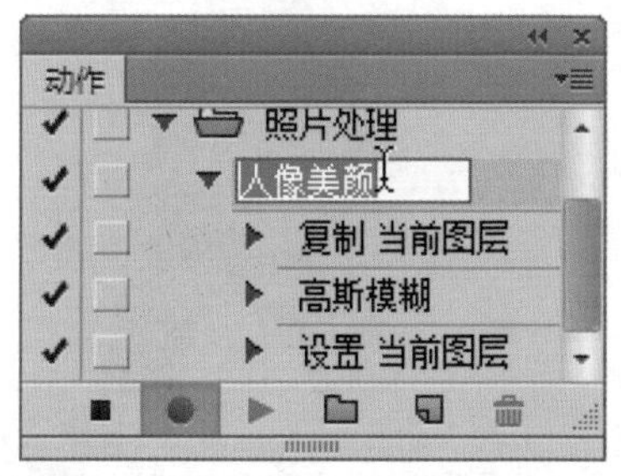

Step02 在文本框中，输入新名称“美白祛斑”。

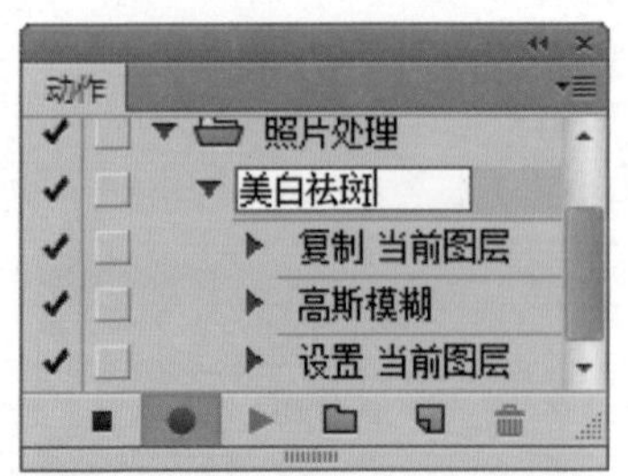

Step03 按"Enter"键，确认动作重命名操作。

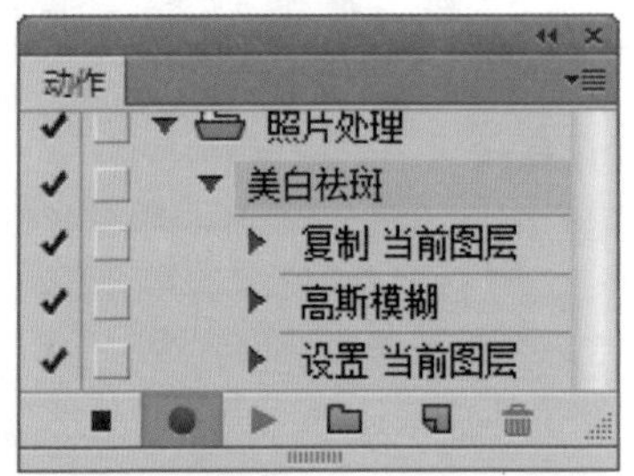

11.2.4 播放动作

录制动作后，就可以将动作应用到其他图像中。

播放录制的动作的具体操作步骤如下。

Step01 打开"光盘 \ 素材文件 \ 第 11 章 \ 笑颜 .jpg"文件。

Step02 在"动作"面板中，选中"美白祛斑"动作，单击"播放选定的动作"按钮▶。

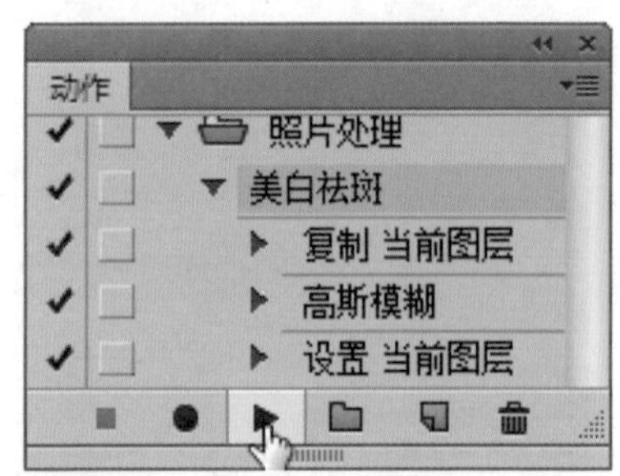

Step03 在"动作"面板中播放动作后，图像效果如下图所示。

11.2.5 插入动作

如果录制的动作效果不是很完美，可以插入新的操作步骤。

Step01 单击"美白祛斑"动作前面的▶按钮。

Step02 通过前面的操作，展开"美白祛斑"动作。

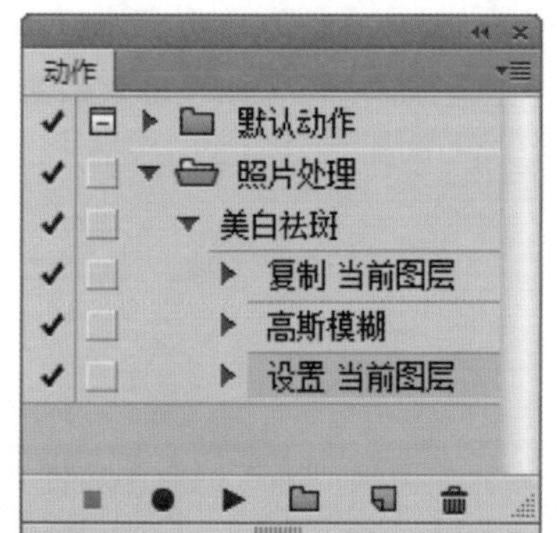

Step03 单击选择“复制 当前图层”操作步骤。

Step04 在“动作”面板中，单击“开始记录”按钮●。

Step05 执行“图像”→“调整”→“色阶”命令，在动作中插入新命令。

Step06 执行“滤镜”→“风格化”→“查找边缘”命令，在动作中插入该命令。

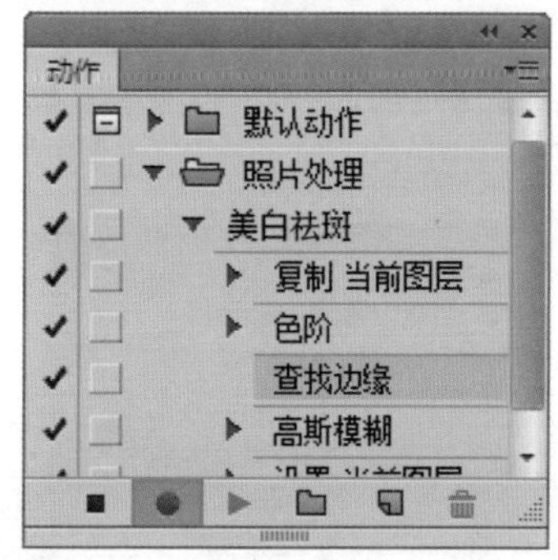

Step07 在“动作”面板中，单击“停止播放/记录”按钮■，完成插入动作操作。

11.2.6 删除动作

执行“插入”命令后，“色阶”效果不太明显，将其删除。具体操作步骤如下。

Step01 单击选中上方的“色阶”操作步骤，按住鼠标不放，将其拖动到右下角的“删除”按钮上。

Step02 通过前面的操作，删除“色阶”步骤。

Step03 在“历史记录”面板中，单击“打开”步骤，返回图像打开的初始状态。

Step04 在“动作”面板中，单击“播放选定的动作”按钮，播放修改后的动作，图像效果如下图所示。

11.2.7 存储动作

创建动作后，可以存储自定义的动作，以方便将该动作运用到其他图像文件中。具体操作步骤如下。

Step01 在“动作”面板中选择需要存储的动作组，在面板扩展菜单中选择“存储动作”命令。

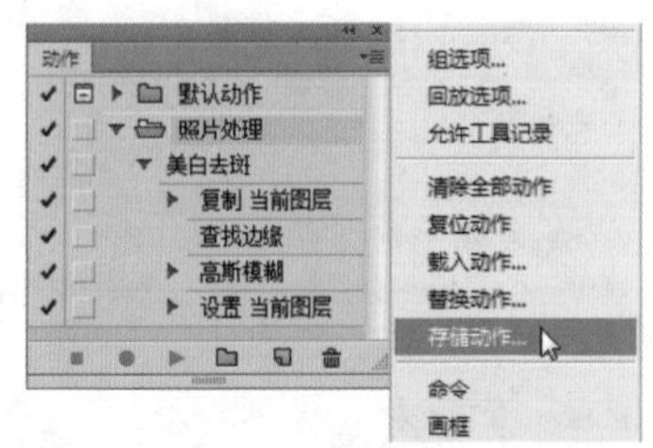

Step02 在弹出的“另存为”对话框中，选择保存路径，单击“确定”按钮，即可将需要存储的动作组进行保存。

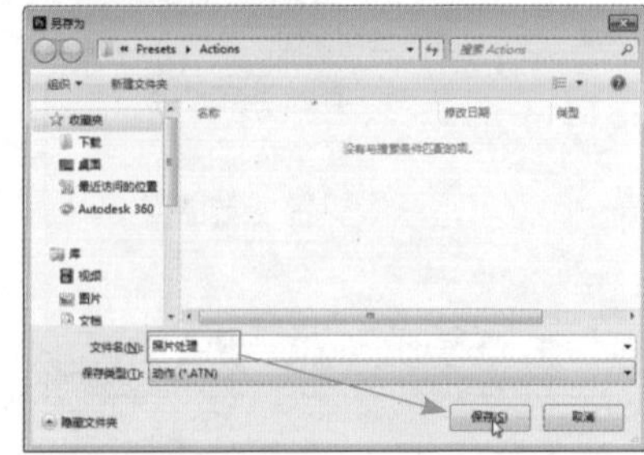

11.3 实例 40：批处理多个文件

本案例主要通过录制并播放动作，学习批处理基本操作，包括批处理、快捷批处理等知识。

11.3.1 批处理

使用“批处理”命令可以将动作应用于多张图片，同时完成大量相同的、重复性的操作。

执行“文件”→“自动”→“批处理”命令，打开“批处理”对话框，各选项含义如下表所示。

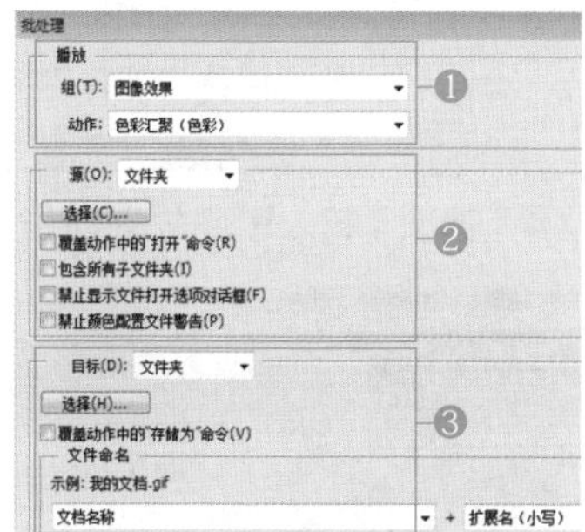

1	**播放的动作：**在进行批处理前，首先要选择应用的“动作”。分别在“组”和“动作”两个选项的下拉列表中进行选择
2	**批处理源文件：**在“源”选项组中可以设置文件的来源为“文件夹”“导入”“打开的文件”，或从 Bridge 中浏览的图像文件。如果设置的源图像的位置为文件夹，则可以选择批处理的文件所在文件夹位置
3	**批处理目标文件：**在“目标”选项的下拉列表中包含“无”“存储并关闭”和“文件夹”三个选项。选择“无”选项，对处理后的图像文件不做任何操作；选择“存储并关闭”选项，将文件存储在它们的当前位置，并覆盖原来的文件；选择“文件夹”选项，将处理过的文件存储到另一位置。在“文件命名”选项组中可以设置存储文件的名称

使用“批处理”命令处理多个图像的具体操作步骤如下。

Step01 执行“窗口”→“动作”命令，打开“动作”面板，单击“动作”面板右上角的“扩展”按钮，选择“图像效果”选项，载入图像效果动作组。

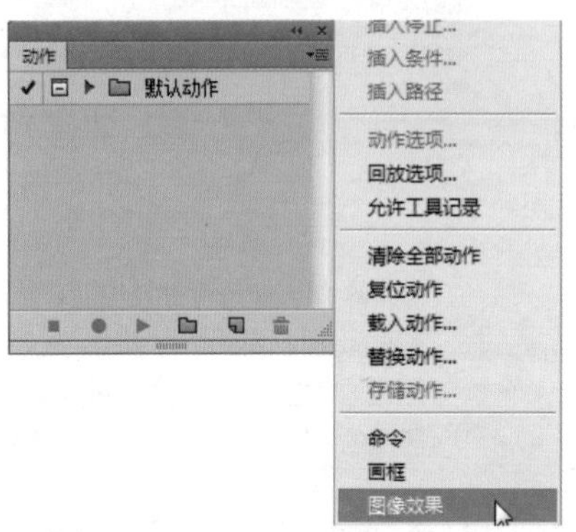

Step02 执行“文件”→“自动”→“批处理”命令，打开“批处理”对话框，单击“组”列表框，选择“图像效果”动作组。在“播放”栏中，单击“动作”列表框，选择“仿旧照片”动作选项。

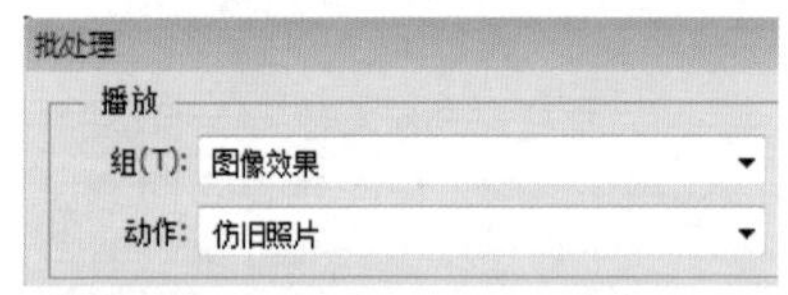

Step03 在“源”下拉列表框中选择“文件夹”选项，单击“选择”按钮。

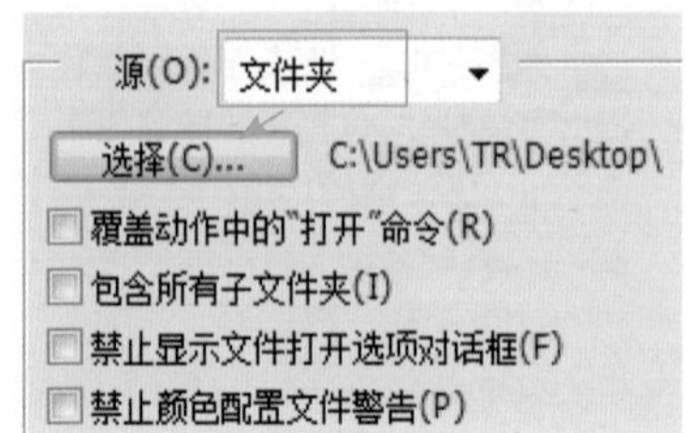

Step04 打开“浏览文件夹”对话框，选择源文件夹(光盘\素材文件\第11章\批处理)，单击“确定”按钮。

Step05 在“目标”下拉列表框中选择“文件夹”选项，单击“选择”按钮。

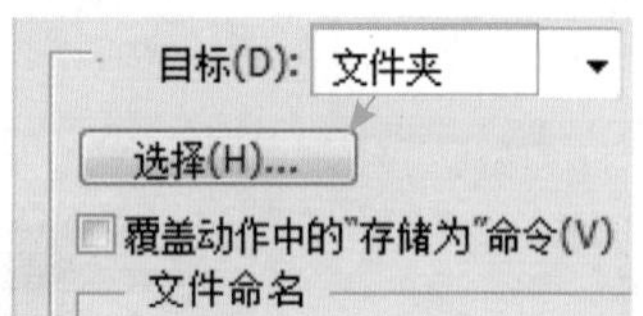

Step06 打开“浏览文件夹”对话框，选择结果文件夹(光盘\结果文件\第11章\批处理)，单击“确定”按钮。

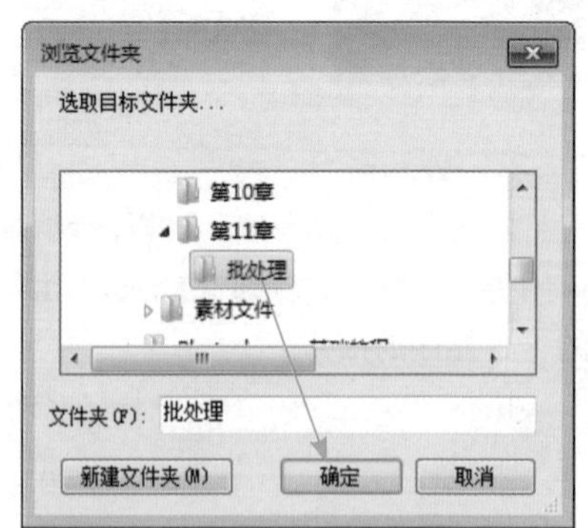

Step07 在“批处理”对话框中，设置好参数后，单击“确定”按钮。

Step08 处理完“1.jpg”文件后，将弹出“另存为”对话框，用户可以重新选择存储位置与存储格式并重命名，单击“保存”按钮。

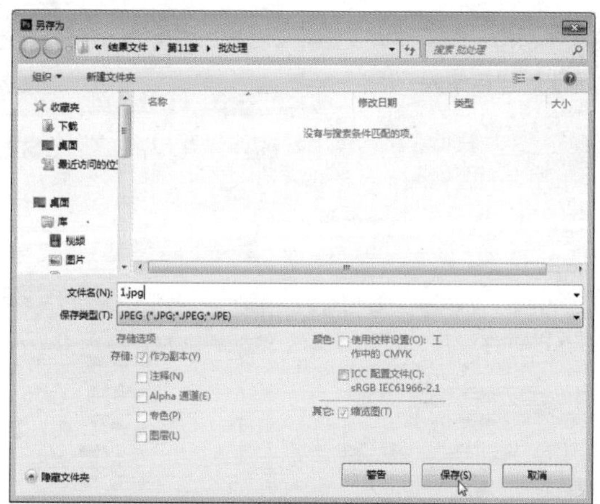

Step09 Photoshop CS6 将继续自动处理图像，每处理完一幅图像后，会弹出“另存为”对话框，依次处理完文件夹里面的所有图像，并另存到结果文件夹中。

11.3.2 快捷批处理

快捷批处理是一个小程序，它可以简化批处理的操作过程。

将“仿旧照片”动作创建为快捷批处理的具体操作步骤如下。

Step01 执行“文件”→“自动”→“创建”→“快捷批处理”命令，弹出“创建快捷批处理”对话框，在“将快捷批处理存储为”栏中，单击“选择”按钮。

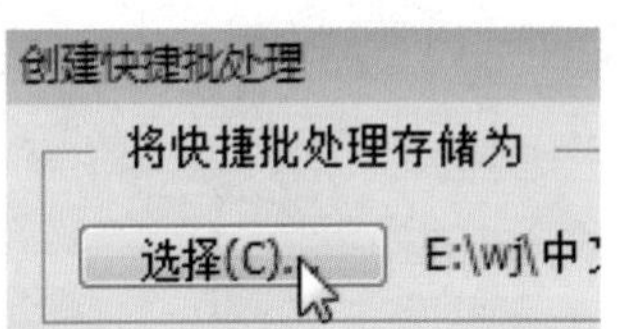

Step02 打开“另存为”对话框，选择快捷批处理存储的位置(光盘\素材文件\第11章\),设置“文件名”为“仿旧照片”，单击“保存”按钮。

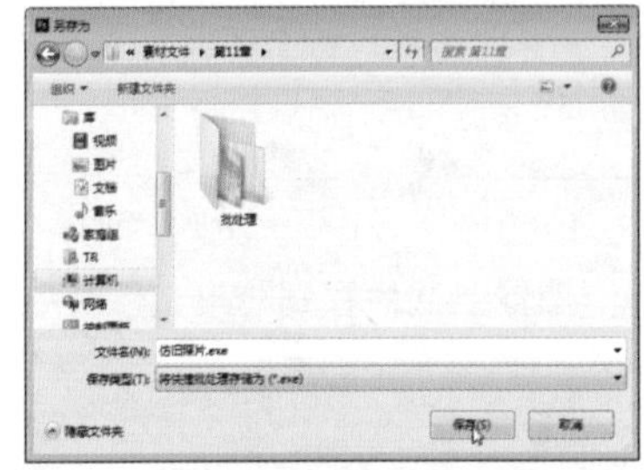

Step03 返回“创建快捷批处理”对话框，在“播放”栏中，使用前面设置的默认参数。

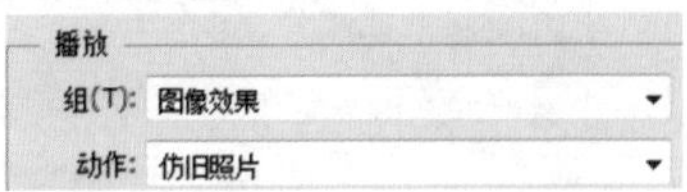

Step04 在“目标”下拉列表中选择“文件夹”选项，单击“选择”按钮。

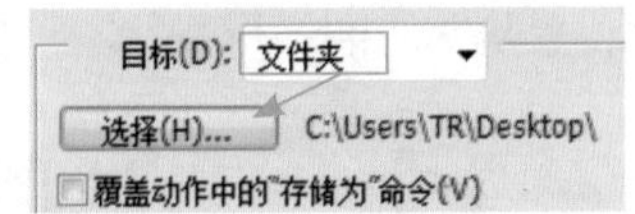

Step05 打开“浏览文件夹”对话框，选择结果文件夹(光盘\结果文件\第11章\批处理)，单击“确定”按钮。

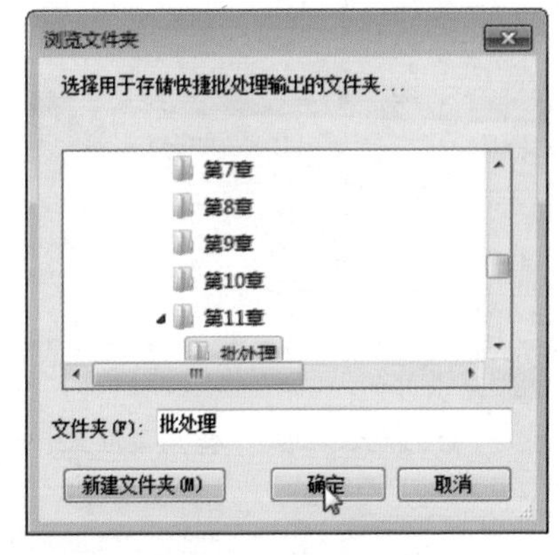

Step06 在“创建快捷批处理”对话框中，设置好参数后，单击“确定”按钮。

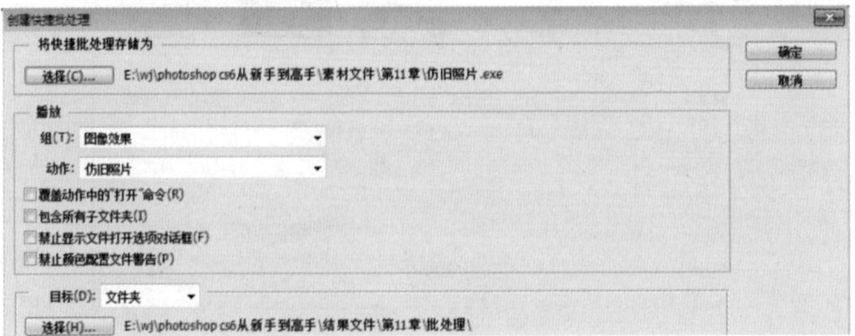

Step07 打开快捷批处理存储的位置，可以看到“快捷批处理文件”图标。

Step08 将“粉花”图像拖动到“快捷批处理”图标上。

Step09 Photoshop CS6 会自动运行快捷批处理小程序。处理完成后，弹出“另存为”对话框，设置“文件名”为“5”，单击“保存”按钮。

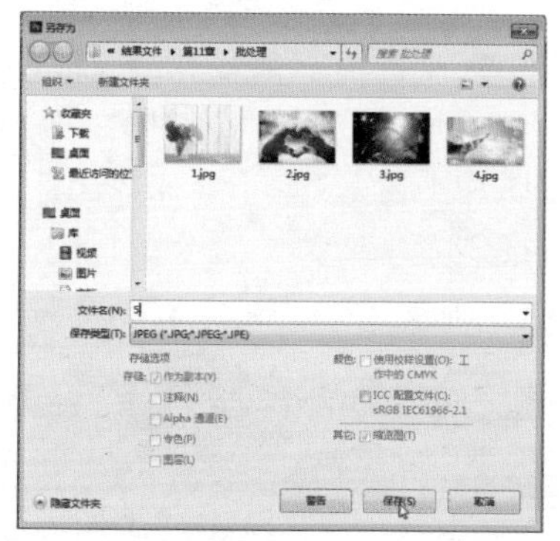

Step10 根据上述方法依次将其他图片拖动到“快捷批处理”图标上，Photoshop CS6 会自动运行快捷批处理小程序。处理完成后，在弹出的“另存为”对话框中分别设置“文件名”，单击“保存”按钮。

· 技能拓展 ·

一、裁剪并修齐照片

“裁剪并修齐照片”是一项自动化功能，可以将一个文件中的多张图像拆分为单张图像，具体操作步骤如下。

Step01 打开“光盘\素材文件\第 11 章\裁剪并修剪图像 .jpg”文件。

Step02 执行“文件”→“自动”→“裁剪并修齐照片”命令，文件自动进行操作，拆分出三个图像文件。

二、创建全景图

因为照相局限性，全景图通常不能一次性拍摄下来，用户可以拍摄多幅图像来进行拼接，具体操作步骤如下。

Step01 打开“光盘\素材文件\第 11 章\全景图 1.jpg”和“全景图 2.jpg”文件。

Step02 将“全景图 2.jpg”文件复制粘贴到“全景图 1.jpg”文件中，同时选中两个图层。

Step03 执行“编辑”→“自动对齐图层”命令，弹出“自动对齐图层”对话框，使用默认参数，单击“确定”按钮。

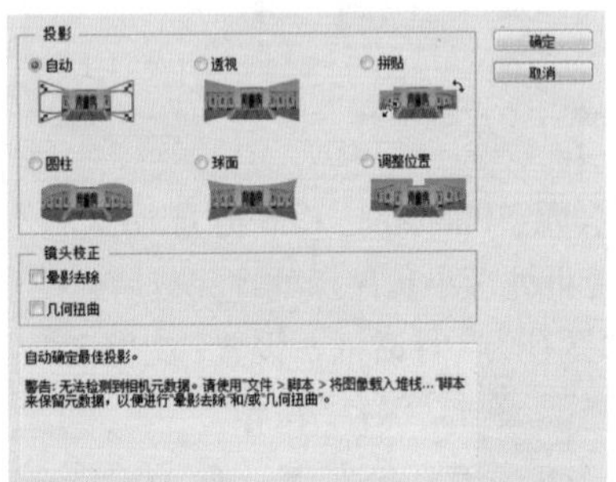

Step04 通过前面的操作，Photoshop CS6 自动操作，并对齐图层，使两幅图片实现完美结合，完成全景图拼接。

· 同步实训 ·

制作木框效果

使用动作命令可以快速制作图像的特殊效果。在 Photoshop CS6 中制作木框图像效果的具体操作步骤如下。

Step01 打开"光盘\素材文件\第 11 章\紫花 .jpg"文件。

Step02 在"动作"面板中，单击右上角的按钮，选择"纹理"动作组。

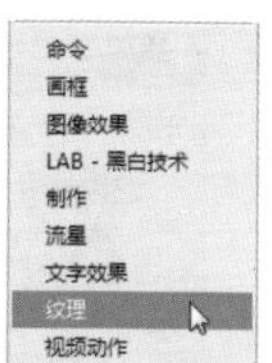

Step03 载入"纹理"动作组后，选择"夕阳余晖"动作，单击"播放选定的动作"按钮▶。

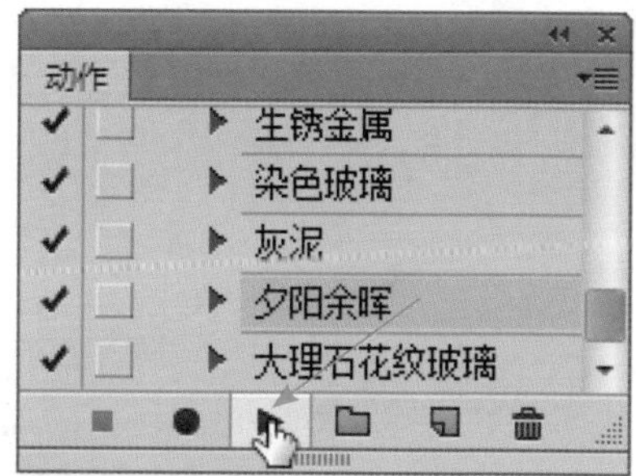

Step04 通过前面的操作，播放动作，得到夕阳效果。

Step05 在"图层"面板中，更改"Sunset"图层的混合模式为叠加。

Step06 通过前面的操作，得到图层混合效果。

Step07 在“默认动作”组中，选择“木质画框”动作，单击“播放选定的动作”按钮▶。

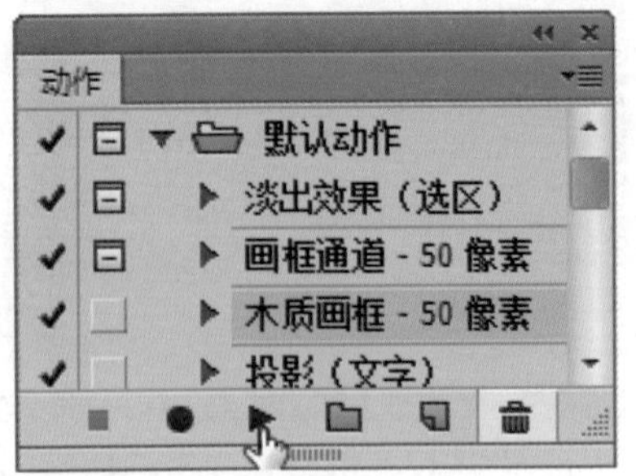

Step08 通过前面的操作，播放动作，得到木质画框效果。

Step09 在“图层”面板中，双击“frame”图层。

Step10 在“图层样式”对话框中，选中“图案叠加”复选项，设置“图案”为白色木质纤维纸。

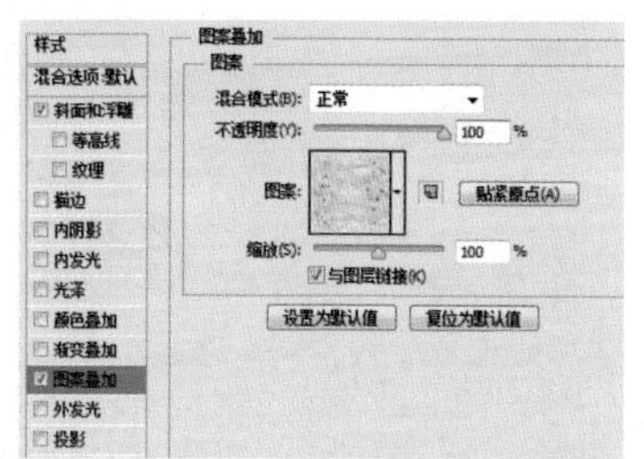

Step11 通过前面的操作，浮雕相框最终效果如下图所示。

学习小结

本章主要讲述了文件自动化处理的基本知识，包括创建动作、录制动作、播放动作、载入预设动作、批处理、快捷批处理、创建全景图、裁剪并修齐图像等操作，重点内容为动作和批处理等。

自动化操作可以节约时间，将重复劳动交给计算机去完成。

第12章

Web 图像和动画的制作

使用 Web 图像优化功能可以优化图像，使图像的大小更适合在互联网中流通。使用 Photoshop CS6，还可以制作灵活的小动画。

本章将详细讲解 Web 图像和动画的制作。

※ 创建切片　※ 调整切片　※ 提升切片

※ 划分切片　※ 存储为 Web 图像　※ “时间轴”面板

案 例 展 示

12.1 实例 41：将网页详情页切片

本案例主要通过将网页详情页切片，学习切片基本操作，包括创建切片、选择和调整切片、提升切片、划分切片、组合切片等知识。

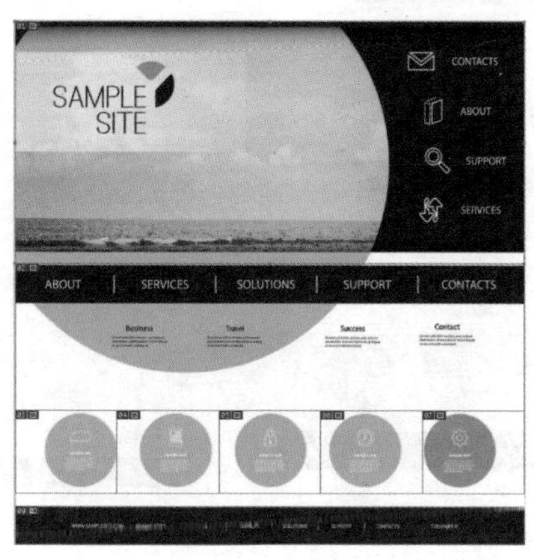

12.1.1 创建切片

在制作网页时，通常要对网页进行分割，即创建切片。通过优化切片可以对分割的图像进行不同程度的压缩，以便减少图像的下载时间。另外，还可以为切片制作动画，链接到 URL 地址，或者制作翻转按钮。

“切片工具” 的功能主要为在图像中分割、裁切要链接的部分或者样式不同的部分。选择工具箱中的“切片工具” ，选项栏各选项含义如下表所示。

①	**样式：**选择切片的类型。选择“正常”，通过拖动鼠标确定切片的大小；选择“固定长宽比”，输入切片的高宽比，可创建具有图钉长宽比的切片；选择“固定大小”，输入切片的高度和宽度，然后在画面中单击，即可创建指定大小的切片
②	**基于参考线的切片：**可以先设置好参考线，然后单击该按钮，让软件自动按参考线分切图像

使用“切片工具” 创建切片的具体操作步骤如下。

Step01 打开“光盘 \ 素材文件 \ 第 12 章 \ 网页 .jpg”文件。

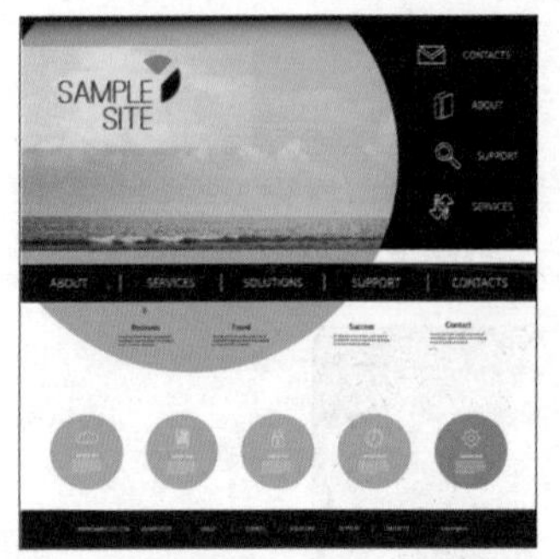

Step02 选择“切片工具”，在创建切片的区域上单击并拖出一个矩形框。

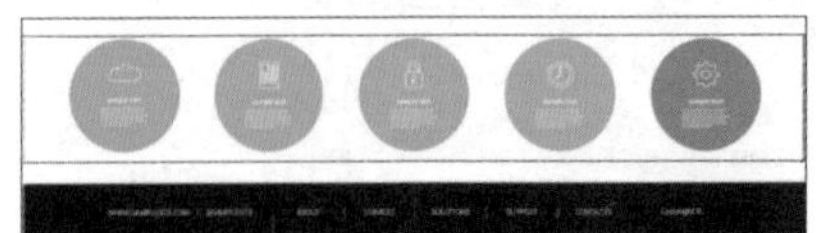

Step03 释放鼠标即可创建一个用户切片。

Step04 使用相同的方法，创建其他切片。

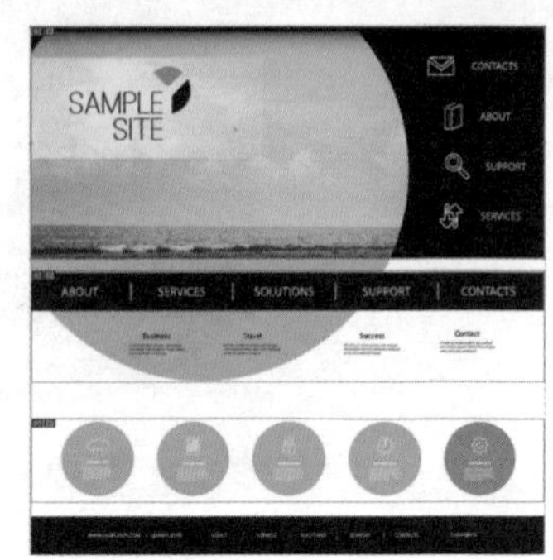

12.1.2 选择和调整切片

使用“切片选择工具”可以选择、移动和调整切片大小。选择工具箱中的“切片选择工具”，选项栏各选项含义如下表所示。

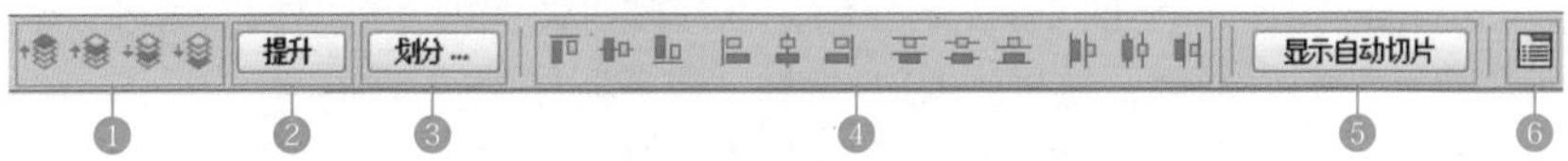

❶	**调整切片堆叠顺序：**在创建切片时，最后创建的切片是堆叠顺序中的顶层切片。当切片重叠时，可单击该选项中的按钮，改变切片的堆叠顺序，以便能够选择到底层的切片
❷	**提升：**单击该按钮，可以将所选的自动切片或图层切片转换为用户切片
❸	**划分：**单击该按钮，可以打开“划分切片”对话框对所选切片进行划分
❹	**对齐与分布切片：**选择多个切片后，单击该选项中的按钮可对齐或分布切片，这些按钮的使用方法与对齐和分布图层的按钮相同
❺	**隐藏自动切片：**单击该按钮，可以隐藏自动切片
❻	**设置切片选项：**单击该按钮，可在打开的“切片选项”对话框中设置切片的名称、类型并指定 URL 地址等

使用“切片选择工具”选择和调整切片的具体操作步骤如下。

Step01 使用“切片选择工具”单击一个切片可将它选中。

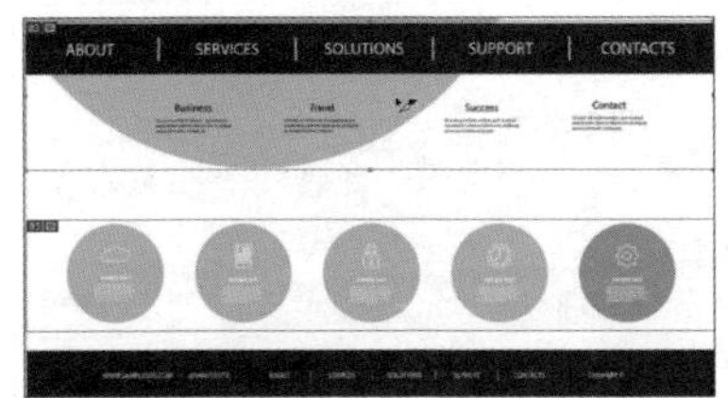

Step02 选择切片后，拖动切片定界框上的控制点可以调整切片大小。

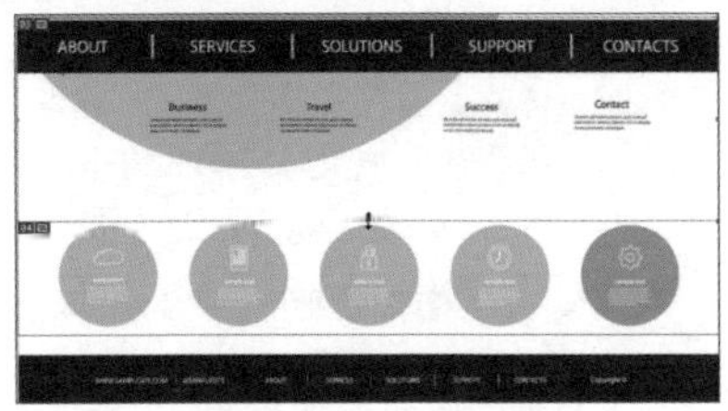

小技巧

选择切片后，按住“Shift”键拖动，则可将移动限制在垂直、水平或 45° 对角线的方向上；按住“Alt”键拖动，可以复制切片。

12.1.3 基于图层创建切片

只有非背景图层才能基于图层创建切片。基于图层创建切片的具体操作步骤如下。

Step01 拖动“矩形选框工具”，在下方创建选区。

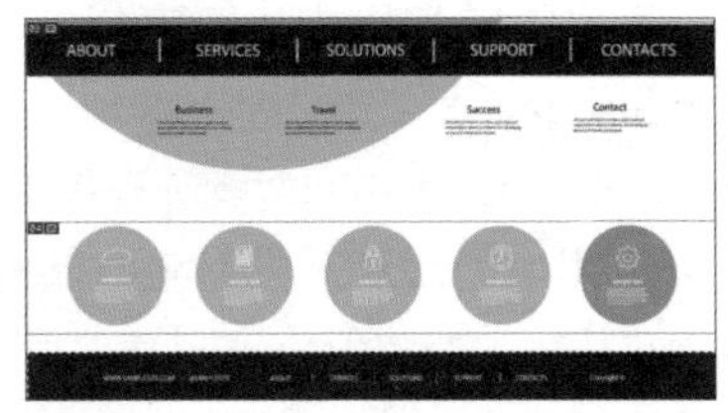

Step02 按“Ctrl+J”组合键，将图像复制到新图层中。

Step03 执行“图层”→“新建基于图层的切片”命令，基于图层创建切片，切片会包含该图层中的所有像素。

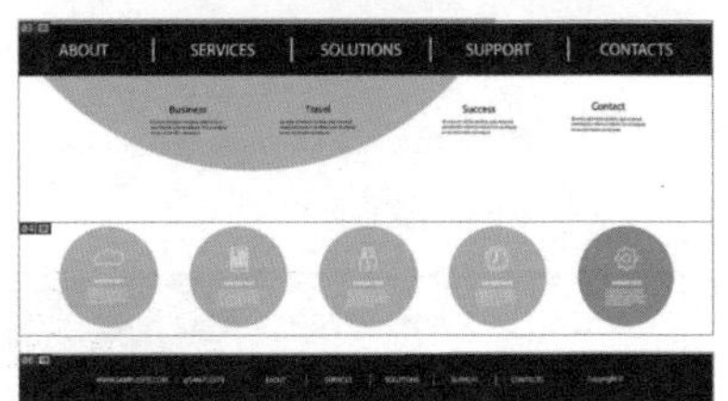

当创建基于图层切片以后，移动和编辑图层内容时，切片区域也会随之自动调整。

12.1.4 提升切片

基于图层的切片与图层的像素内容相关联，当对切片进行移动、组合、划分、调整大小和对齐等操作时，应编辑相应的图层。只有将其转换为用户切片，才能使用“切片工具”对其进行编辑。

此外，在图像中，所有自动切片都链接在一起并共享相同的优化设置，如果要为自动切片设置不同的优化设置，也必须将其提升为用户切片。具体操作步骤如下。

Step01 使用“切片选择工具”选择要转换的切片。

Step02 在“选项”栏中，单击“提升”按钮，通过前面的操作，即可将其转换为用户切片。

12.1.5 划分切片

使用“切片选择工具”选择切片，单击其选项栏中的“划分”按钮，打开“划分切片”对话框。在对话框中可沿水平、垂直方向或同时沿这两个方向重新划分切片。划分切片中各选项含义如下表所示。

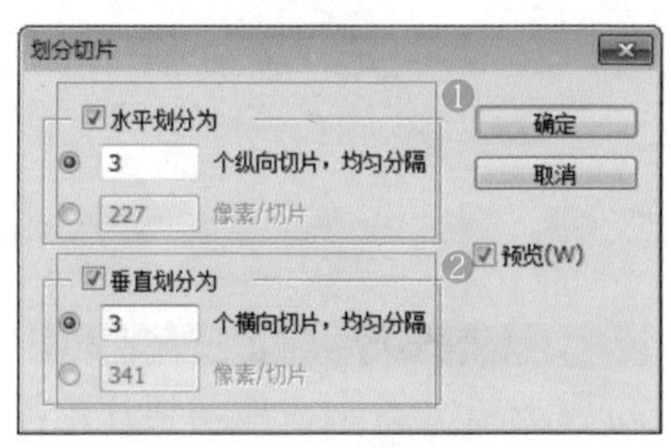

❶	**水平划分为：**选中该复选框后，可在长度方向上划分切片。有两种划分方式：选择“个纵向切片，均匀分隔”，可输入切片的划分数目；选择“像素 / 切片”，可输入一个数值，基于指定数目的像素创建切片，如果按该像素数目无法平均地划分切片，则会将剩余部分划分为另一个切片
❷	**垂直划分为：**选中该复选框后，可在宽度方向上划分切片。它也包含两种划分方法

使用“划分切片”命令重新划分切片的具体操作步骤如下。

Step01 使用“切片选择工具”选择要转换的切片。

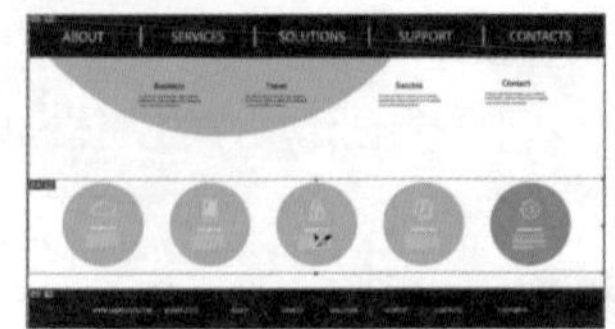

Step02 在“选项”栏中，单击“划分划片”按钮，在弹出的“划分切片”对话框中，选中“垂直划分为”复选项，设置 5 个横向切片，均匀分隔，完成设置后，单击“确定”按钮。

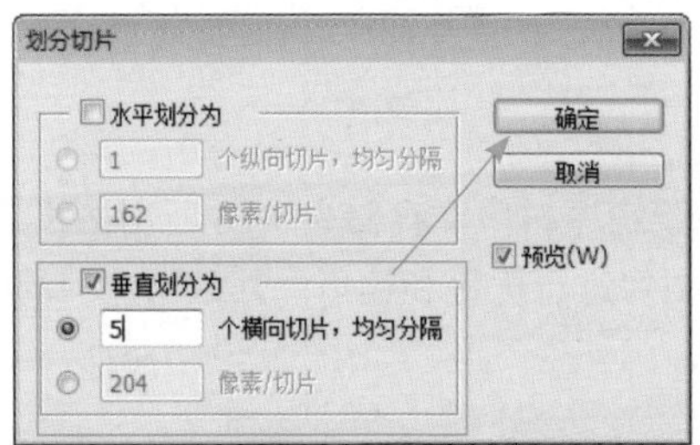

Step03 通过前面的操作，重新划分切片。

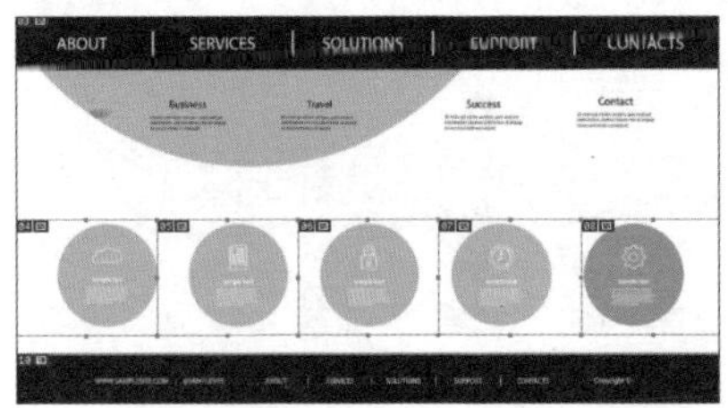

12.1.6 组合切片

创建切片后，还可以根据需要组合切片，具体操作步骤如下。

Step01 使用“切片选择工具”单击选择左上角的切片。

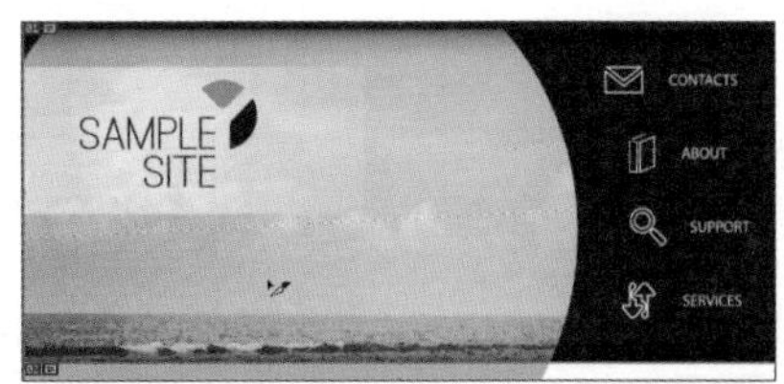

Step02 按住“Shift”键，依次单击，同时选中下方的切片。在选中的切片上右击，选择“组合切片”命令。

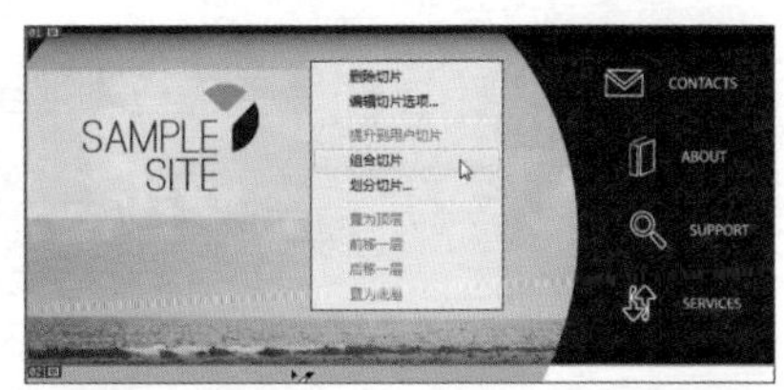

Step03 通过前面的操作，将选中的两个切片组合为一个切片。

12.2 实例 42：优化 Web 图像

本案例主要通过优化 Web 图像，学习图像优化知识，包括优化图像、优化为 JPEG 格式、优化为 GIF 格式等知识。

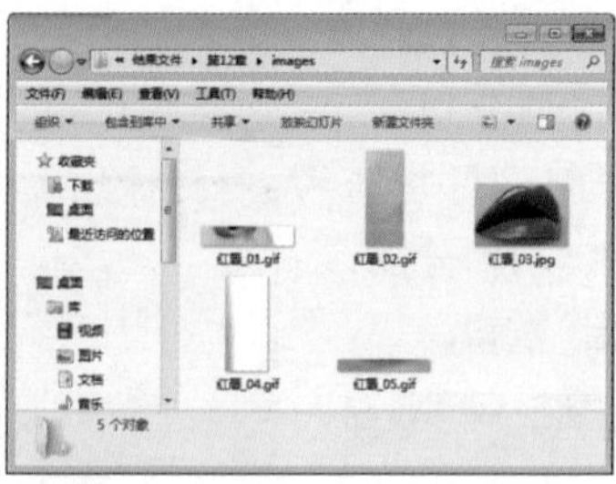

12.2.1 存储为 Web 所用格式

执行“文件”→“存储为 Web 所用格式”命令，打开“存储为 Web 所用格式”对话框，使用对话框中的优化功能可对图像进行优化和输出。其常用选项的含义如下表所示。

❶	**工具栏:** 使用“抓手工具”可以移动查看图像；使用“切片选项工具”可以选择窗口中的切片，以便对其进行优化。使用“缩放工具”可以放大或缩小图像的比例；使用“吸管工具”可以吸取图像中的颜色，并显示在“吸管颜色”图标■中；使用“切换切片可视性”按钮可以显示或隐藏切片的定界框
❷	**显示选项:** 单击“原稿”标签，窗口中只显示没有优化的图像；单击“优化”标签，窗口中只显示应用了当前优化设置的图像；单击“双联”标签，并排显示优化前和优化后的图像；单击“四联”标签，可显示原稿外的其他三个图像，可以进行不同的优化，每个图像下面都提供了优化信息，可以通过对比选择最佳优化方案

续表

③	**原稿图像**：显示没有优化的图像
④	**优化的图像**：显示应用了当前优化设置的图像
⑤	**状态栏**：显示光标所在位置的图像的颜色值等信息
⑥	**图像大小**：将图像大小调整为指定的像素尺寸或原稿大小的百分比
⑦	**预览**：设置优化图像的格式和各个格式的优化选项
⑧	**颜色表**：将图像优化为 GIF、PNG-8 和 WBMP 格式时，可在“颜色表”中对图像颜色进行优化设置
⑨	**动画**：设置动画的循环选项，显示动画控制按钮

12.2.2 优化为 JPEG 格式

JPEG 是用于压缩连续色调图像的标准格式。将图像优化为 JPEG 格式时采用的是有损压缩，它会有选择地扔掉数据以减小文件大小。

在“存储为 Web 和设备所用格式”对话框中的文件格式下拉列表中选择“JPEG”，可显示它们的优化选项。其常用选项的含义如下表所示。

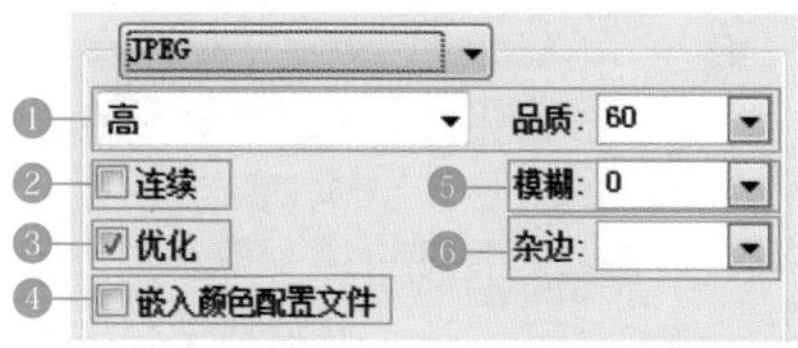

①	**压缩品质 / 品质**：用于设置压缩程度。“品质”设置越高，图像的细节越多，但生成的文件也越大

续表

②	**连续**：在 Web 浏览器中以渐进方式显示图像
③	**优化**：创建文件大小稍小的增强 JPEG。如果要最大限度地压缩文件，建议使用优化的 JPEG 格式
④	**嵌入颜色配置文件**：在优化文件中保存颜色配置文件。某些浏览器会使用颜色配置文件进行颜色的校正
⑤	**模糊**：指定应用于图像的模糊量。可创建与“高斯模糊”滤镜相同的效果，并允许进一步压缩文件以获得更小的文件
⑥	**杂边**：为原始图像中透明的像素指定一个填充颜色

将切片优化为 JPEG 格式的具体操作步骤如下。

Step01 打开“光盘 \ 素材文件 \ 第 12 章 \ 玫瑰 .jpg”文件。使用“切片工具”创建切片。

Step02 执行“文件”→“存储为 Web 所用格式”命令，打开“存储为 Web 所用格式”对话框，设置格式为 JPEG，“品质”为 80。

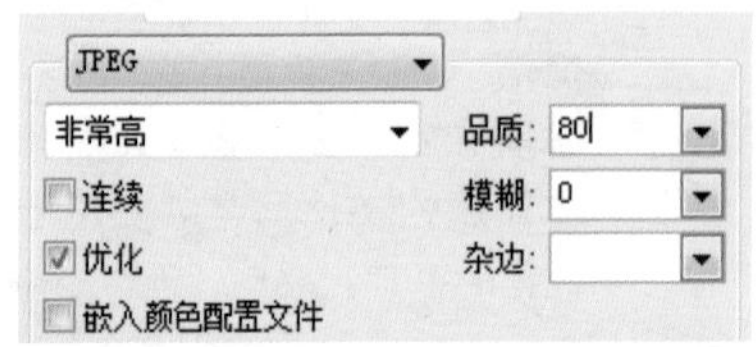

Step03 在预览框中，可以看到原图和优化图像的对比效果，视觉差别不大。优化后切片文件大小为 34.69KB，适合网络传输。

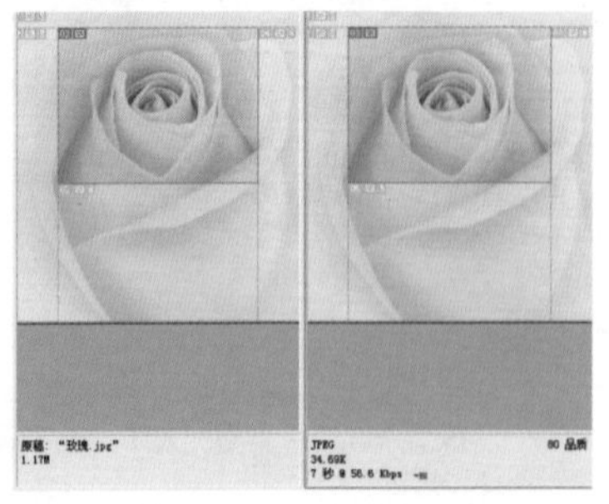

12.2.3 优化为 GIF 格式

GIF 是用于压缩具有单调颜色和清晰细节的图像的标准格式，它是一种无损压缩格式。这种格式支持 8 位颜色，因此可以显示多达 256 种颜色。

在“存储为 Web 设备所用格式”对话框中的文件格式下拉列表中选择“GIF”，可显示它们的优化选项。其常用选项的含义如下表所示。

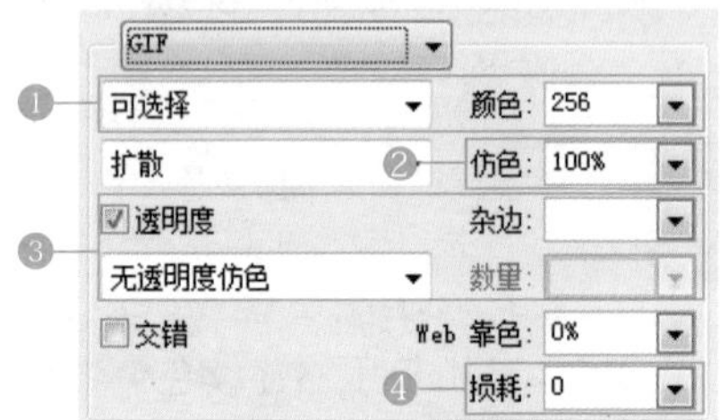

❶	**减低颜色深度算法 / 颜色：** 指定用于生成颜色查找表的方法，以及想要在颜色查找表中使用的颜色数量
❷	**仿色算法 / 仿色：**“仿色”是指通过模拟计算机的颜色来显示系统中未提供的颜色的方法。较高的仿色百分比会使图像中出现更多的颜色和细节，但也会增大文件占用的存储空间
❸	**透明度 / 杂边：** 确定如何优化图像中的透明像素
❹	**损耗：** 通过有选择地扔掉数据来减小文件大小，可以将文件减小 5%~40%

将剩下的图像优化为 GIF 格式的具体操作步骤如下。

Step01 在“存储为 Web 所用格式”对话框中，单击选中“切片 2”。

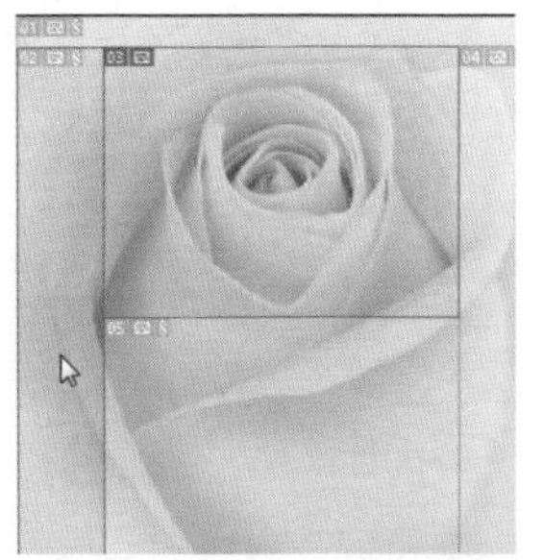

Step02 在“存储为 Web 所用格式”对话框中，设置格式为 GIF，“颜色”为 32。

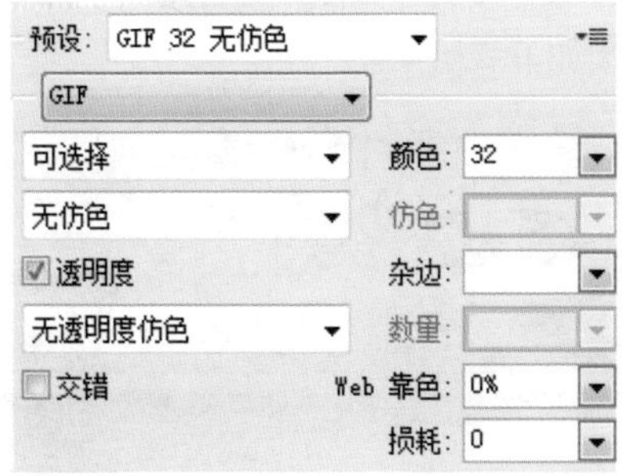

Step03 在预览框中，可以看到优化后文件大小为 7.407KB。

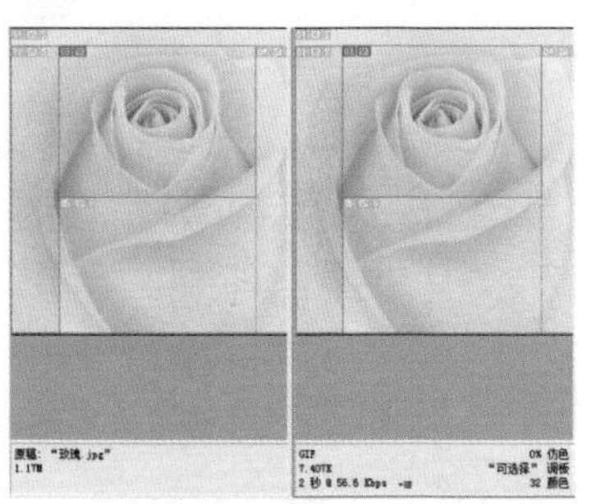

Step04 使用相同的参数，优化剩余的切片 5、切片 4 和切片 1。

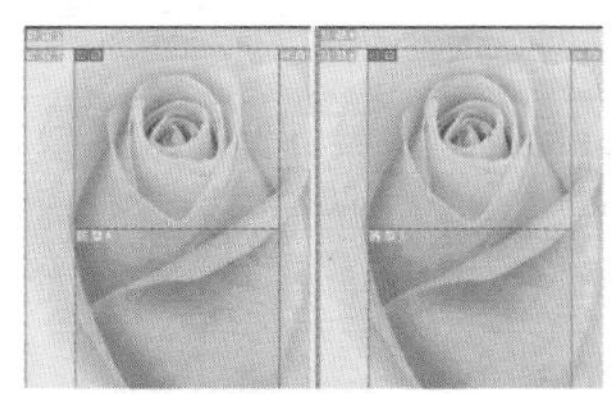

12.2.4 存储优化结果

完成切片优化后，可以存储优化结果，具体操作步骤如下。

Step01 在“存储为 Web 所用格式”对话框中，单击“存储”按钮，弹出“将优化结果存储为”对话框。设置保存路径（光盘\结果文件\第 12 章\），设置“文件名”为玫瑰，“格式”为仅限图像，“切片”为所有切片，单击“保存”按钮。

Step02 打开目标文件夹，可以看到保存的优化图像。

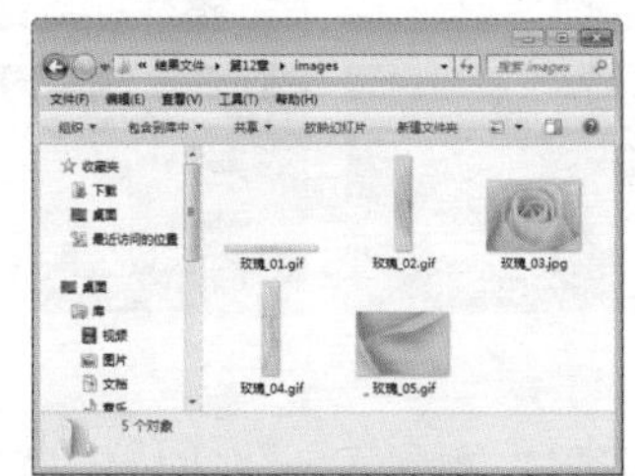

Step03 选中优化的图像，可以看到，

比优化前的原图像小很多。

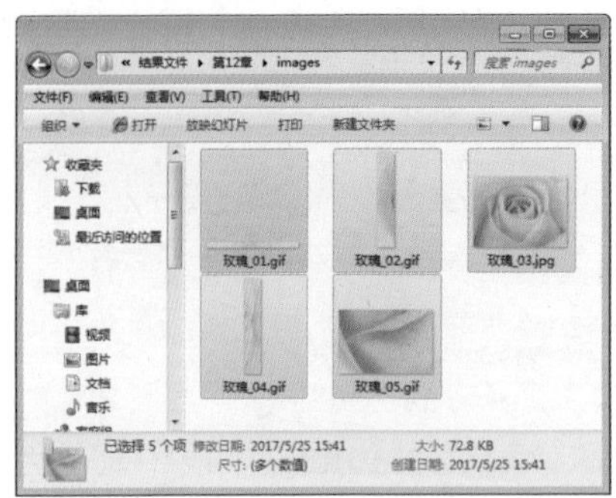

小技巧

优化图像时，对图像质量要求较高、色彩较丰富的，通常优化为 JPEG 格式；对色彩单一、质量要求稍低的，通常优化为 GIF 格式。

12.3 实例 43：制作盛放的花朵小动画

动画是在一段时间内显示的一系列图像或帧，当每一帧较前一帧都有轻微的变化时，连续、快速地显示这些帧就会产生运动或其他变化的视觉效果。

12.3.1 帧动画

执行“窗口”→“时间轴”命令，打开“时间轴”面板，单击 按钮，切换为帧模式。面板中会显示动画中的每个帧的缩览图。其常用选项的含义如下表所示。

①	**当前帧：**显示了当前选择的帧
②	**帧延迟时间：**设置帧在回放过程中的持续时间
③	**转换为视频时间轴：**单击该按钮，面板中会显示视频编辑选项

续表

④	**循环选项：**设置动画在作为动画 GIF 文件导出时的播放次数
⑤	**面板底部工具：**单击 按钮，可自动选择序列中的第一个帧作为当前帧；单击 按钮，可选择当前帧的前一帧；单击 按钮播放动画，再次单击停止播放；单击 按钮可选择当前帧的下一帧；单击 按钮打开“过渡”对话框，可以在两个现有帧之间添加一系列帧，并让新帧之间的图层属性均匀变化；单击 按钮可向面板中添加帧；单击 按钮可删除选择的帧

使用“时间轴”面板制作盛开的荷花的具体操作步骤如下。

Step01 打开“光盘\素材文件\第 12 章\白荷 .jpg”文件。

Step02 打开“光盘\素材文件\第 12 章\花骨朵 .jpg”文件。

Step03 打开“光盘\素材文件\第 12 章\半开 .jpg”文件。

Step04 将半开和花骨朵选中后，复制粘贴到白荷图像中，并将图层命名为“花骨朵”和“半开”。

Step05 隐藏上方的两个图层，选中白色花朵。按“Ctrl+J”组合键复制图层，命名为“全开”。

Step06 调整图层顺序，显示出隐藏图层。

Step07 在“时间轴”面板中，单击“创建帧动画”按钮。

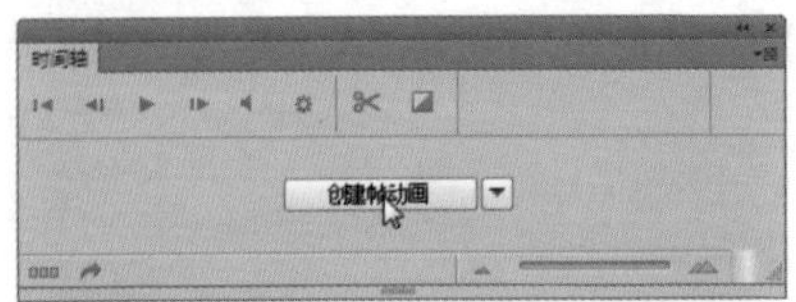

Step08 通过前面的操作，切换到帧动画面板。

Step09 在“时间轴”面板中，单击“复制所选帧”按钮，复制生成帧 2 和帧 3。

Step10 在“时间轴”面板中，单击选择帧 2。

Step11 在“图层”面板中，隐藏上方的两个图层。

Step12 在“时间轴”面板中，单击选择帧 3。

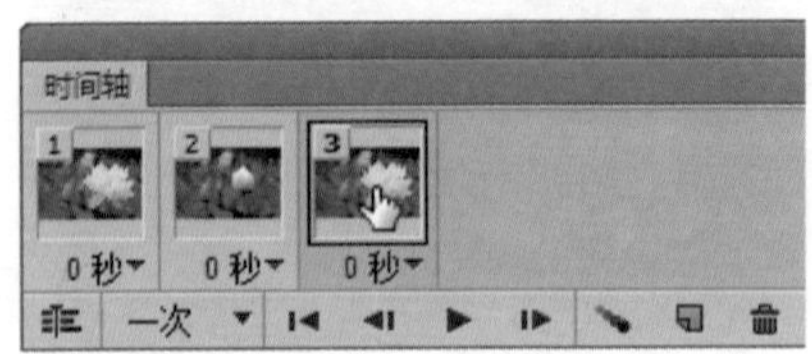

Step13 在“图层”面板中，隐藏“全开”和“花骨朵”图层。

Step14 在面板下方，设置帧延迟分别为 0.2 秒、1 秒、0.2 秒。

12.3.2 视频时间轴

执行“窗口”→“时间轴”命令，打开“时间轴”面板，系统默认为时间轴模式状态。时间轴模式显示了文档图层的帧持续时间和动画属性。“时间轴”常用选项的含义如下表所示。

❶	**播放控件：**提供了用于控制视频播放的按钮，包括“转到第一帧”、“转到上一帧”、“播放”和“转到下一帧”
❷	**音频控制按钮：**单击该按钮可以关闭或启用音频播放
❸	**在播放头处拆分：**单击该按钮，可在当前时间指示器所在位置拆分视频或音频
❹	**过渡效果：**单击该按钮打开下拉菜单，在打开的菜单中即可为视频添加过渡效果，从而创建专业的淡化和交叉淡化效果

续表

⑤	**当前时间指示器：**拖动当前时间指示器可导航或更改当前时间或帧
⑥	**时间标尺：**根据文档的持续时间与帧速率，用于水平测量视频持续时间
⑦	**工作区域指示器：**如果需要预览或导出部分视频，可拖动位于顶部轨道两端的标签进行定位
⑧	**图层持续时间条：**指定图层在视频中的时间位置。要将图层移动至其他时间位置，可拖动该条
⑨	**向轨道添加媒体 / 音频：**单击轨道右侧的 + 按钮，可以打开一个对话框将视频或音频添加到轨道中
⑩	**时间 – 变化秒表：**可启用或停用图层属性的关键帧设置
⑪	**转换为帧动画：**单击该按钮，可以将"时间轴"面板转换为帧动画模式
⑫	**渲染组：**单击该按钮，可以打开"渲染视频"对话框
⑬	**音轨：**可以编辑和调整音频。单击 按钮，可以让音轨静音或取消静音。在音轨上右击打开下拉菜单，可调节音量或对音频进行淡入淡出设置。单击音符按钮打开下拉菜单，可以选择"新建音轨"或"删除音频剪辑"等命令
⑭	**控制时间轴显示比例：**单击 按钮可以缩小时间轴；单击 按钮可以放大时间轴；拖动滑块可以进行自由调整

使用"时间轴"面板制作动画的变换过渡效果的具体操作步骤如下。

Step01 单击"时间轴"面板右上角的 扩展按钮。在打开的快捷菜单中，选择"转换为视频时间轴"命令。

优化动画...
从图层建立帧
将帧拼合到图层
跨帧匹配图层...
为每个新帧创建新图层
✔ 新建在所有帧中都可见的图层
转换为视频时间轴

Step02 通过前面的操作，转换到视频时间轴。

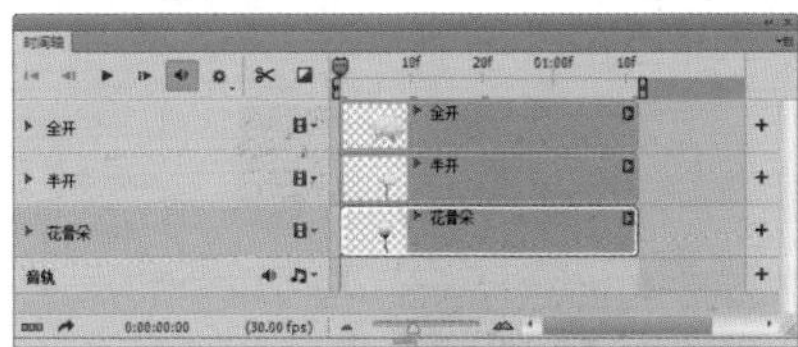

Step03 在“时间轴”面板中，选择展开“全开”图层。

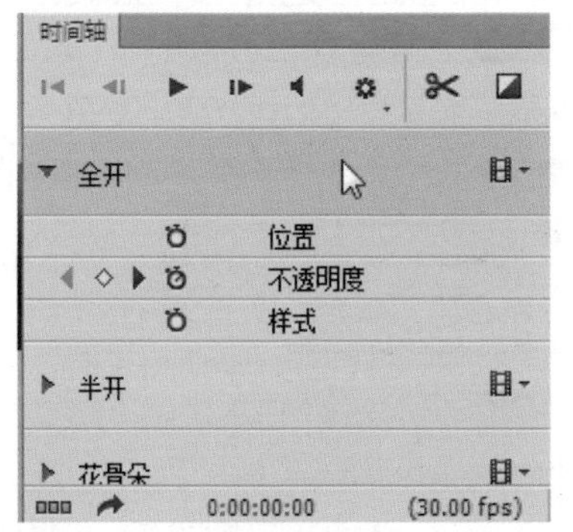

Step04 单击“不透明度”前方的“在播放头处添加或移去关键帧”图标◆，在当前位置添加一个黄色关键帧。

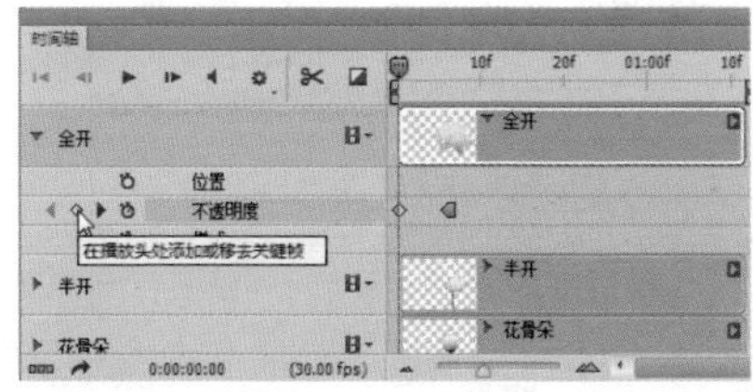

Step05 拖动播放指示图标到右侧帧结尾处。

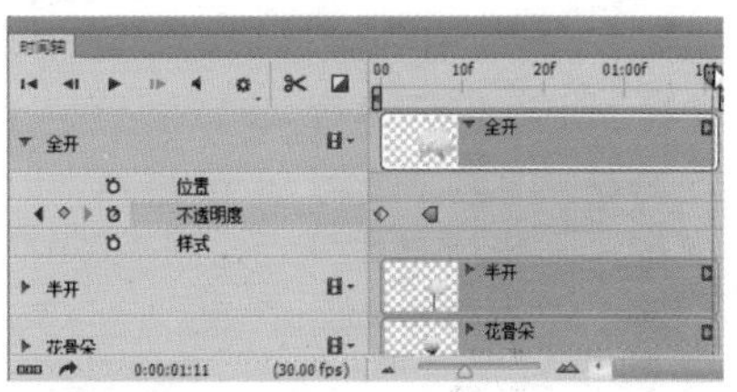

Step06 单击“不透明度”前方的“在播放头处添加或移去关键帧”图标◆，在当前位置添加一个黄色关键帧。

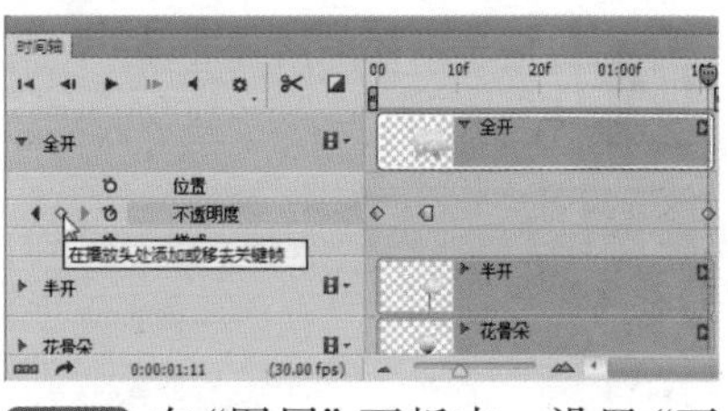

Step07 在“图层”面板中，设置“不透明度”为 0%。

· 技能拓展 ·

一、指定动作播放速度

创建动作后，还可以指定动作播放速度。具体操作步骤如下。

Step01 在“动作”面板快捷菜单中，选择“回放选项”命令。

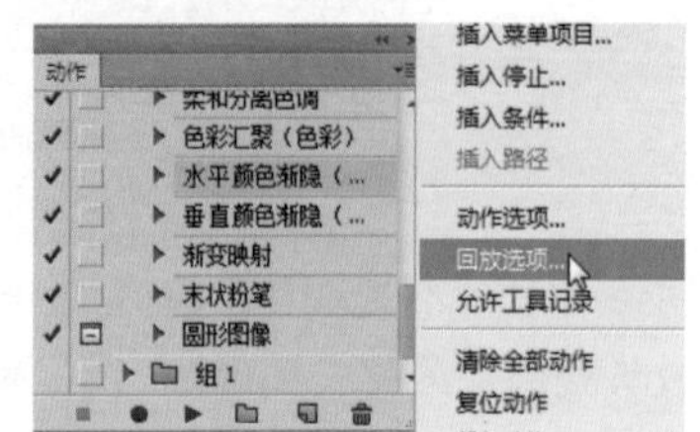

Step02 在打开的“回放选项”对话框中，可以设置动作的回放选项，包括“加速”“逐步”和“暂停”三个选项。

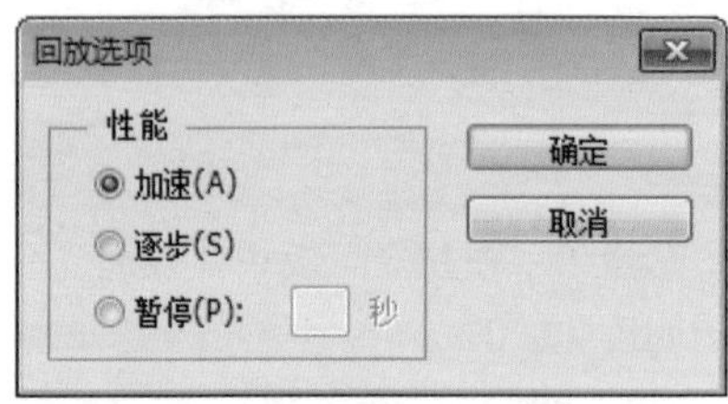

二、Web 安全颜色

Web 安全颜色可以使 Web 图像的颜色在其他设备上看起来一样。其具体操作步骤如下。

Step01 在“拾色器”或“颜色”面板中选择颜色时，如果出现警告图标，可单击该图标，将当前颜色替换为与其最为接近的 Web 安全颜色。

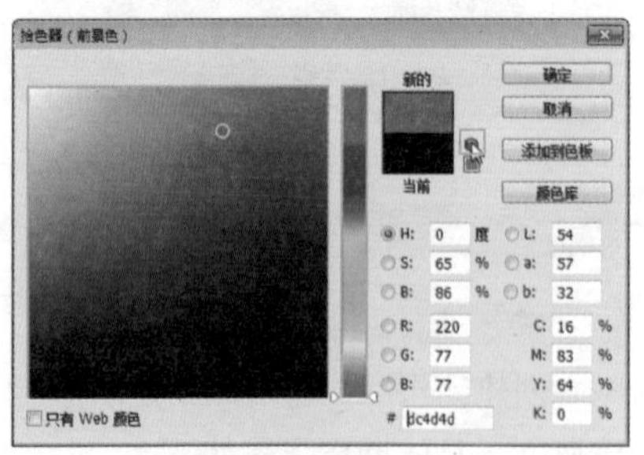

Step02 选中“只有 Web 颜色”复选项，将只显示 Web 安全颜色。

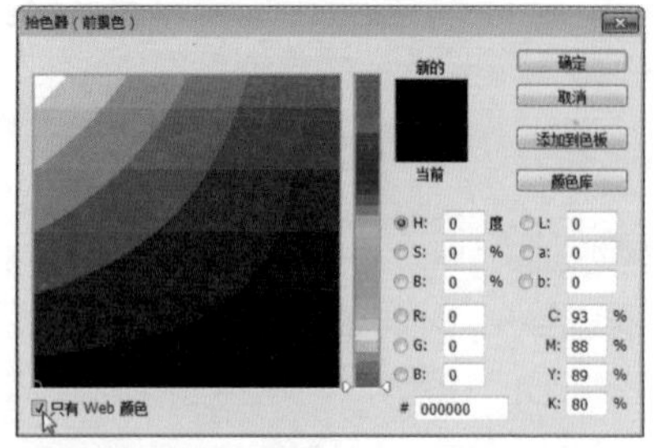

Step03 在设置颜色时，可在“颜色”面板扩展菜单中选择Web颜色滑块。

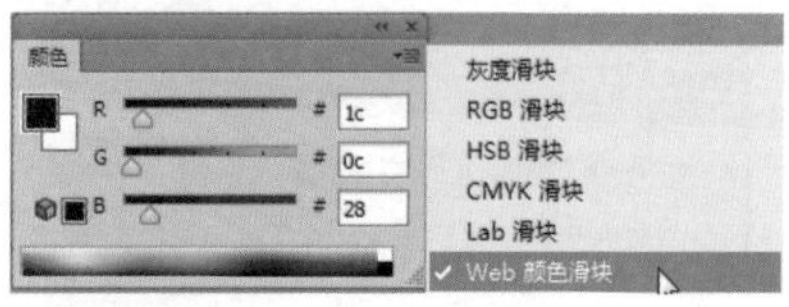

Step04 在“颜色”面板中，将始终在 Web 安全颜色模式下工作。

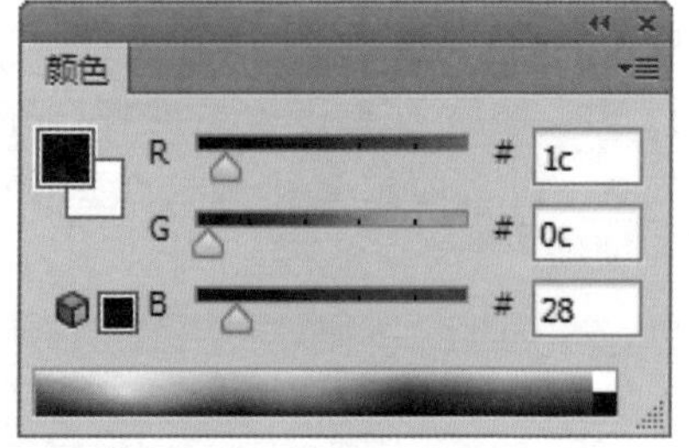

三、Web 优化设置

优化 Web 图像后，在“存储为 Web 设备所用格式”对话框中，单击右上角的“优化菜单”按钮，在打开的快捷菜单中选择“编辑输出设置”命令，打开“输出设置”对话框。

在对话框中可以控制如何设置 HTML 文件的格式、如何命名文件和

切片，以及在存储优化图像时如何处理背景图像。

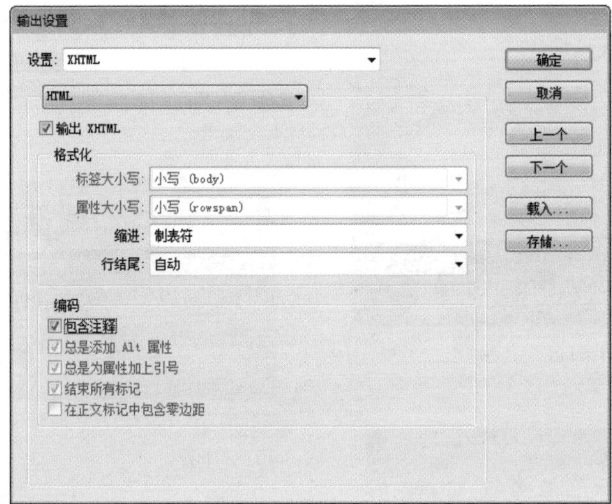

· 同步实训 ·

制作山间跳动的人物小动画

山间跳动的人物是活动着的，在 Photoshop CS6 中制作山间跳动的人物小动画的具体操作步骤如下。

Step01 打开“光盘 \ 素材文件 \ 第 12 章 \ 剪影 .jpg”文件。使用“快速选择工具”选择剪影。

Step02 按“Ctrl+J”组合键，复制生成“图层 1”。

Step03 按住“Ctrl”键，单击“图层 1”图层缩览图，载入图层选区。

Step04 执行“选择”→“修改”→“扩展”命令，设置“扩展量”为 10 像素，单击“确定”按钮。

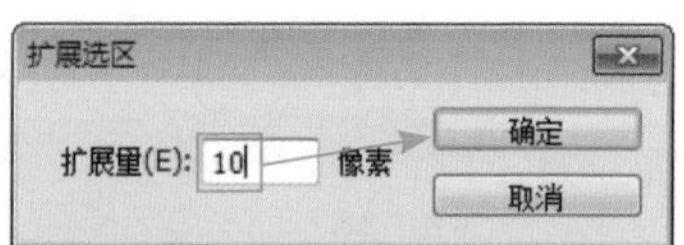

Step05 通过前面的操作，得到扩展选区效果。

Step06 在“图层”面板中，单击选择“背景”图层。

Step07 按“Shift+F5”组合键，执行“填充”命令，设置“使用”为内容识别，单击“确定”按钮。

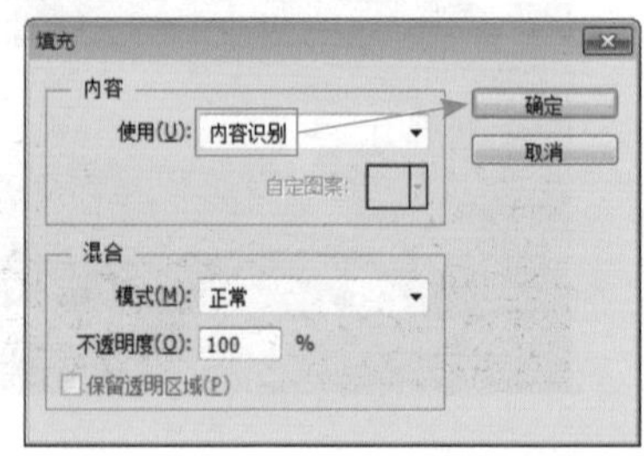

Step08 在“图层”面板中，选择“图层 1”，将图像移动到左侧适当位置。

Step09 在“时间轴”面板中，单击“创建帧动画”按钮，切换到帧动画。

Step10 在“图层”面板中，复制“图层 1”三次，分别对图层进行命名。

Step11 在“图层”面板中，同时选中“中白”和“中黑”图层。

Step12 在选项栏中，取消选中“自动选择”复选项。使用“移动工具”移动图像。

Step13 在“图层”面板中，选中“右”图层。

Step14 在“时间轴”面板中，单击“复制所选帧”按钮 3 次，复制 3 个帧。

Step15 在“时间轴”面板中，选择帧 1。

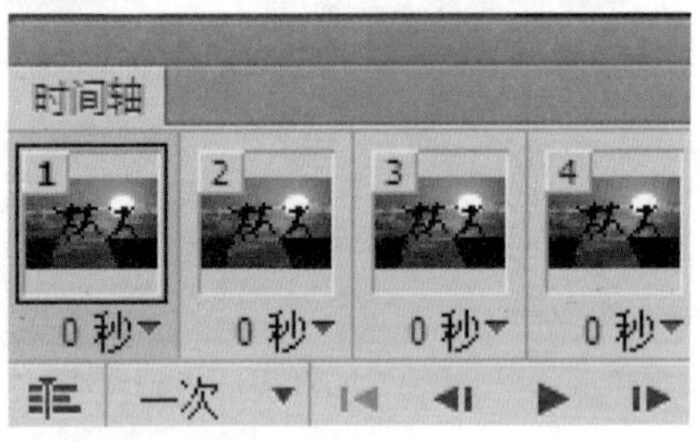

Step16 在“图层”面板中，只显示“左”和“背景”两个图层。

Step17 在“时间轴”面板中，选择帧 2。

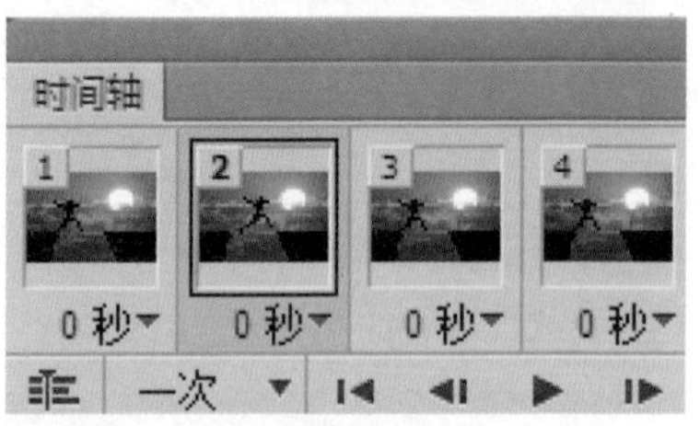

Step18 在“图层”面板中，只显示“中黑”和“背景”两个图层。

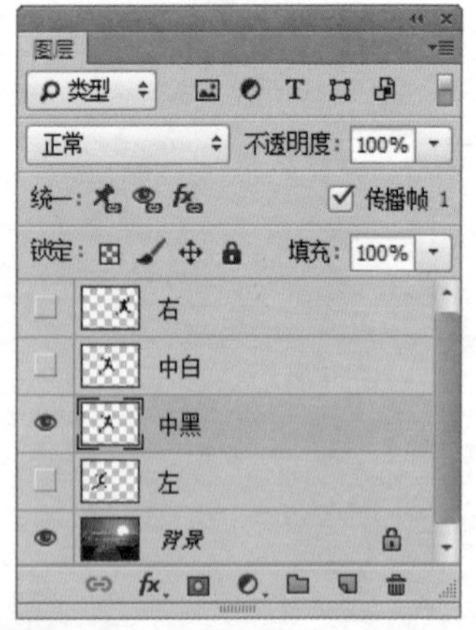

Step19 在“时间轴”面板中，选择帧 3。

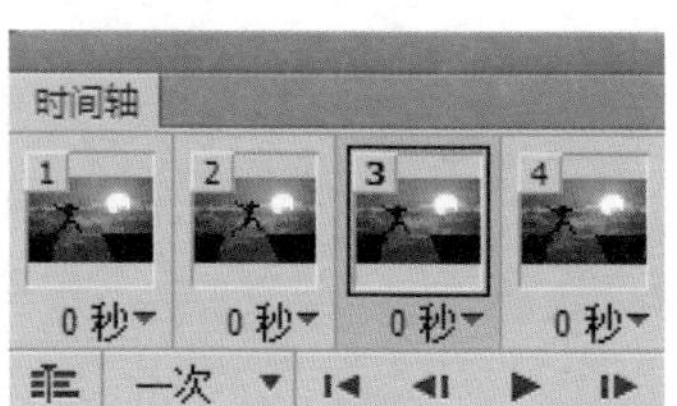

Step20 在“图层”面板中，只显示“中白”和“背景”两个图层。选择“中白”图层，单击“锁定透明像素”按钮，为图像填充白色。

Step21 在“时间轴”面板中，选择帧 4。

Step22 在“图层”面板中，只显示“右”和“背景”两个图层。

Step23 在帧下方，更改帧延迟分别为 0.5 秒、0 秒、0 秒、0.5 秒，动画播放方式为永远。

Step24 单击“播放动画”按钮，即可观看动画播放效果。

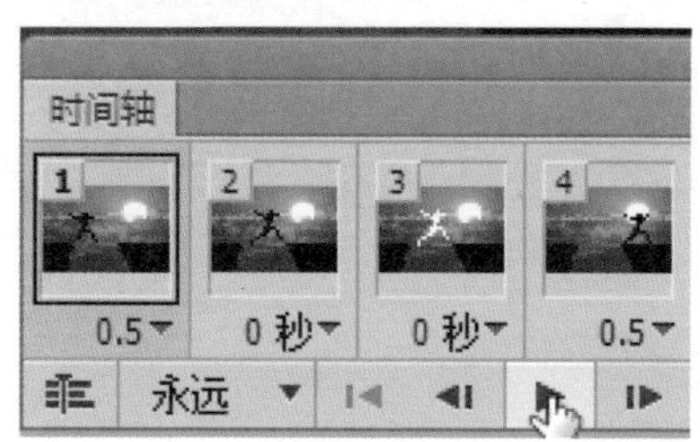

学习小结

本章主要讲述了切片的创建和编辑、Web 图像优化和动画制作等知识，包括创建切片、选择切片、调整切片、提升切片等技巧，重点内容包括创建切片、Web 图像优化、帧动画等。

切片、Web 图像和动画虽然不属于 Photoshop CS6 的重点知识，但学习好这部分内容，可以拓展 Photoshop CS6 的应用范围。

第13章 综合案例

Photoshop CS6 广泛应用在字体设计、卡片设计、创意合成设计、海报设计、包装设计、Logo 设计等领域。通过综合案例的学习，让用户的实际操作能力得到提升。

本章将详细讲解 Photoshop CS6 综合案例。

※ 精美艺术字　※ 创意合成特效　※ 影楼数码照片后期处理

※ 商业广告设计

案　例　展　示

13.1 实战：精美艺术字

艺术字可以增加文字的艺术性。接下来制作艺术字，包括闪亮字、泥雕字和火焰字。

13.1.1 制作闪亮字

本案例主要通过使用描边路径、光泽和描边等图层样式，制作闪亮字的具体操作步骤如下。

Step01 执行“文件”→“新建”命令，设置“宽度”为 1000 像素，“高度”为 750 像素，“分辨率”为 72 像素 / 英寸。

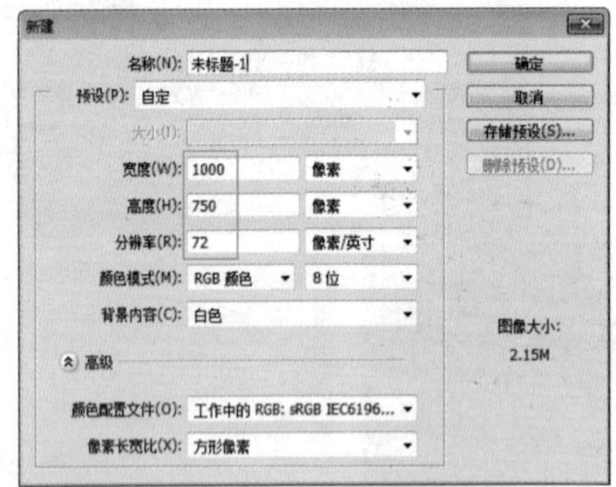

Step02 为背景填充黄色 #fef51e，使用“横排文字工具” T 输入亮粉色 #f608f9 文字“闪亮”。在选项栏中，设置字体为汉仪圆叠体，字体大小为 400 点。

Step03 降低文字“不透明度”为 50%，得到图像效果。

Step04 载入文字选区，在“路径”面板中，单击“从选区生成工作路径”按钮，存储路径。

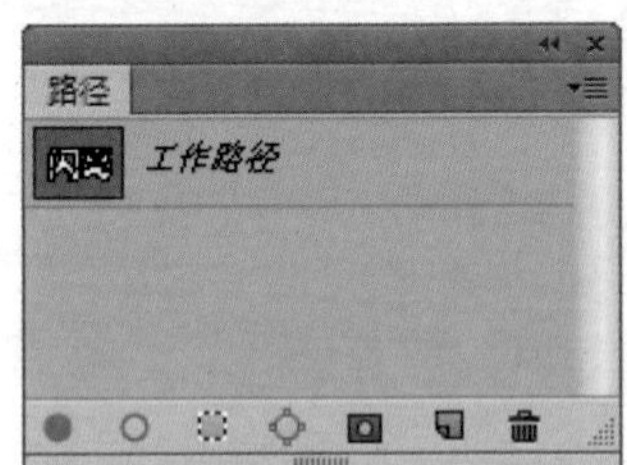

Step05 按“Ctrl+Enter”组合键，载入文字选区，执行“选择”→“修改”→“扩展”命令，设置“扩展量”为 10 像素，

单击“确定”按钮。

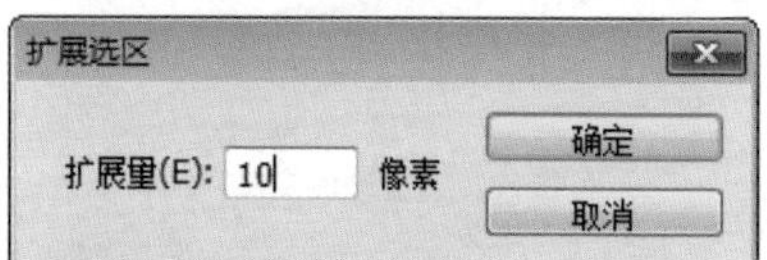

Step06 按“Shift+F6”组合键，执行“羽化选区”命令，设置“羽化半径”为 15 像素，单击“确定”按钮。

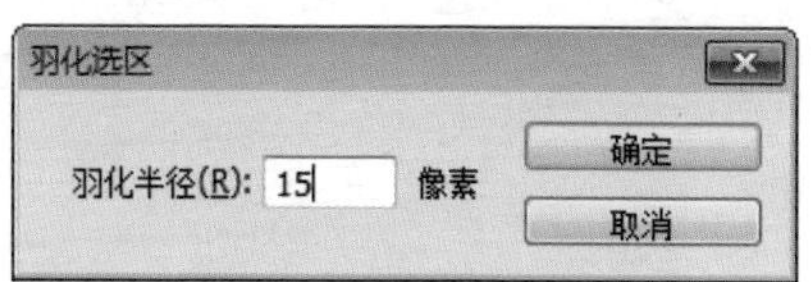

Step07 选择背景图层，按“Ctrl+J”组合键复制图层，锁定透明度后，为图层填充黑色。

Step08 在“画笔”面板中，选中“画笔笔尖形状”选项，设置“大小”为 8 像素，“间距”为 46%。

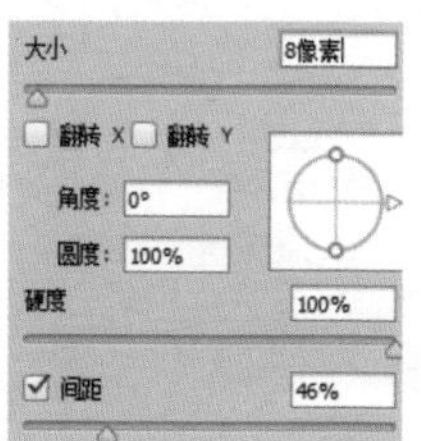

Step09 选中“形状动态”复选项，设置“大小抖动”为 100%，“最小直径”为 0%，“角度抖动”为 0%，“圆度抖动”为 0%。

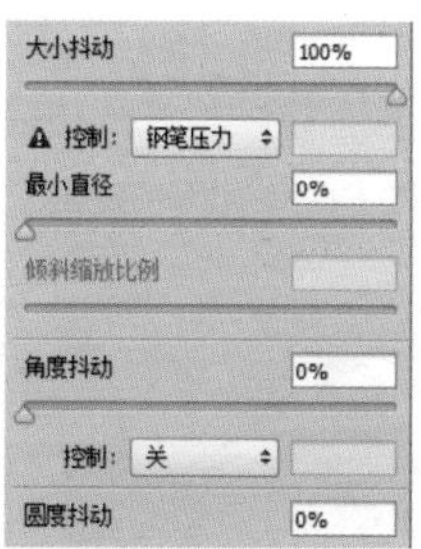

Step10 选中“散布”复选项，选中“两轴”复选项，设置“散布”为 344%，“数量”为 1，“数量抖动”为 100%。

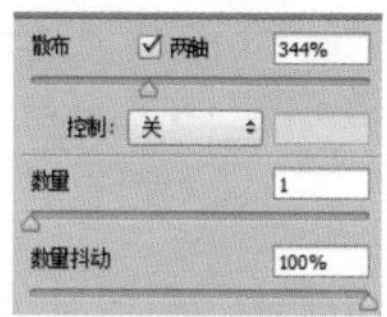

Step11 选中“颜色动态”复选项，设置“前景 / 背景抖动”为 30%，“色相抖动”为 50%，“饱和度抖动”“亮度抖动”和“纯度”均为 0%。

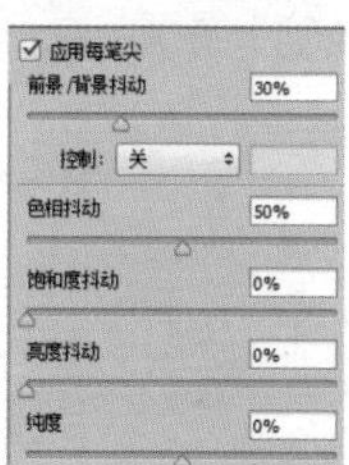

Step12 选中“传递”复选项，设置“不透明度抖动”为 100%。

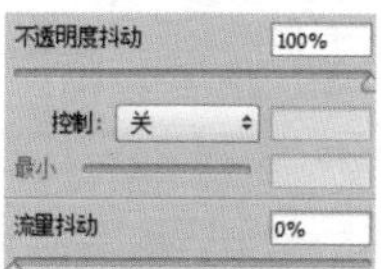

Step13 新建“8 画笔”图层。设置“前景色”为浅红色 #fa9ea5，“背景色”为黄色 #fef51e。在“路径”面板中，单击“用画笔描边路径”按钮○。

Step14 更改“8 画笔”图层的“不透明度”为 50%。

Step15 更改“画笔大小”为 15 像素，新建“15 画笔”图层，使用相同的方法描边路径。

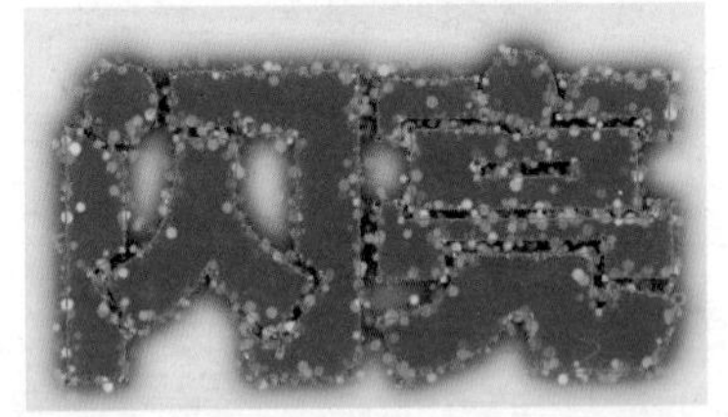

Step16 更改“画笔大小”为 5 像素，新建“5 画笔”图层，使用相同的方法描边路径，使闪光层次更加丰富。

Step17 创建“色相 / 饱和度”调整图层，设置全图“色相”为 –5，红色“色相”为 +51，绿色“色相”为 +98。

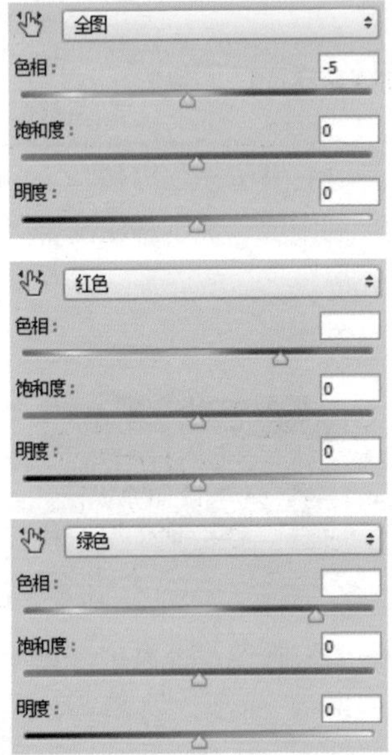

Step18 创建“亮度 / 对比度”调整图层，设置“亮度”为 23，“对比度”为 14。

Step19 创建“曲线”调整图层，拖动调整曲线形状。

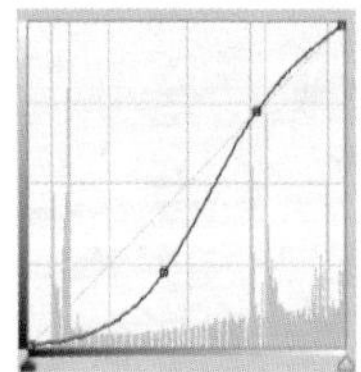

Step20 通过前面的操作，得到更加鲜艳的文字效果。

Step21 在“图层样式”对话框中，选中“描边”复选框，设置“大小”为 12 像素，描边类型为橙黄橙渐变。

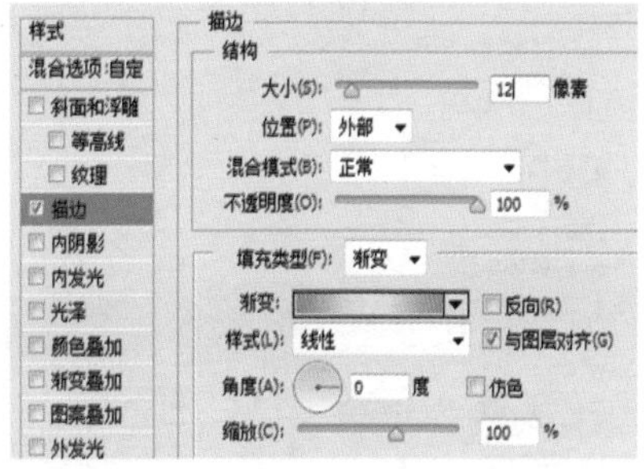

Step22 在“图层样式”对话框中，选中“光泽”选项，设置“混合模式”为正片叠底，光泽颜色为洋红色 #f02883，“不透明度”为 50%，“角度”为 19 度，“距离”为 32 像素，“大小”为 40 像素，调整等高线形状为高斯形。

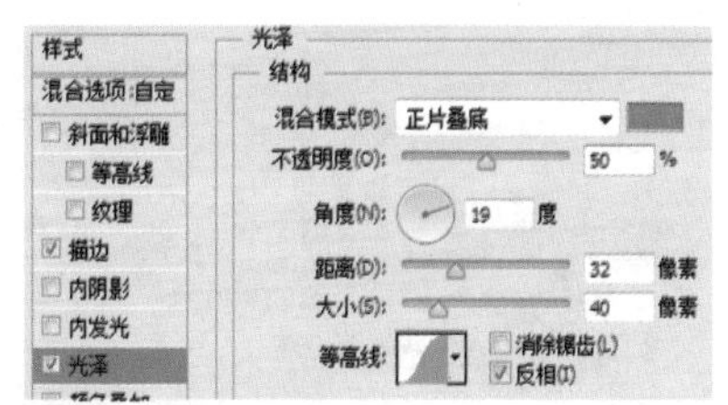

Step23 打开“光盘 \ 素材文件 \ 第 13 章 \ 炫光 .jpg”文件，拖动到当前文件中，更改图层混合模式为线性减淡（添加）。

Step24 更改图层混合模式后，最终效果如下图所示。

13.1.2 制作泥雕字

本案例主要通过使用斜面和浮雕、内发光、渐变叠加和投影图层样式，制作泥雕字的具体操作步骤如下。

Step01 打开“光盘\素材文件\第 13 章\石头.jpg”文件，使用“横排文字工具” T 输入黑色文字“泥雕字”。在选项栏中，设置字体为方华文琥珀，字体大小为 100 点。

Step02 双击文字图层，在打开的“图层样式”对话框中，选中“斜面和浮雕”选项，设置“样式”为内斜面，“方法”为雕刻柔和，“深度”为 358%，“方向”为上，“大小”为 158 像素，“软化”为 2 像素，“角度”为 30 度，“高度”为 30 度，“光泽等高线”为半圆，“高光模式”为滤色，“不透明度”为 75%，“阴影模式”为正片叠底，“不透明度”为 75%。

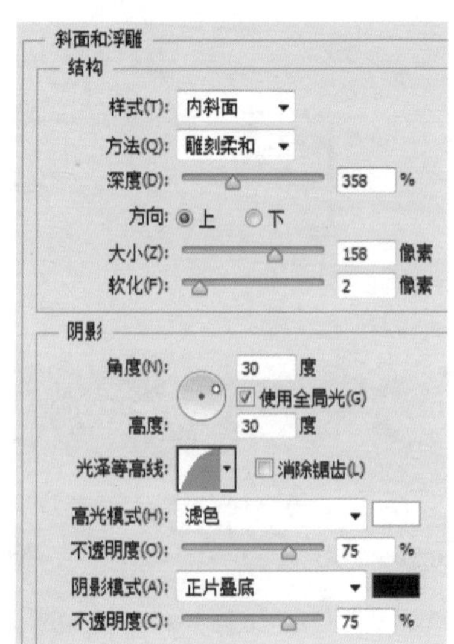

Step03 在“图层样式”对话框中，选中“内发光”选项，设置“混合模式”为柔光，发光颜色为黑色，“不透明度”为 100%，“阻塞”为 0%，“大小”为 24 像素，“范围”为 50%，“抖动”为 0%。

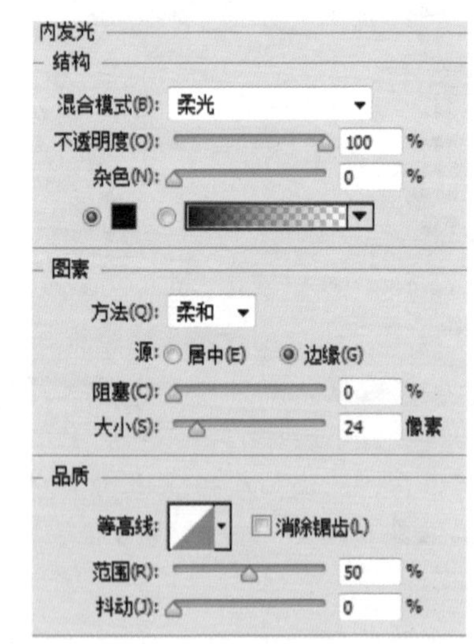

Step04 选中“渐变叠加”复选框，设置“样式”为线性，“不透明度”为 28%，“角度”为 0 度，“缩放”为 100%，设置渐变色为黑 #000000# 白 ffffff 渐变。

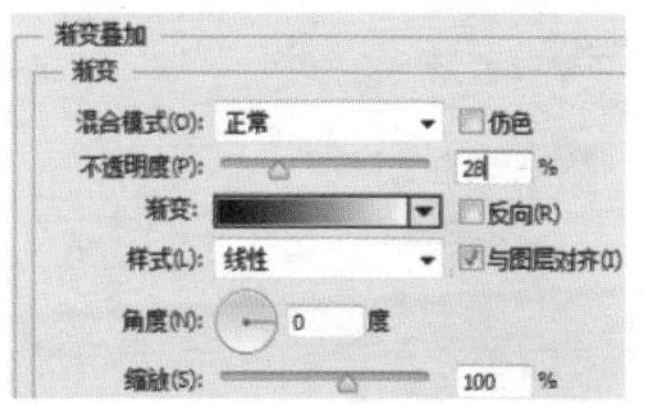

Step05 选中“投影”复选框，设置“不透明度”为 75%，“角度”为 30 度，“距离”为 3 像素，“扩展”为 0%，“大小”为 54 像素。

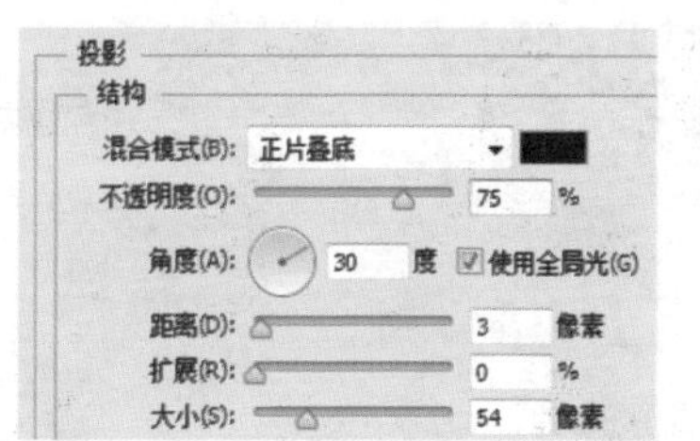

Step06 通过前面的操作，得到图像效果。

Step07 打开“光盘 \ 素材文件 \ 第 13 章 \ 小石头 .jpg”文件，将小石头图像拖动到文字图像中。

Step08 按“Ctrl+Alt+G”组合键，创建剪贴蒙版，得到图像效果。

Step09 双击“小石头”图层，在打开的“图层样式”对话框的“混合颜色带”栏中，按住“Alt”键，拖动右侧的滑块到适当位置。

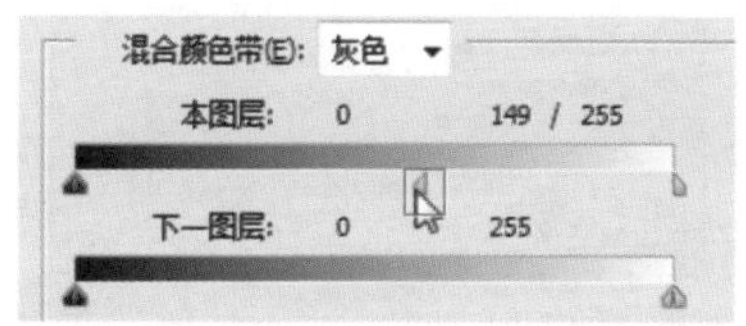

Step10 通过前面的操作，最终效果如下图所示。

13.1.3 制作火焰字

本案例主要通过使用云彩、分层云彩、曲线、色阶等操作，制作火焰字。调色时，要符合火焰的色调。具体操作步骤如下。

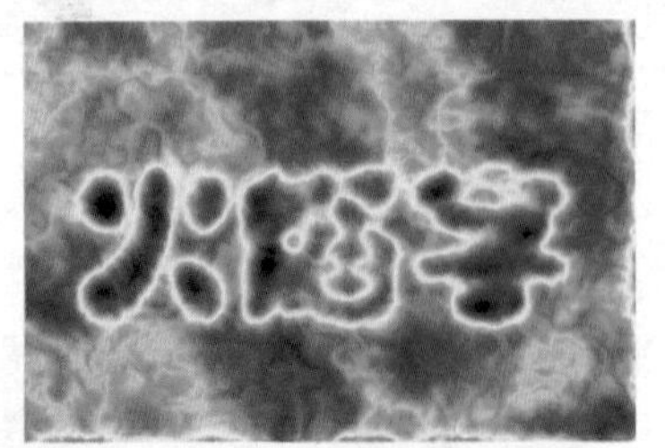

Step01 执行“文件”→“新建”命令，设置“宽度”为600像素，“高度”为400像素，“分辨率”为200像素/英寸，单击“确定”按钮。

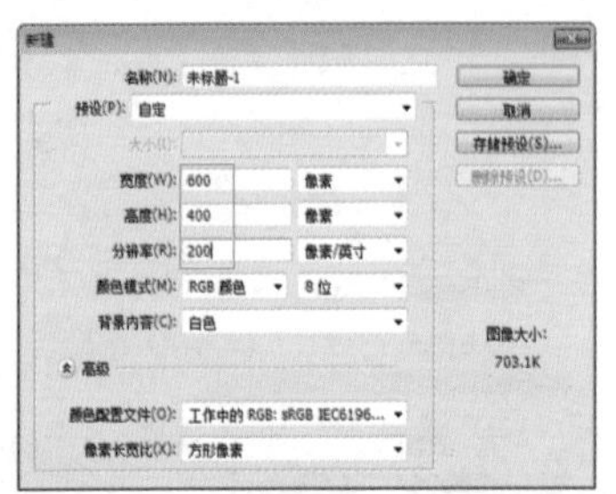

Step02 使用“横排文字工具” T 输入黑色文字“火焰字”。在选项栏中，设置字体为汉仪黑咪体简，字体大小为60点。

Step03 新建“云彩”图层。执行“滤镜”→“渲染”→“云彩”命令，得到一个随机的云彩效果。

Step04 执行“滤镜”→“渲染”→“分层云彩”命令，按“Ctrl+F”组合键重复滤镜命令，直到得到满意的效果。

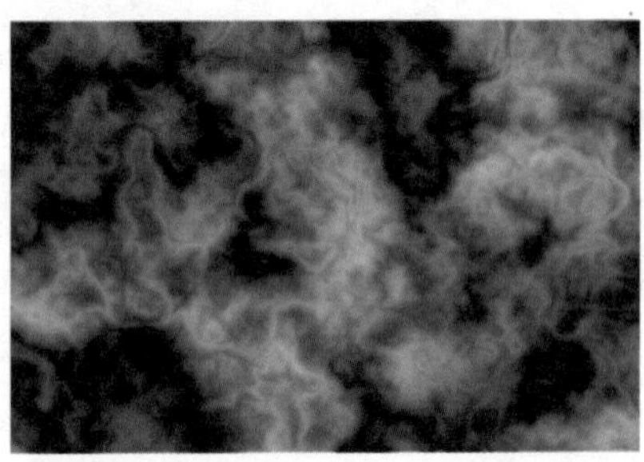

Step05 复制文字图层，移动到最上方，栅格化文字。

Step06 使用“魔棒工具” 选中“背景”图层，填充白色。

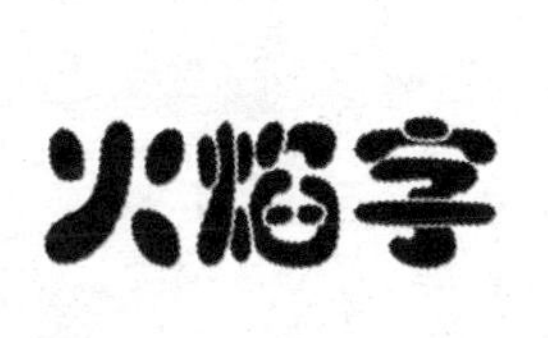

Step07 取消选区。执行“滤镜”→“模糊”→“高斯模糊”命令，设置“半径”为 8.0 像素，单击“确定”按钮。

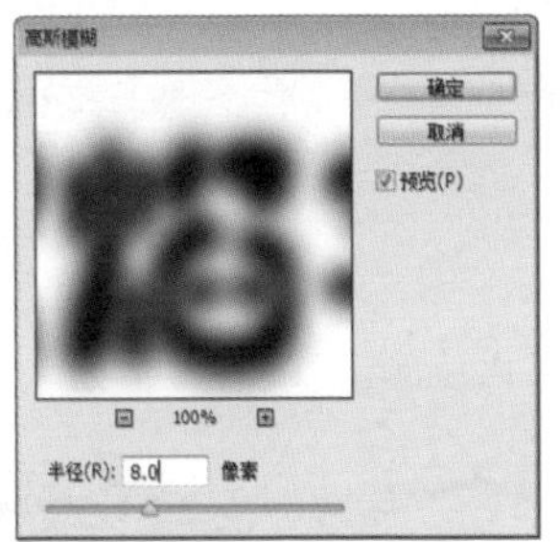

Step08 创建“曲线”调整图层，调整曲线形状。

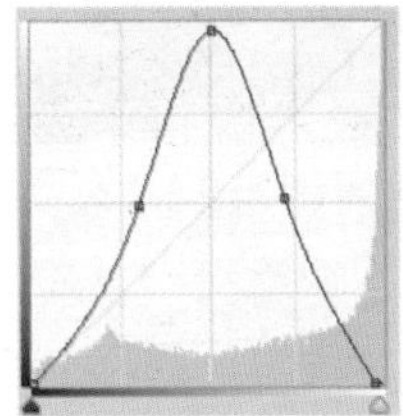

Step09 创建“色阶”调整图层，调整“红”通道色阶值(29,3.75,255)。

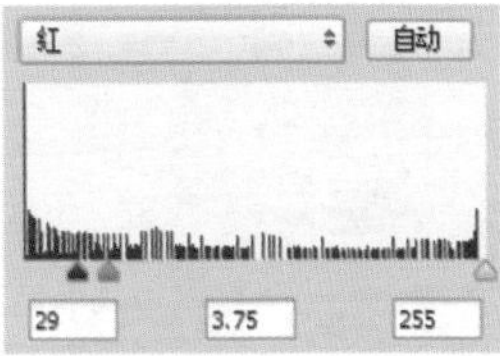

Step10 调整“绿”通道色阶值(0,0.49,255)。

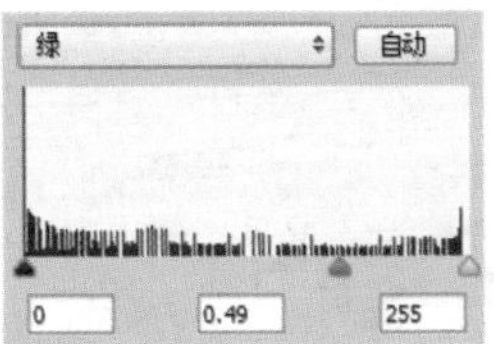

Step11 调整“蓝”通道色阶值(0,0.10,255)。

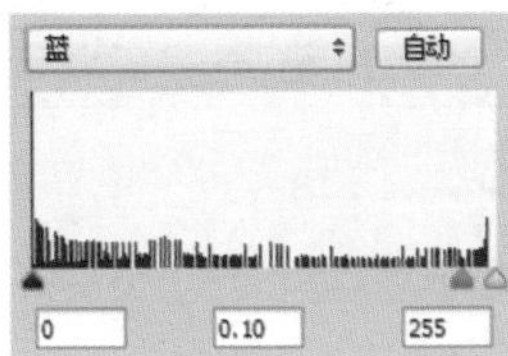

Step12 创建调整图层后，得到图像色调。

Step13 复制文字图层，移动到调整图层下方，更改图层的混合模式为变亮。

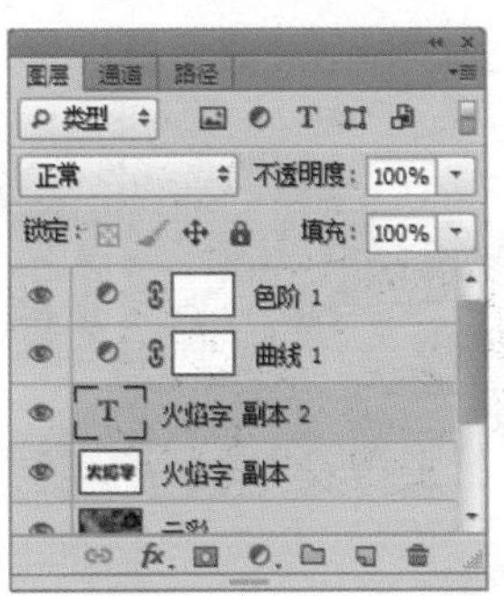

Step14 更改下方文字图层的“不透明度”为 58%。

Step15 通过前面的操作，最终效果如下图所示。

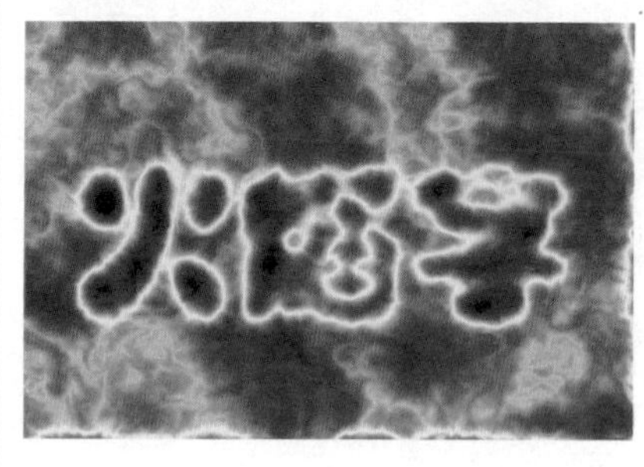

13.2 实战：创意合成特效

有好的创意，才能够创作出吸引人的作品。

13.2.1 水彩人物特效

水彩是流畅和透明的，它能带给人多姿多彩的感觉，打造水彩人物特效的具体操作步骤如下。

Step01 打开“光盘\素材文件\第 13 章\水乡 .jpg”文件。

Step02 复制图层，命名为“查找边缘”。执行“滤镜”→“风格化”→“查找边缘”命令，按“Ctrl+Shift+U”组合键，去除图像颜色。更改图层混合模式为叠加，“不透明度”为 80%。

Step03 通过前面的操作，得到图像效果。

Step04 复制“背景”图层，命名为“模糊”。执行“滤镜”→“模糊”→“方框模糊”命令，设置“半径”为 23，单击“确定”按钮。

Step05 执行“滤镜”→“滤镜库”→“画笔描边”→“喷溅”命令，设置“喷色半径”为 20，“平滑度”为 8。

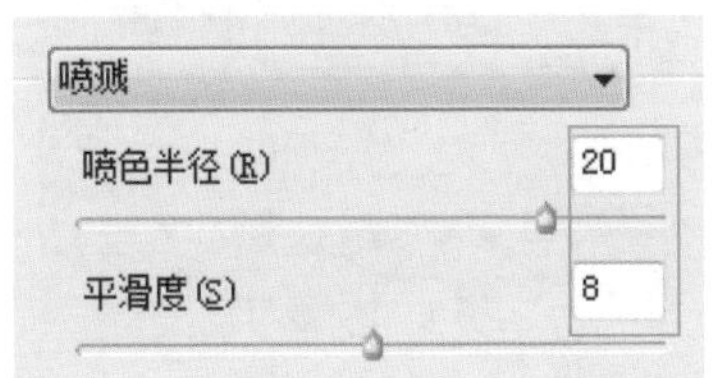

Step06 通过前面的操作，得到图像效果。

Step07 更改图层混合模式为叠加，“不透明度”为 80%，移动到最上方。

Step08 混合图层后，得到图像效果。

Step09 选中“查找边缘”图层，执行“滤镜”→“滤镜库”→“艺术效果”→“绘画涂抹”命令，设置“画笔大小”为 14，“锐化程度”为 4。

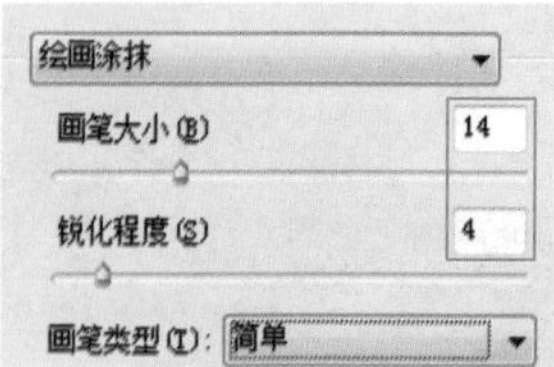

Step10 通过前面的操作，图像的最终效果如下图所示。

13.2.2 烧毁的照片特效

燃烧的照片有一种特殊的艺术效果。创建边缘选区时，可以勾出轻微锯齿状，使燃烧边缘看起来更加真实。具体操作步骤如下。

Step01 打开“光盘\素材文件\第13章\自行车.jpg”文件。

Step02 按住 Alt 键，双击“背景”图层，转换为普通图层，命名为“自行车”。新建图层，命名为“白色背景”。

Step03 新建图层，填充白色，命名为“黑边”，单击“添加图层蒙版”按钮添加图层蒙版。

Step04 拖动“套索工具”创建自由选区。

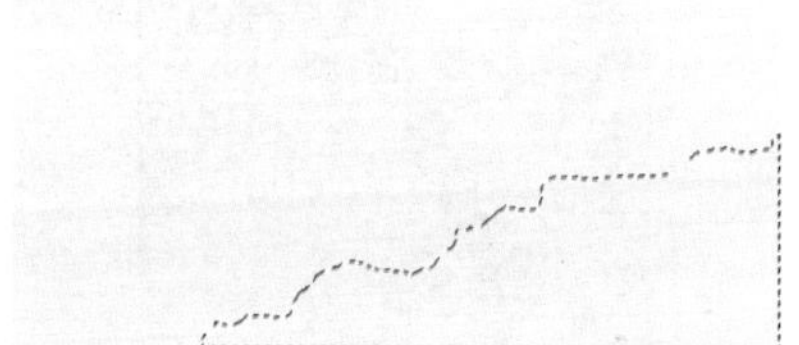

Step05 单击“黑边”图层蒙版缩览图，为选区填充黑色，此时，暂时不能观察到蒙版效果。

Step06 执行“滤镜”→“画笔描边”→“喷溅”命令，设置“喷色半径”为 20，“平滑度”为 10。

Step07 双击“黑边”图层，选中“投影”复选框；设置“投影”参数。

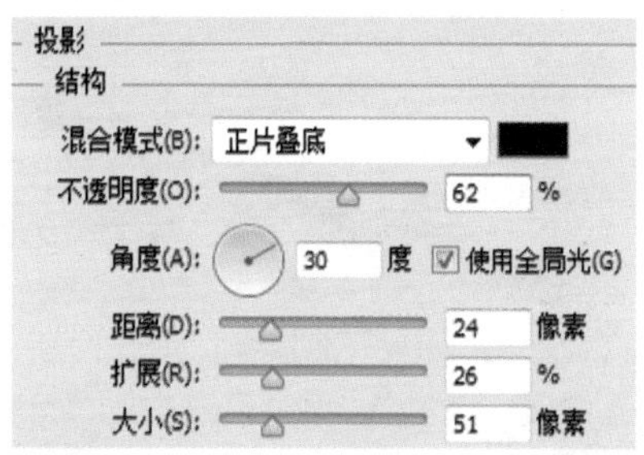

Step08 通过前面的操作，得到图层投影效果。

Step09 新建图层，命名为“黑色”，按“Alt+Ctrl+G”组合键，使“黑色”图层成为“黑边”图层的剪贴蒙版图层。

Step10 取消选区，选择“画笔工具”，设置前景色为黑色，在“黑色”图层中沿纸的边缘涂抹。

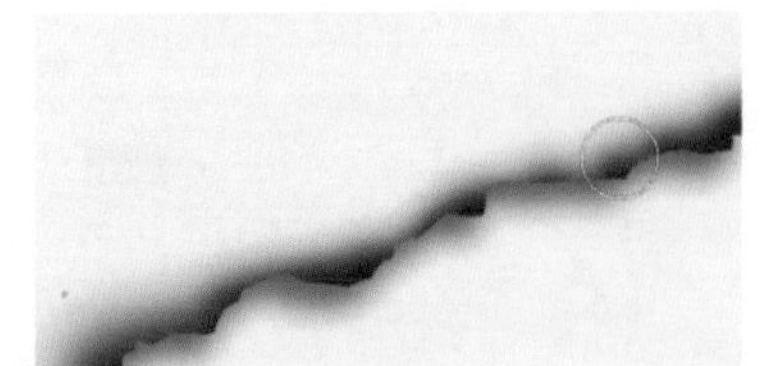

Step11 在“图层”面板中，新建图层，命名为“黄色”，按“Alt+Ctrl+G”组合键创建编组。

Step12 设置前景色为黄色 #d2a556，使用“画笔工具”在刚才绘制的黑色边上涂抹。

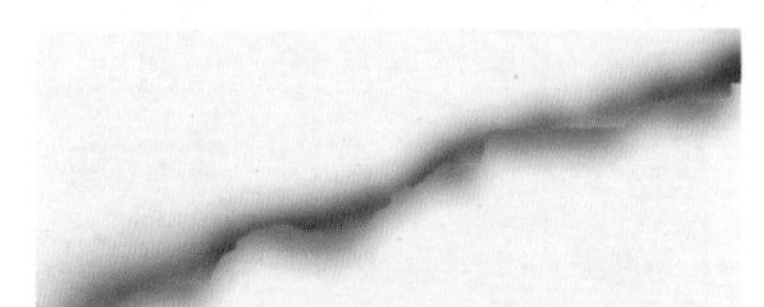

Step13 更改“黄色”图层的混合模式为颜色减淡。

Step14 将“自行车”图层移动到“黑边”图层上方，更改图层的混合模式为明度。

Step15 最终效果如下图所示。

13.2.3 合成森林女神

森林女神是神秘而高贵的。在Phtoshop CS6 中合成森林女神的具体操作步骤如下。

Step01 打开“光盘\素材文件\第 13 章\夜.jpg”文件。

Step02 打开“光盘\素材文件\第 13 章\人物 .jpg”文件。

Step03 将人物图像复制粘贴到夜图像中，调整大小、位置和方向，命名图层为“人物”。

Step04 在“图层”面板中，更改“人物”图层的混合模式为强光。

Step05 通过前面的操作，得到图层混合效果。

Step06 为“人物”图层添加图层蒙版，使用黑色“画笔工具”修改蒙版，使人物和背景融合。

Step07 打开“光盘\素材文件\第 13 章\树 .png”文件。

Step08 将树复制粘贴到夜图像中，调整大小和位置，更改图层名称为“树”。

Step09 打开“光盘\素材文件\第 13 章\白衣 .jpg”文件。使用“快速选择工具”选中人物。

Step10 将白衣复制粘贴到夜图像中，调整大小和位置，更改图层名称为“白衣”。

Step11 选择“画笔工具”，在选项中选择柔边圆。

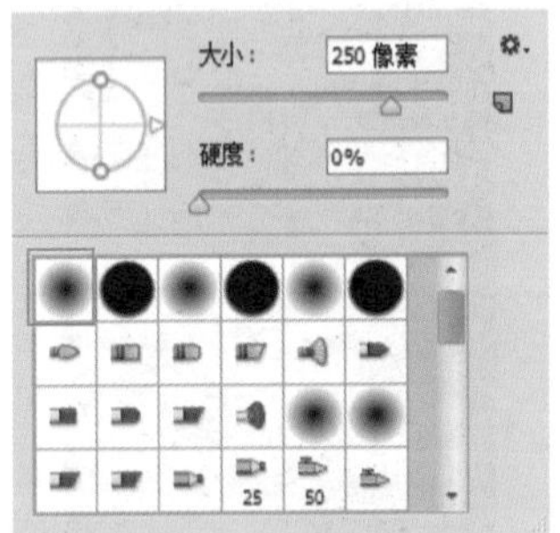

Step12 在“画笔”面板中，选择“画笔笔尖形状”选项，在右侧进行参数设置。

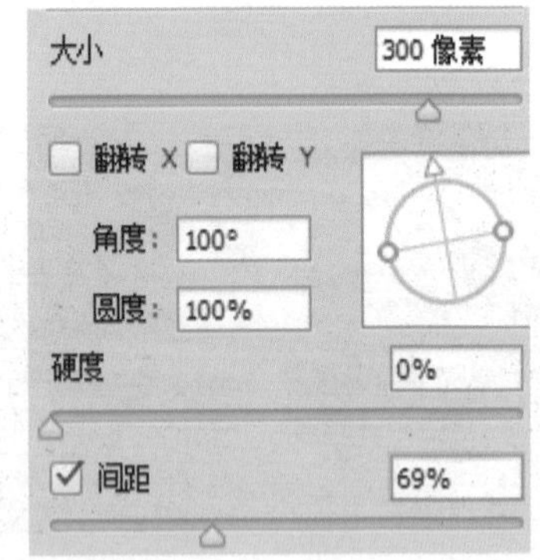

Step13 在“画笔”面板中，选择“散布”选项，在右侧进行散布参数设置。

Step14 在“画笔”面板中，选择“颜色动态”选项，在右侧进行颜色动态参数设置。

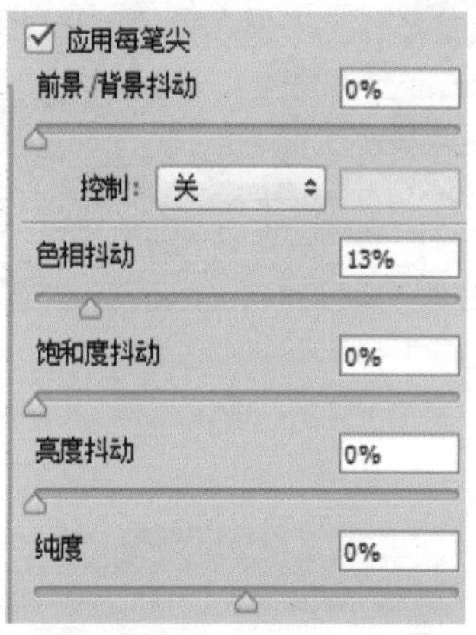

Step15 在“图层”面板中，新建图层，命名为“彩色”。

Step16 使用“画笔工具” 绘制彩色图像。

Step17 执行“滤镜”→“模糊”→“动感模糊”命令，设置“角度”为 21 度，“距离”为 208 像素，单击“确定”按钮。

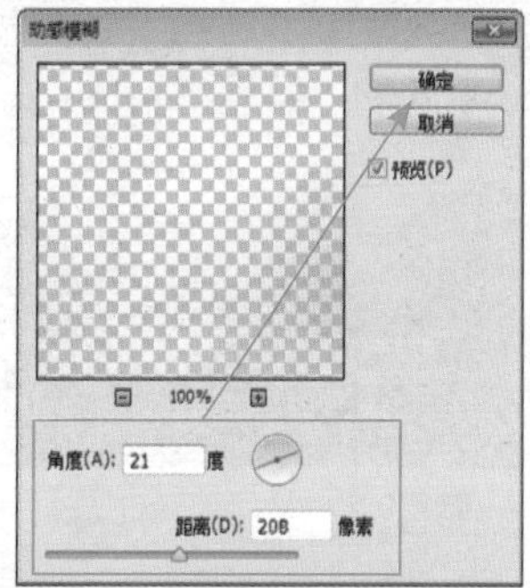

Step18 通过前面的操作，得到动感模糊效果。

Step19 更改“彩色”图层的不透明度为 50%。

Step20 打开“光盘\素材文件\第 13 章\鸟 png”文件，拖动到“夜”图像中，调整大小和位置。

Step21 在“图层”面板中，更改“鸟”图层的混合模式为划分。

Step22 通过前面的操作，得到图层混合效果。

Step23 复制“鸟”图层，生成“鸟 拷贝”图层，调整大小和位置。

Step24 创建曲线调整图层。选择 RGB 复合通道，拖动调整曲线形状，调暗图像暗部。

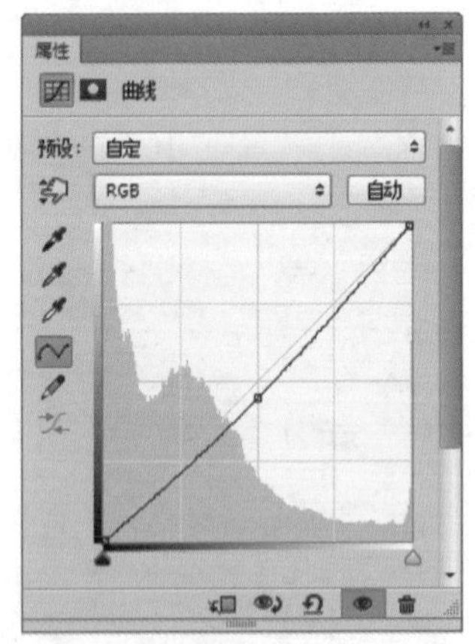

Step25 选择蓝通道，向上方调整曲线形状，增加蓝色。

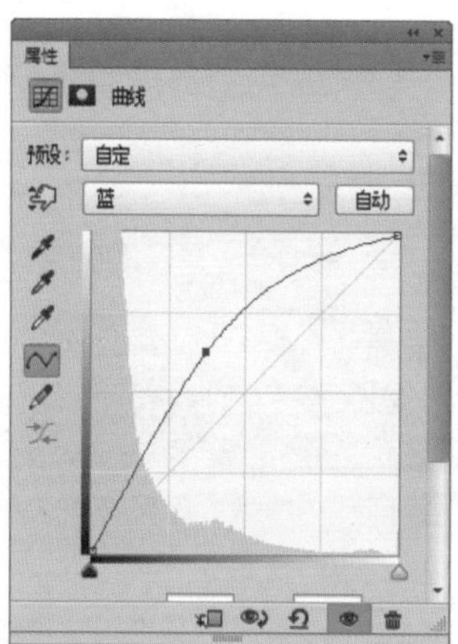

Step26 通过前面的操作，图像最终的色彩效果如下图所示。

13.2.4 合成老虎与人

老虎是凶猛的动物，它也有温顺的时候。在 Phtoshop CS6 中合成老虎与人的具体操作步骤如下。

Step01 打开“光盘 \ 素材文件 \ 第 13 章 \ 云彩 .jpg”文件。

Step02 打开“光盘 \ 素材文件 \ 第 13 章 \ 老虎 .jpg”文件，选中老虎。

Step03 将选中的老虎复制粘贴到云彩图像中，命名图层为“老虎”。

Step04 调整老虎对象的大小、位置和方向。

Step05 更改“老虎”图层的混合模式为叠加。

Step06 通过前面的操作，得到图层混合效果。

Step07 为“老虎”图层添加图层蒙版，使用黑色“画笔工具”修改蒙版。

Step08 打开“光盘\素材文件\第 13 章\花朵 .jpg”文件。

Step09 将花朵复制粘贴到云彩图像中，命名图层为“花朵”。为“花朵”图层添加图层蒙版，使用黑色“画笔工具”修改蒙版，使图像混合到背景中。

Step10 更改“花朵”图层的混合模式为滤色。

Step11 更改“花朵”图层的混合模式为滤色后，得到图层混合效果。

Step12 打开“光盘\素材文件\第 13 章\白裙 .jpg”文件，选中人物。

Step13 将人物复制粘贴到云彩图像中，调整大小和位置。

Step14 打开“光盘\素材文件\第 13 章\光影 .jpg”文件。

Step15 将光影复制粘贴到当前图像中，命名图层为“光影”。更改图层混合模式为叠加。

Step16 更改“光影”图层的混合模式为叠加后，得到图层混合效果。

Step17 为“光影”图层添加图层蒙版。使用黑色“画笔工具” 修改蒙版。

Step18 继续调整蒙版的大小和方向，修改图层蒙版。

Step19 打开“光盘 \ 素材文件 \ 第 13 章 \ 树枝 .jpg”文件，选中黑色树枝。

Step20 将树枝复制粘贴到云彩图像中，调整大小和位置，命名图层为“树枝”。

Step21 更改“树枝”图层的混合模式为柔光，“不透明度”为 50%。

Step22 更改“树枝”图层的混合模式为柔光后，图像最终效果如下图所示。

13.3 实战：数码照片后期处理

平淡的数码照片，通过后期处理，可以焕发出别样的神采。

13.3.1 打造人物彩妆

素颜代表清新，但是，完美的彩妆可以让人更漂亮。打造人物彩妆的具体操作步骤如下。

Step01 打开“光盘\素材文件\第 13 章\倾斜.jpg”。

Step02 执行“滤镜”→“液化”命令，选择“膨胀工具”，在眼睛位置单击，增大眼睛。

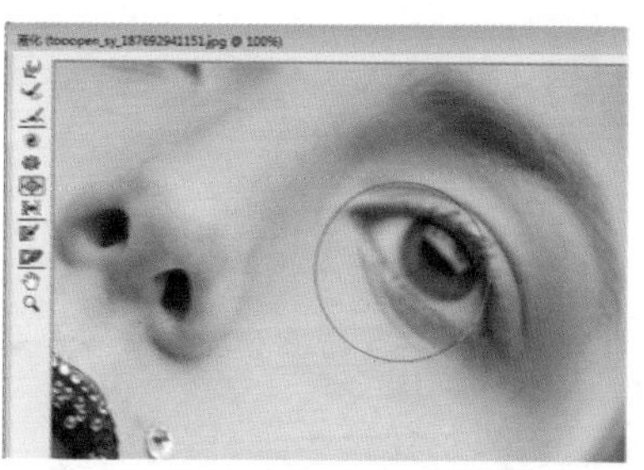

Step03 新建“图层 1”图层，更改图层混合模式为柔光。

Step04 选择“画笔工具”，在选项栏中设置“不透明度”为 50%，“前景色”为洋红色 #f115ff，在人物眼皮位置涂抹。

Step05 设置画笔不透明度为 100%，前景色为黄色 #fff100，继续在人物眼皮位置涂抹。

Step06 设置画笔“不透明度”为 20%，“前景色”为红色 #ff1520，在人物脸部位置涂抹，增加腮红效果。

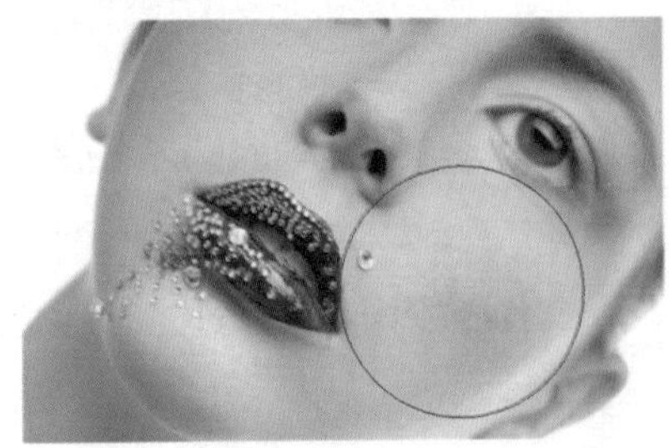

Step07 选择“颜色替换工具”，在人物嘴唇上涂抹，更改人物唇色。

Step08 选择“画笔工具”，打开“画笔预设”选取器，单击“设置”按钮，在打开的菜单中选择“载入画笔”命令。

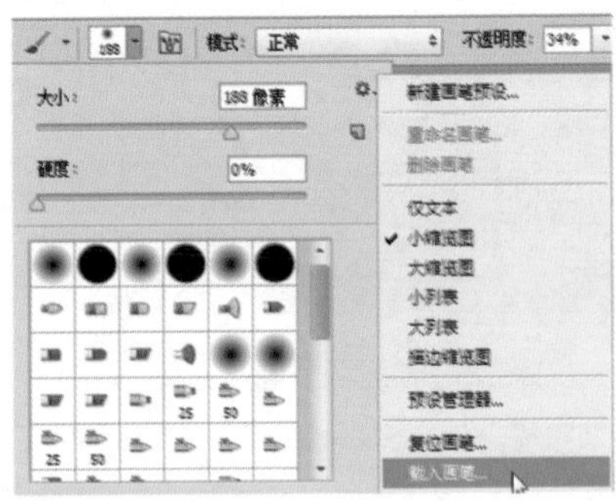

Step09 在弹出的对话框中，选择素材文件中的“睫毛画笔”，单击“载入”按钮。

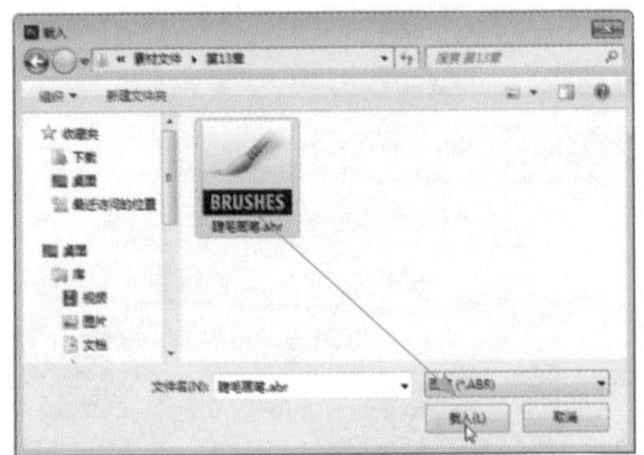

Step10 载入预设画笔后，选择 eyelashes 画笔。

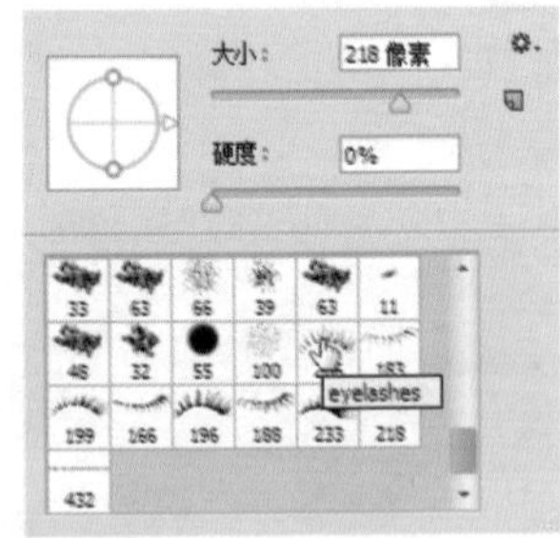

Step11 新建“上睫毛”图层，设置“前景色”为黑色，在图像中单击绘制上睫毛。

Step12 调整睫毛的位置、大小和方向，使之与眼睛协调。

Step13 在画笔选取器中，选择 eyelashes2 画笔。

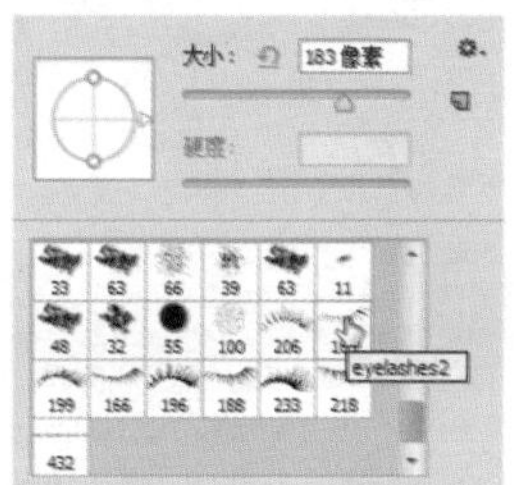

Step14 新建“下睫毛”图层，在图像中单击绘制下睫毛。调整睫毛的位置、大小和方向，使之与眼睛协调。

Step15 调整“上睫毛”和“下睫毛”图层的“不透明度”为 60%。

Step16 降低图层的不透明度后，睫毛效果更加自然。图像最终效果如下图所示。

13.3.2 打造 LOMO 照片效果

LOMO 是一种特殊色调，在后期处理中非常流行。打造 LOMO 照片效果的具体操作步骤如下。

Step01 打开“光盘\素材文件\第 13 章\墨镜 .jpg”。

Step02 按“Ctrl+J”组合键复制“背景”图层。设置“背景 副本”图层的混合模式为叠加，“不透明度”为 60%。

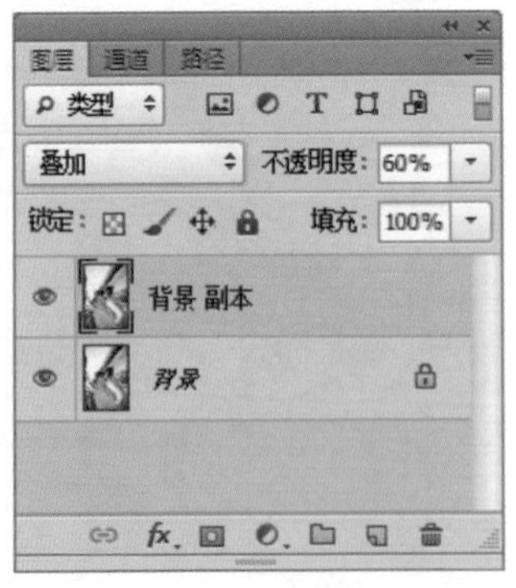

Step03 通过前面的操作，适当调亮图像。

Step04 选中“背景”图层，按“Ctrl+J”组合键复制图层，得到“背景 副本 2”图层；将该图层移动到面板最上方，并设置图层“混合模式”为柔光。

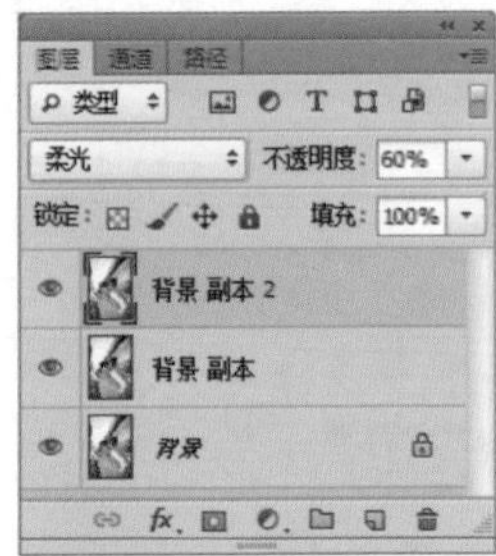

Step05 通过前面的操作，使图像色调更加柔和明亮。

Step06 按“Shift+Ctrl+Alt+E”组合键盖印可见图层，得到“图层 1”图层。

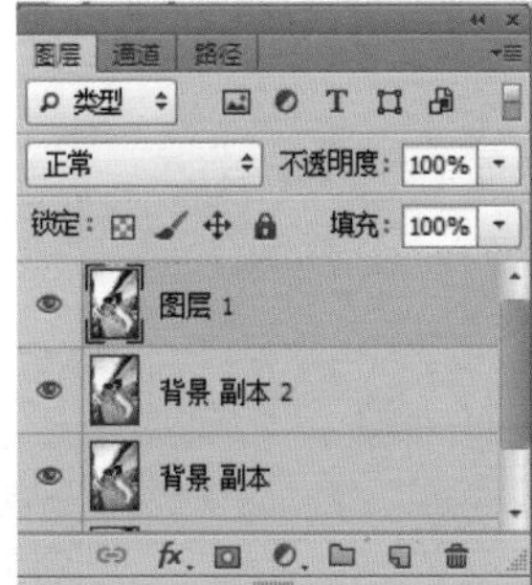

Step07 按“Ctrl+I”组合键，反相照片色调。

Step08 双击“图层 1”图层，在弹出的“图层样式”对话框中，选择“混合选项”，在弹出的“图层样式”对话框中设置“不透明度”为 35%，在“高级混合”中只选中通道“B”复选框。

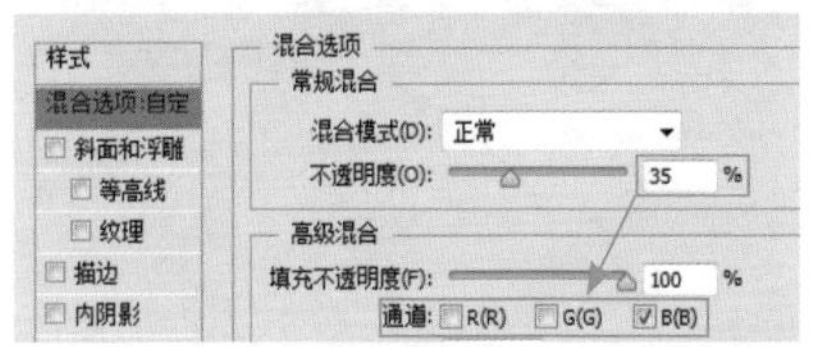

Step09 通过上一步操作，照片有了 LOMO 色调风格。

Step10 再次按“Shift+Ctrl+Alt+E”组合键，盖印可见图层，得到“图层 2”图层。

Step11 执行“滤镜”→“镜头校正”命令，在弹出的“镜头校正”对话框中，单击“自定”选项卡，设置“数量”为 -70，“中点”为 47。

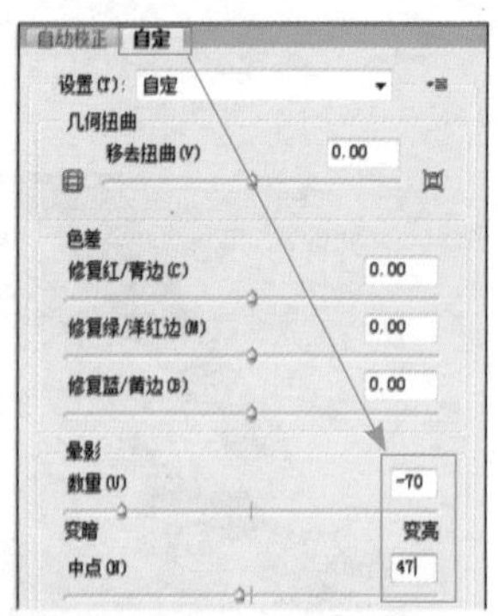

Step12 通过前面的操作，得到图像晕彩效果。

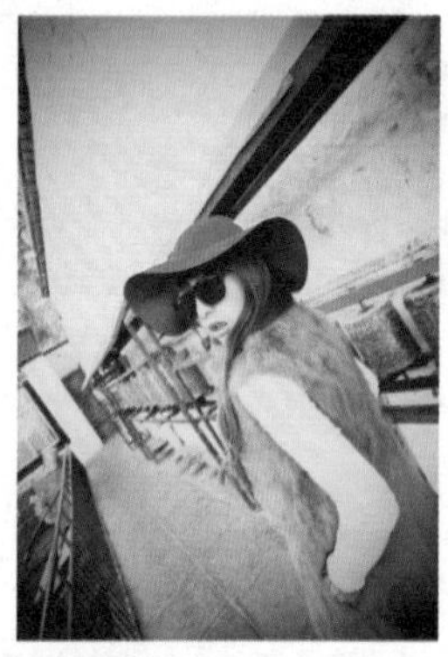

Step13 按“Ctrl+F”组合键，加强图像晕彩效果。

13.3.3 为人物添加逼真酒窝

酒窝是迷人的。为人物添加逼真酒窝的具体操作步骤如下。

Step01 打开“光盘 \ 素材文件 \ 第 13 章 \ 女孩 .jpg”。

Step02 用工具箱中的“椭圆选框工具”，在人物嘴唇两边创建圆形选区。

Step03 按“Ctrl+J”组合键复制选区内容，生成新图层。双击图层，在“图层样式”对话框中，选择“斜面和浮雕”复选项，设置“样式”为内斜面，“方法”为平滑，“深度”为 184%，“方向”为上，“大小”为 13 像素，“软化”为 0 像素，“角度”为 30 度，“高度”为 30 度，“光泽等高线”为锥形 - 反转，“高光模式”为滤色，高光颜色为浅粉色 #f9e3ea，“不透明度”为 75%，“阴影模式”为正片叠底，“不透明度”为 75%，“阴影颜色”为肉色 #d1aca2。

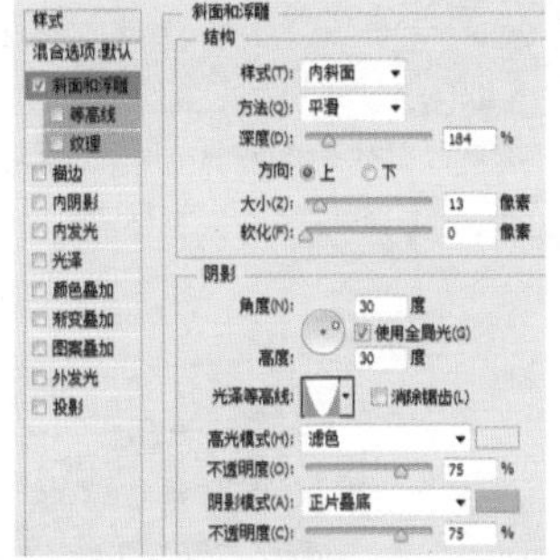

Step04 通过前面的操作，得到图层样式。

Step05 执行“滤镜”→“模糊”→“动感模糊”命令，设置“角度”为 –34 度，“距离”为 32 像素，单击“确定”按钮。

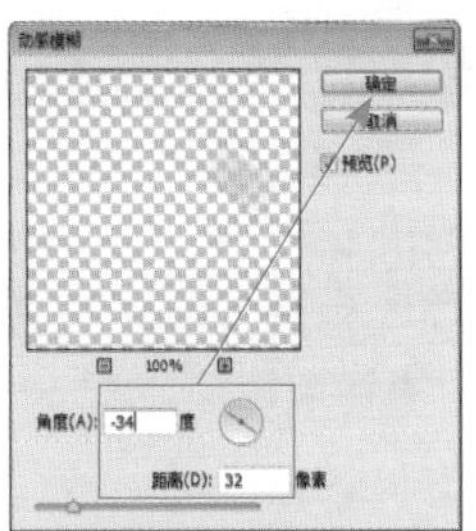

Step06 通过前面的操作，得到高斯模糊效果。

Step07 执行“滤镜”→“模糊”→“高斯模糊”命令，设置“半径”为 8 像素，单击“确定”按钮。

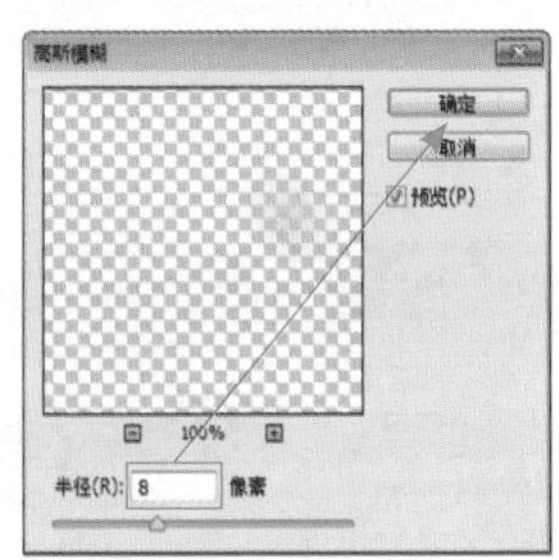

Step08 通过前面的操作，适当模糊酒窝，使效果更加真实。

13.4 实战：商业广告设计

Photoshop CS6 广泛应用于商业广告设计，包括 Logo、宣传单、海报设计、书籍装帧等。

13.4.1 Logo 设计

Logo 代表一种理念，具有高度凝聚性。制作健康生活 Logo 的具体操作步骤如下。

Step01 执行“文件”→“新建”命令，设置“宽度”为 10 厘米，“高度”为 10 厘米，“分辨率”为 200 像素 / 英寸，单击“确定”按钮。

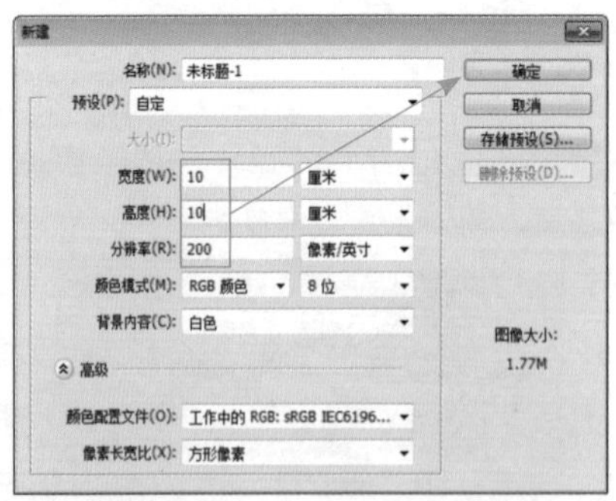

Step02 设置前景色为黄色 #fff100，按“Alt+Delete”组合键，为背景填充黄色。使用“椭圆选框工具”创建椭圆选区。

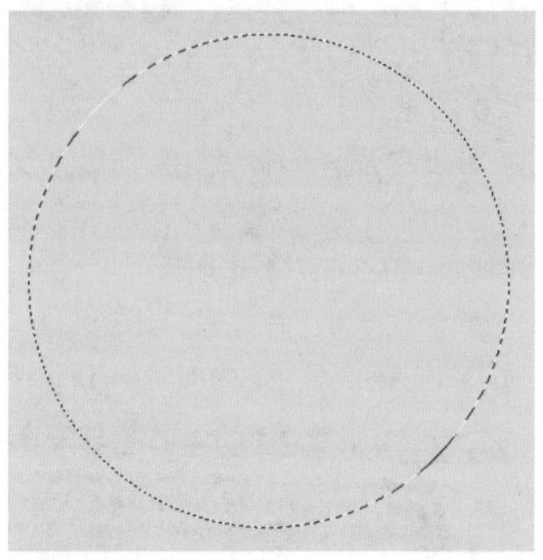

Step03 新建图层，为选区填充绿色 #0d7b3b。

Step04 按“Ctrl+J”组合键，复制当前图层。

Step05 按“Ctrl+T”组合键，执行自由变换操作，适当缩小图像。

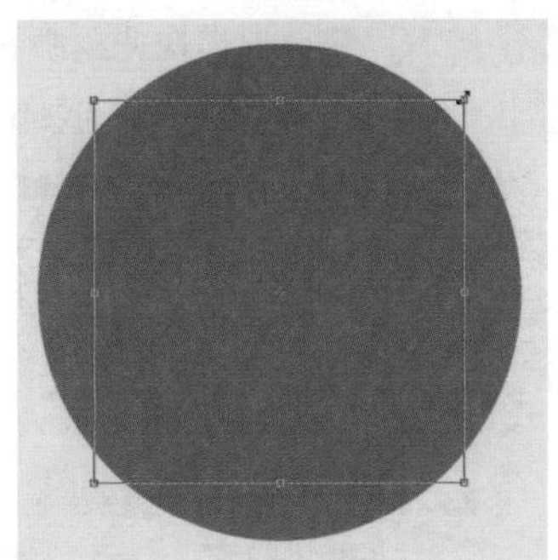

Step06 按住“Ctrl”键，单击“图层 2”图层缩览图，载入图层选区。

Step07 在“图层”面板中，单击选择“图层 1”。

Step08 按“Delete”键删除图像，同时删除“图层 2”。

Step09 按“Ctrl+D”组合键，取消选区，得到图像效果。

Step10 按住“Ctrl”键，单击“图层 1”图层缩览图，载入图层选区。

Step11 按“Q”键，进入快速蒙版状态。

Step12 执行“滤镜”→“滤镜库”→“扭曲”→“玻璃”命令，设置“扭曲度”为 5，“平滑度”为 10，“缩放”为 50%，选中“反相”复选项。

Step13 通过前面的操作，得到玻璃扭曲效果。

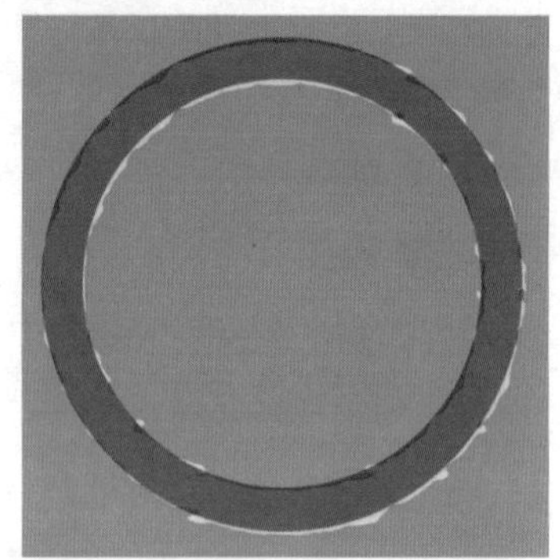

Step14 按“Q”键，退出快速蒙版。新建“图层 2”图层，隐藏“图层 1”图层。

Step15 按“Alt+Delete”组合键，为选区填充绿色 #0d7b3b。

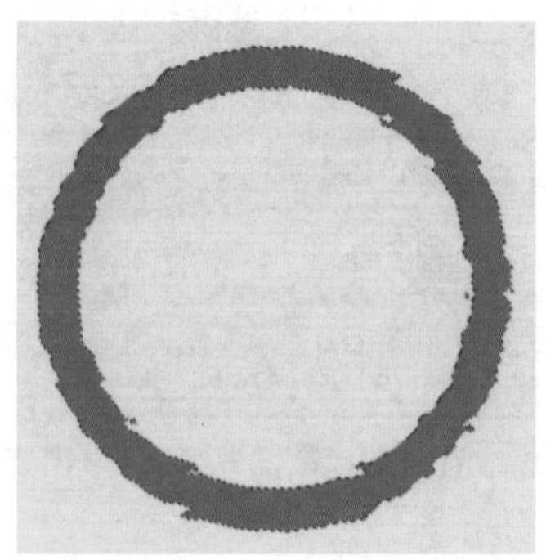

Step16 选择"套索工具" ，在左上角创建自由选区，按"Delete"键删除图像。

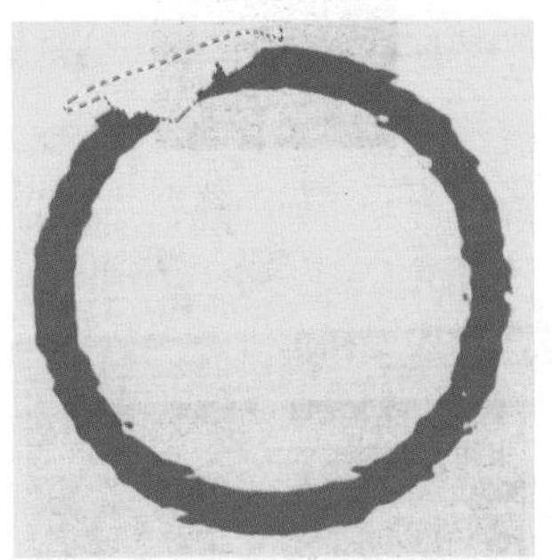

Step17 使用相同的方法在右下角创建自由选区，按"Delete"键删除选区图像。

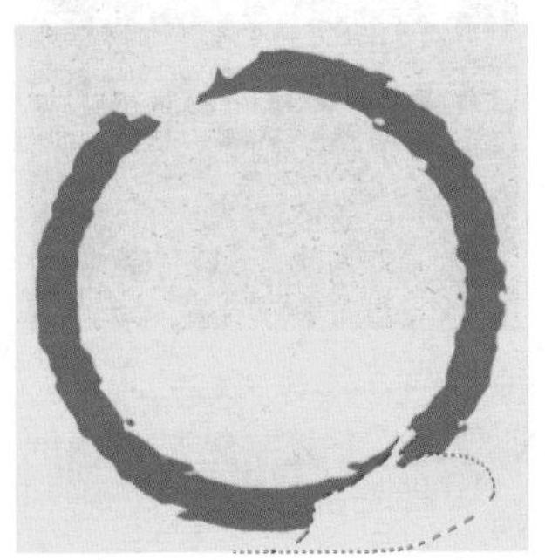

Step18 使用"钢笔工具" 绘制路径。

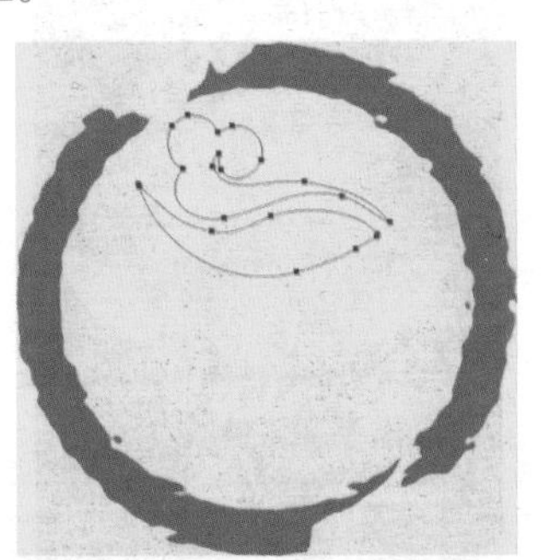

Step19 按"Ctrl+Enter"组合键，载入路径选区后，填充绿色 #0d7b3b。

Step20 使用"横排文字工具" 输入文字"环保漆 马上住"，在选项栏中设置字体为方正华隶简体，字体大小为 26 点。

Step21 使用"横排文字工具" 输入文字"五彩漆"，在选项栏中设置字体为汉仪水滴简体，字体大小为 50 点。

13.4.2 海报设计

海报是非常重视视觉感染力的一种设计。本设计采用黑红色作为主体色，点缀橙黄色，设计风格含蓄高雅。具体操作步骤如下。

Step01 执行“文件”→“新建”命令，设置“宽度”为 10 厘米，“高度”为 14 厘米，“分辨率”为 200 像素 / 英寸，单击“确定”按钮。

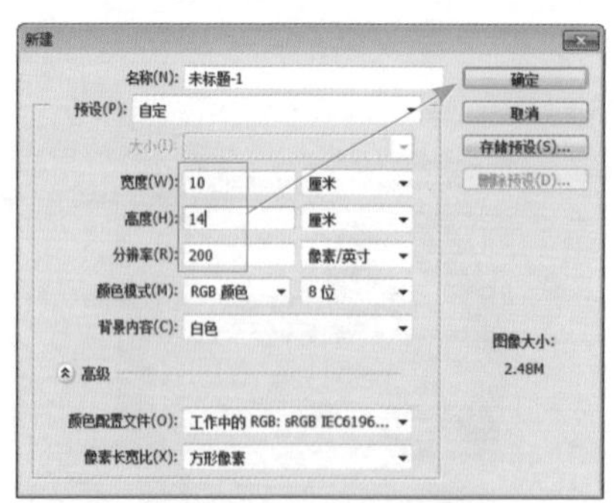

Step02 为背景填充黑色 # 000000。

Step03 打开“光盘 \ 素材文件 \ 第 13 章 \ 吉他 .jpg”，复制粘贴到当前文件中，调整大小和位置。

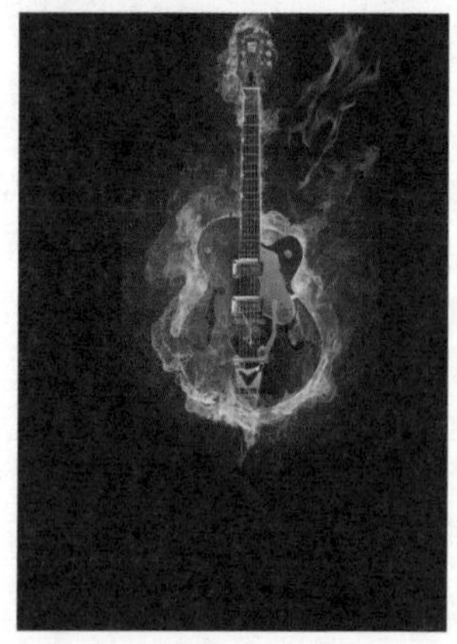

Step04 打开“光盘 \ 素材文件 \ 第 13 章 \ 翅膀 .tif”，复制粘贴到当前文件中，调整大小和位置。

Step05 使用“横排文字工具” T 输入文字“摇滚音乐节”，在选项栏中设置字体为方正兰亭特黑简，字体大小为 40 点。

Step06 双击文字图层，在打开的“图层样式”对话框中，选中“斜面和浮雕”选项，设置“样式”为内斜面，“方法”为平滑，“深度”为 215%，“方向”为上，“大小”为 3 像素，“软化”为 1 像素，“角度”为 120 度，“高度”为 30 度，“高光模式”为滤色，“不透明度”为 75%，“阴影模式”为正片叠底，“不透明度”为 75%。

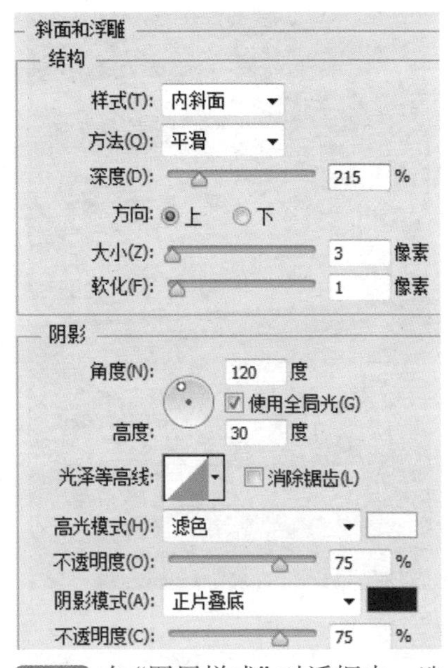

Step07 在“图层样式”对话框中，选中“内阴影”选项，设置“混合模式”为正片叠底，阴影颜色为黑色 #000000，“角度”为 120 度，“距离”为 3 像素，“阻塞”为 6%，“大小”为 3 像素。

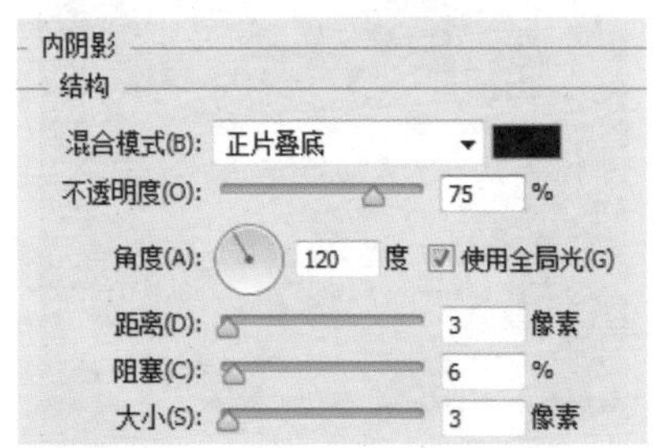

Step08 通过前面的操作，得到文字样式效果。

Step09 使用"横排文字工具" T 输入黄色 #ffdf93 文字"音乐引领潮流 天籁精彩再现"，在选项栏中，设置字体为方正兰亭特黑简，字体大小为 20 点。

Step10 使用"横排文字工具" T 输入黄色 #ffdf93 文字"活动时间：2020.10.12 活动地点：艺术馆"，在选项栏中设置字体为黑体，字体大小为 10 点。

13.4.3 宣传单设计

商场宣传单可以扩大商场的知名度，使经营理念得到传播。制作商场宣传单的具体操作步骤如下。

Step01 按"Ctrl+N"组合键，执行"新建"命令，设置"宽度"为 14 厘米，"高

度”为 20 厘米，分辨率为 200 像素 / 英寸，单击“确定”按钮。

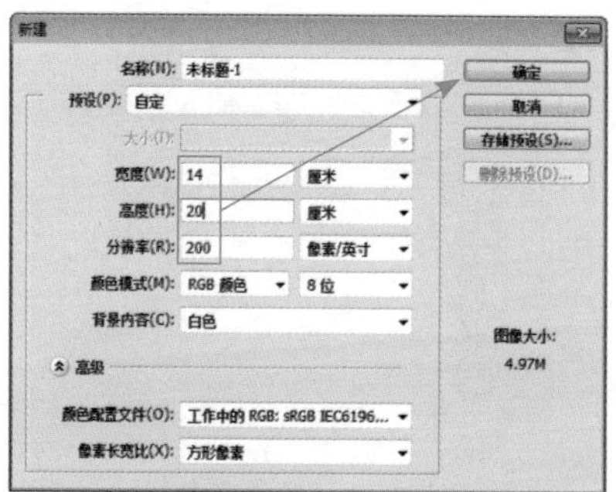

Step02 新建蓝底图层，使用“矩形选框工具”创建选区，填充蓝色。

Step03 选择“钢笔工具”，在图像中绘制路径。

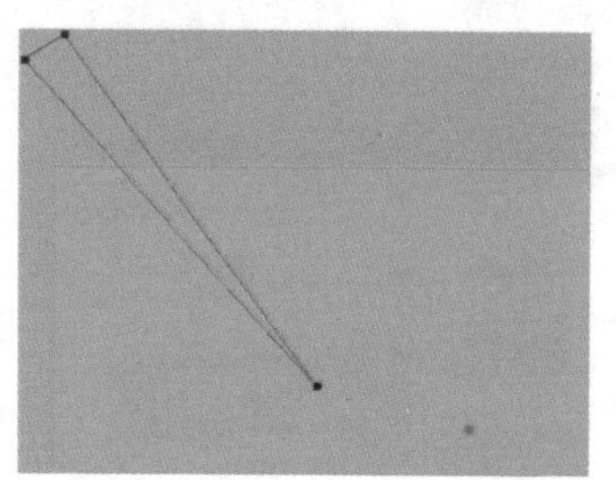

Step04 载入路径选区后，新建图层，填充深蓝色 #36a6e0。

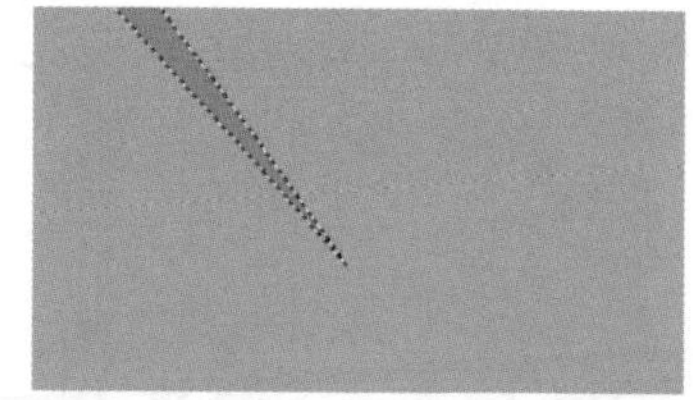

Step05 按“Ctrl+J”组合键，复制当前图层。

Step06 按“Ctrl+T”组合键，执行自由变换操作，移动变换中心点到右下方。

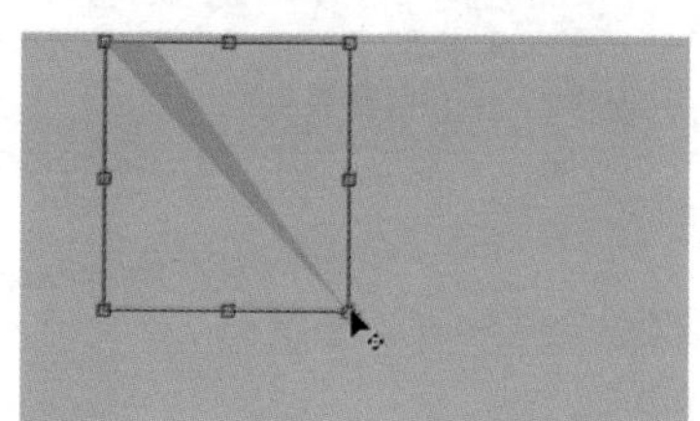

Step07 在选项栏中，设置旋转角度为 10 度。

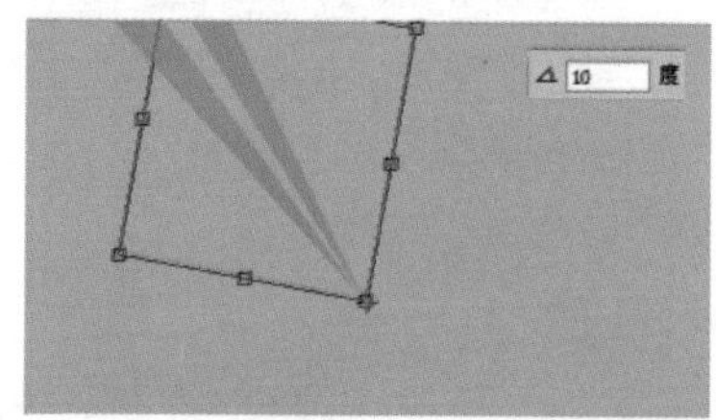

Step08 按“Alt+Shift+Ctrl+T”组合键多次，复制多个图层。

Step09 选中所有蓝条图层，按“Ctrl+T”组合键，执行自由变换操作，适当放大图像。

Step10 合并所有蓝条纹图层，命名为“蓝条”。

Step11 执行“图层”→“创建剪贴蒙版”命令，得到剪贴蒙版效果。

Step12 打开“光盘\素材文件\第 13 章\气球 .tif”，复制粘贴到当前文件中，调整大小和位置。

Step13 打开“光盘\素材文件\第 13 章\盛大开业 .tif”，复制粘贴到当前文件中，调整大小和位置。

Step14 使用“钢笔工具”，在图像中绘制路径。

Step15 按“Ctrl+Enter”组合键，载入路径选区后，填充红色 #e60012。

Step16 使用“横排文字工具”输入白色 #ffffff 文字“会员 8.8 折”，在选项栏中，设置字体为方正胖头鱼简体，字体大小为 50 点。

Step17 使用“横排文字工具”输入黑色 #000000 文字“数量有限，售完即止！”。

Step18 双击文字图层，在“图层样式”对话框中，选中“描边”选项，设置“大小”为 3 像素，描边颜色为黄色 #fff100。

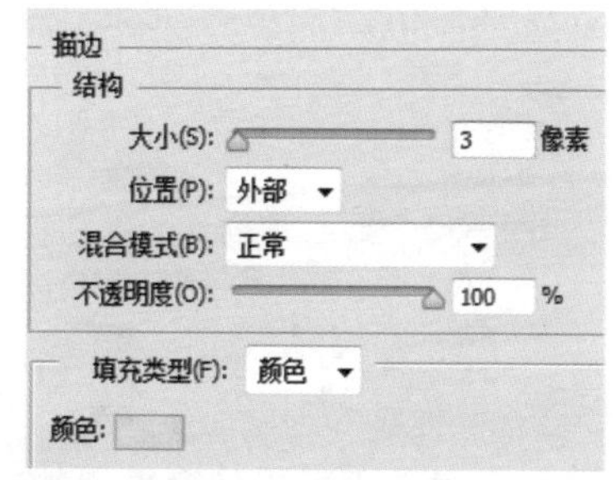

Step19 在“图层样式”对话框中，选中“渐变叠加”选项，设置“样式”为线性，“角度”为 98 度，“缩放”为 100%。

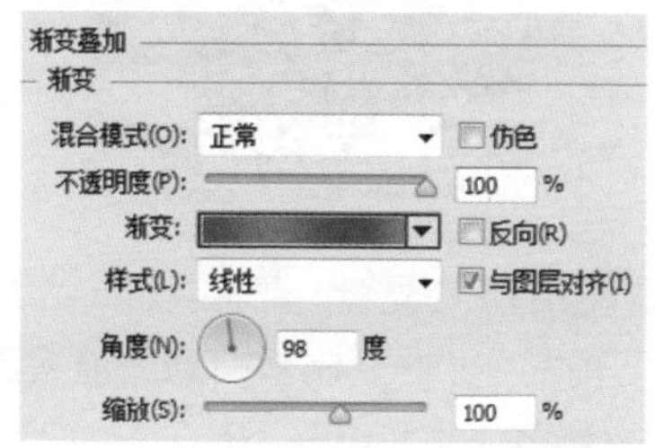

Step20 单击渐变色条，在“渐变编辑器”对话框中，设置渐变色标为深橙 #ac1f24、橙 #dc621b、深橙 #ac1f24、橙 #dc621b。

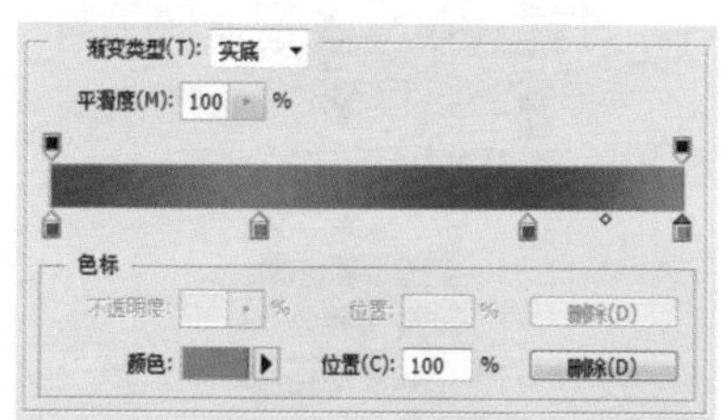

Step21 在“图层样式”对话框中，选中“投影”复选框，设置“不透明度”为75%，“角度”为120度，“距离”为7像素，“扩展”为0%，“大小”为7像素，选中“使用全局光”复选框。

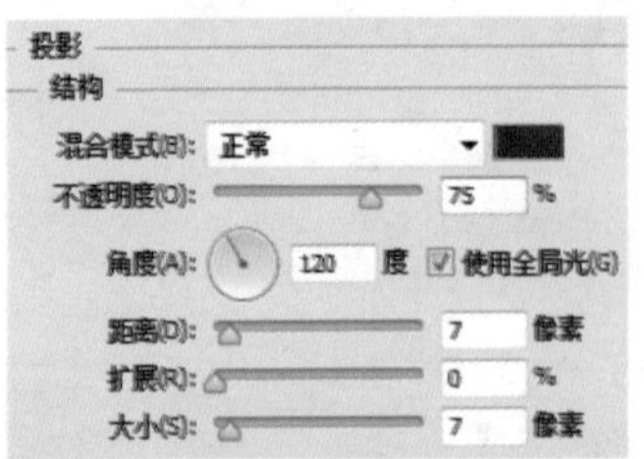

Step22 通过前面的操作，得到文字图层样式。

Step23 打开“光盘\素材文件\第13章\商品.tif”，复制粘贴到当前文件中，调整大小和位置。

Step24 使用“横排文字工具” T 输入红色#e60012文字“￥9.9”，在选项栏中，设置字体为方正胖头鱼简体，字体大小为43点和25点。

Step25 双击文字图层，在“图层样式”对话框中，选中“描边”选项，设置“大小”为3像素，描边颜色为白色#ffffff。

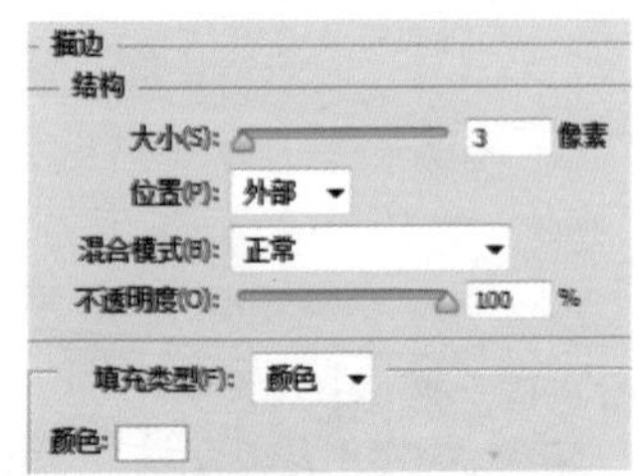

Step26 在“图层样式”对话框中，选中“投影”复选框，设置“不透明度”为75%，“角度”为120度，“距离”为3像素，“扩展”为0%，“大小”为7像素，选中“使用全局光”复选框。

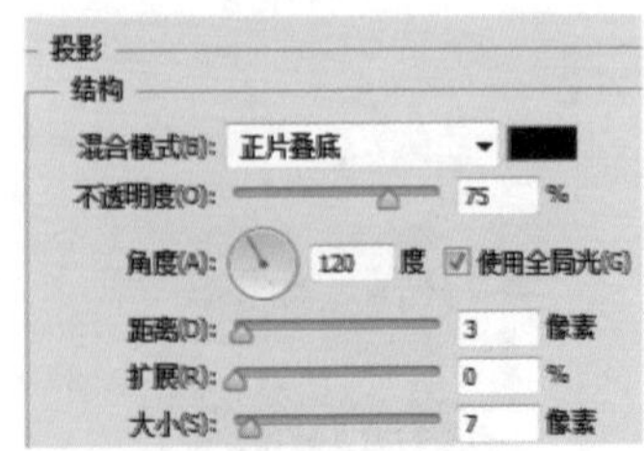

Step27 使用“椭圆选框工具” 创建椭圆选区。新建“红圆”图层，填充红色 #e60012。

Step28 按住“Alt”键，向右侧拖动复制图像。

Step29 使用相同的方法复制生成其他圆形对象。

13.4.4 书籍装帧设计

书籍装帧设计是一个系统工程，整体风格要统一。制作书籍装帧平面图的具体操作步骤如下。

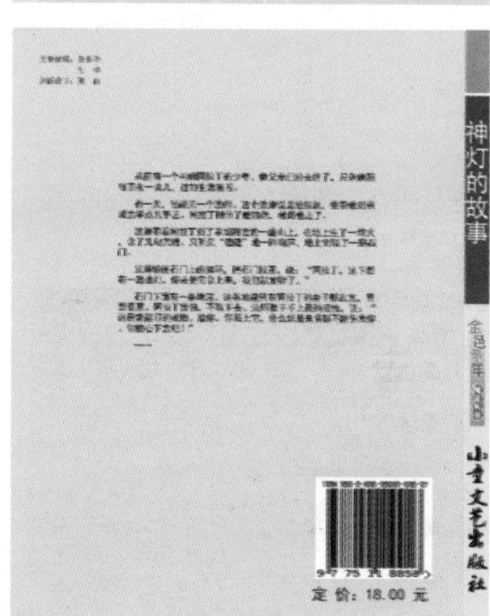

Step01 按“Ctrl+N”组合键，执行“新建”命令，设置“宽度”为 26 厘米，“高度”为 16 厘米，“分辨率”为 200

像素 / 英寸，单击“确定”按钮，创建空白文档。

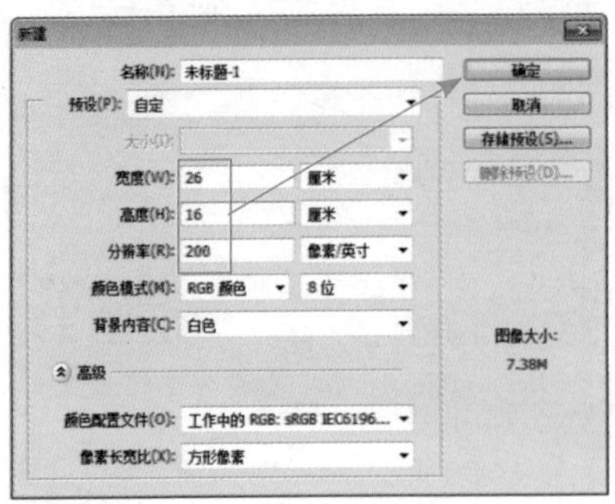

Step02 新建“黄条”图层，使用“矩形选框工具”创建选区，填充黄色 #ffeb00。

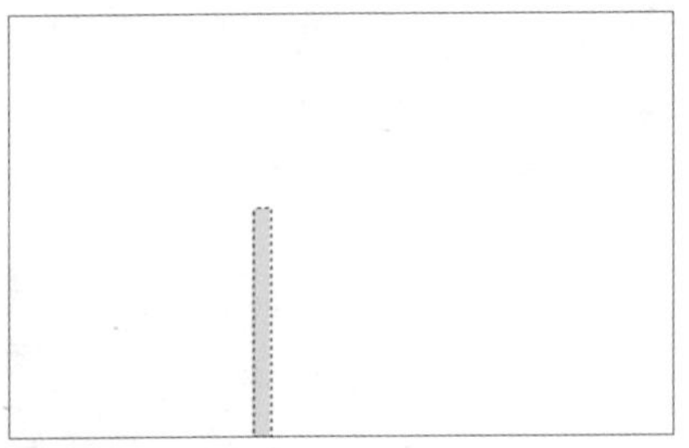

Step03 在“图层”面板中，同时选中“黄条”和“背景”图层。

Step04 在选项栏中，单击“水平居中对齐”按钮，水平居中对齐图像。

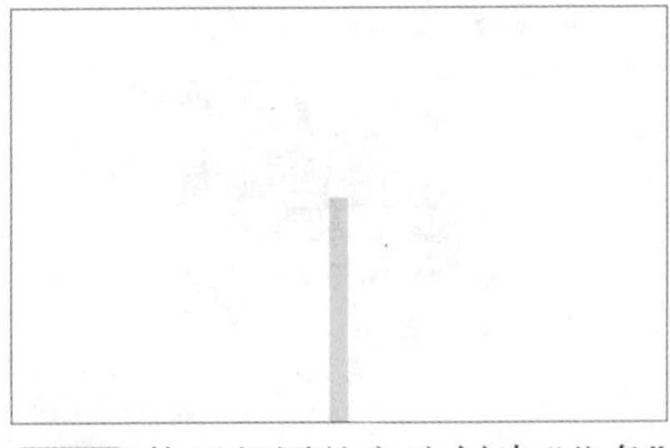

Step05 使用相同的方法创建“蓝条”和“深黄条”图层，分别填充蓝色 #003b77 和深黄色 #c59600。

Step06 新建“封底”图层，使用“矩形选框工具”创建选区，填充粉红色 #f7d6e4。

Step07 打开“光盘\素材文件\第 13 章\封面.jpg”，拖动到当前文件中，调整大小和位置。

Step08 打开“光盘\素材文件\第 13 章\卡通人物.tif”，拖动到当前文件中，调整大小和位置。

Step09 选择“多边形工具”，在选项栏中，设置“边”为 5，在多边形工具下拉面板中，选中“平滑拐角”和“星形”复选框，设置“缩进边依据”为 50%。

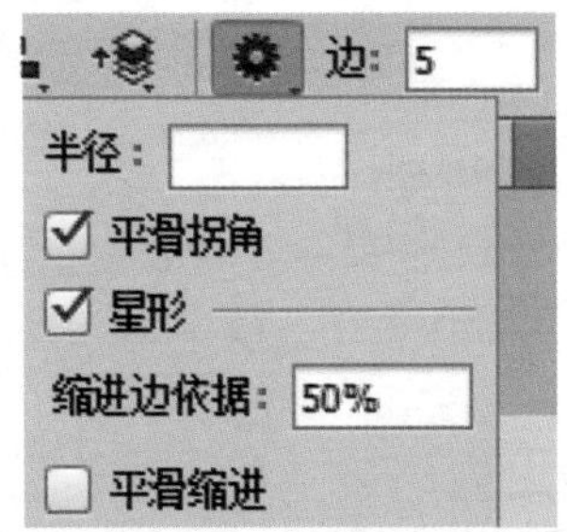

Step10 在选项栏中，选择路径选项，拖动鼠标绘制星形路径。

Step11 新建“星星”图层，按“Ctrl+Enter 组合键载入选区后，填充黄 #f7f4a8 白 #ffffff 渐变色。

Step12 复制多个星星，调整星星的大小和位置。

Step13 打开“光盘 \ 素材文件 \ 第 13 章 \ 神灯 .tif，拖动到当前文件中，调整大小和位置。

Step14 使用“横排文字工具” T 输入黄色 #ffeb00 文字“神灯”，在选项栏中，设置字体为方正稚艺简体，字体大小为 50 点。

Step15 双击文字图层，在打开的“图层样式”对话框中，选中“投影”复选框，设置“不透明度”为 100%，“角度”为 120 度，“距离”为 9 像素，“扩展”为 0%，“大小”为 0 像素，选中“使用全局光”复选框。

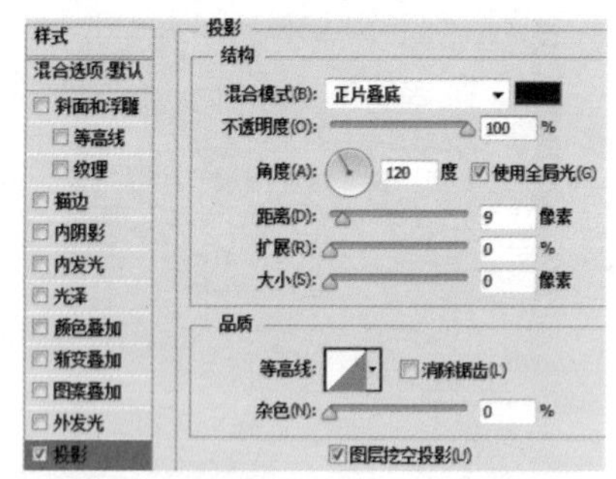

Step16 使用“横排文字工具” T 输入白色 #ffffff 文字“的故事”，在选项栏中，设置字体为方正粗宋简体，字体大小为 17 点。

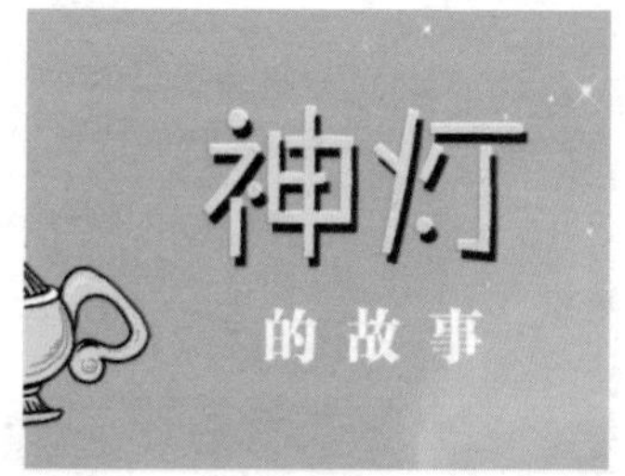

Step17 使用“椭圆选框工具” 创建圆形选区，填充深红色 #ca3d90。

Step18 使用“直排文字工具” 输入文字，在选项栏中，设置字体为汉仪行楷简，字体大小为 6.92 点。在“字符”面板中，设置“行距”为 8 点。

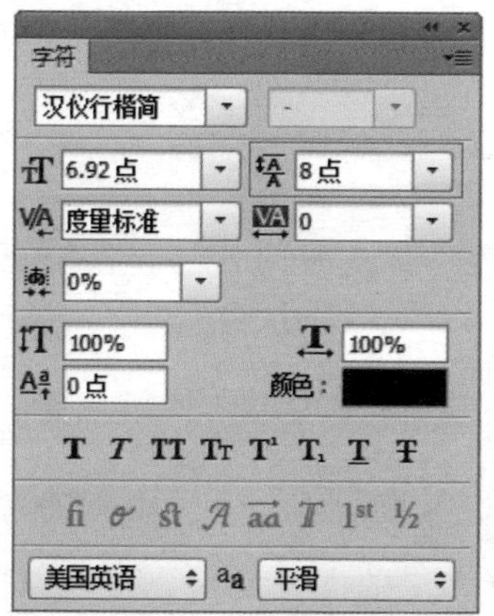

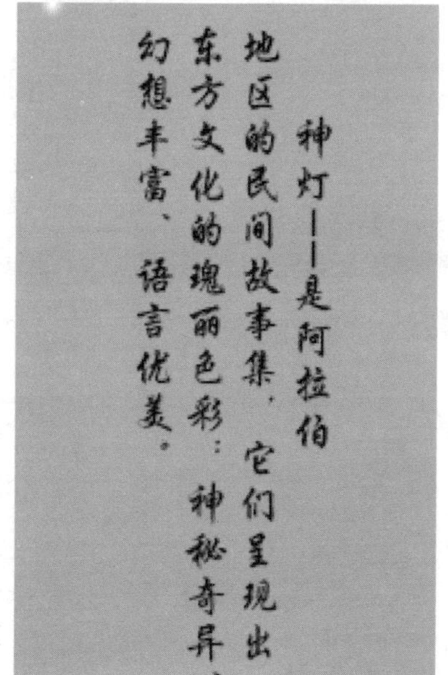

Step19 使用“横排文字工具” 输入黑色 #000000 文字“少儿最爱童话名著”，在选项栏中，设置字体为方正粗宋简体，字体大小为 10 点。

Step20 双击文字图层，在“图层样式”对话框中，选中“外发光”选项，设置“混合模式”为滤色，发光颜色为白色，“不透明度”为 75%，“扩展”为 67%，“大小”为 4 像素。

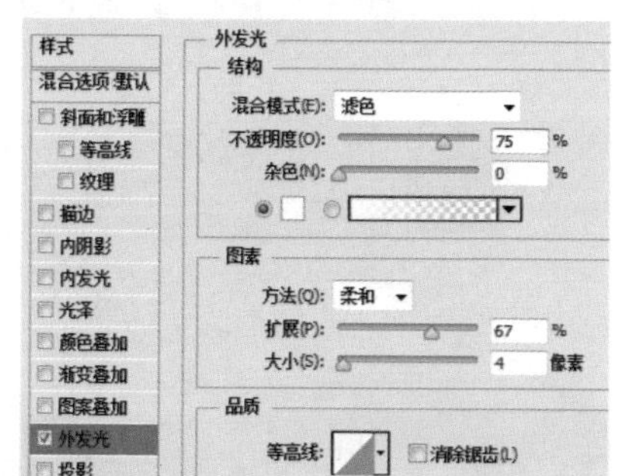

Step21 使用“直排文字工具” 输入白色 #ffffff 文字“神灯的故事”，在选项栏中，设置字体为黑体，字体大小为 19 点。

Step22 新建橙底图层。使用“矩形选框工具”创建选区，填充橙色 #d5975c。使用“橡皮擦工具”擦除上部分图像。

Step23 使用文字工具输入绿色 #61b73a 文字“金”，在选项栏中，设置字体为方正少儿简体，字体大小为 12 点。

Step24 双击文字图层，在“图层样式”对话框中，选中“描边”复选框，设置“大小”为 1 像素，描边颜色为白色 #ffffff。

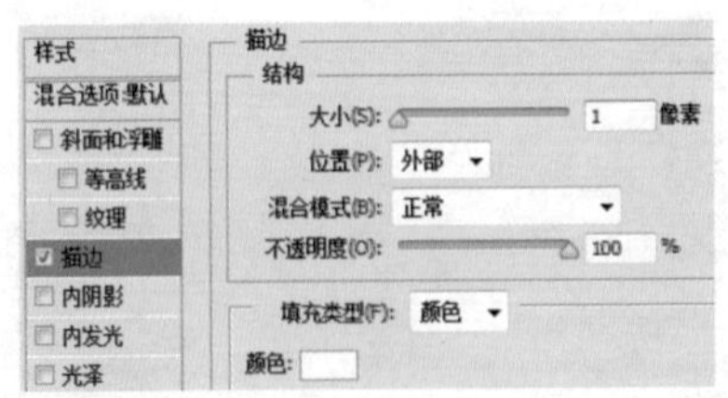

Step25 继续输入紫色 #ae4183 “色”字，橙色 #df8d2d “童”字，蓝色 #3674bb “年”字，并添加描边图层样式。

Step26 使用“椭圆工具”绘制多个椭圆路径，使用“路径选择工具”选择多个路径，按“Ctrl+Enter”组合键将路径转换为选区。

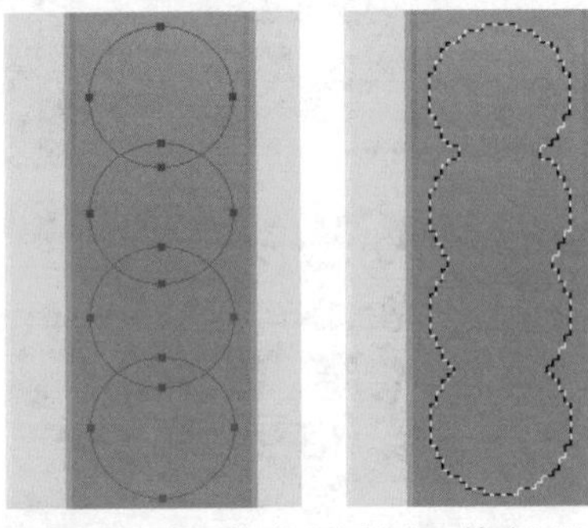

Step27 新建“紫底”图层，执行“编辑”→“描边”命令，设置“宽度”为 1 像素，单击“确定”按钮。

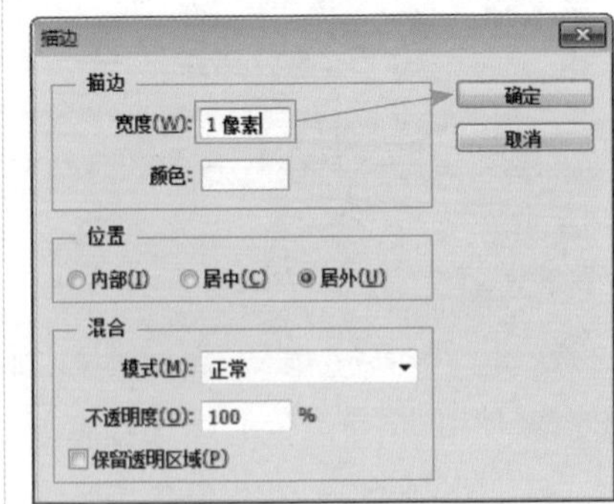

Step28 通过前面的操作，得到白色描边效果，填充紫色 #af3e82。

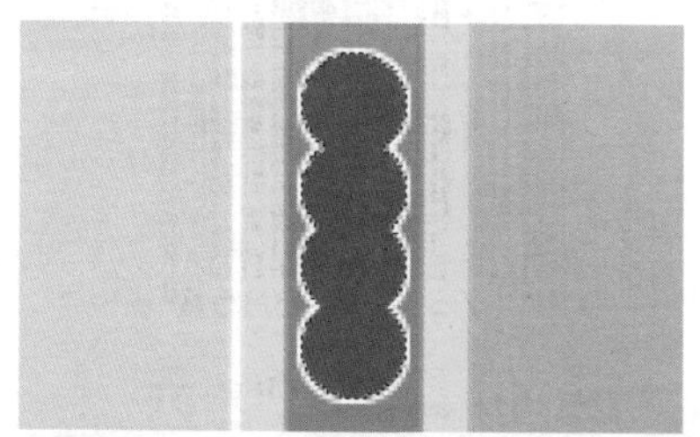

Step29 输入白色 #ffffff 文字“阅读丛书”，在选项栏中，设置字体为方正粗宋简体，字体大小为 6 点。

Step30 输入黑色 #000000 文字“小童文艺出版社”，在选项栏中，设置字体为叶根友毛笔行书，字体大小为 15 点。

Step31 使用“横排文字工具” T 输入黑色 #000000 文字，在选项栏中，设置字体为宋体，字体大小为 6 点。

责任编辑：张小华
月　华
封面设计：陈　莉

Step32 使用“横排文字工具” T 创建黑色 #000000 段落文字，设置字体为黑体，字体大小为 7 点。

从前有一个叫做阿拉丁的少年。他父亲已经去世了，只剩他跟母亲在一块儿，过的生活很苦。
有一天，他碰见一个法师。这个法师说是他叔叔，要带他到京城去学点儿手艺。阿拉丁相信了他的话，就跟他走了。
法师带着阿拉丁到了京城附近的一座山上，在地上生了一堆火，念了几句咒语。只听见“隆隆”地一阵响声，地上出现了一扇石门。
法师抓住石门上的扣环，把石门拉开，说：“阿拉丁，这下面有一盏油灯，你去把它拿上来，我们就发财了。”
石门下面有一条地道。这条地道只有阿拉丁的身子那么宽，里面很黑。阿拉丁害怕，不敢下去。法师取下手上戴的戒指，说：“这是能辟邪的戒指。给你。你戴上它，什么妖魔鬼怪都不能伤害你。你放心下去吧！”
……

Step33 在“段落”面板中，设置“首行缩进”为13点，“段前添加空格”为5点。

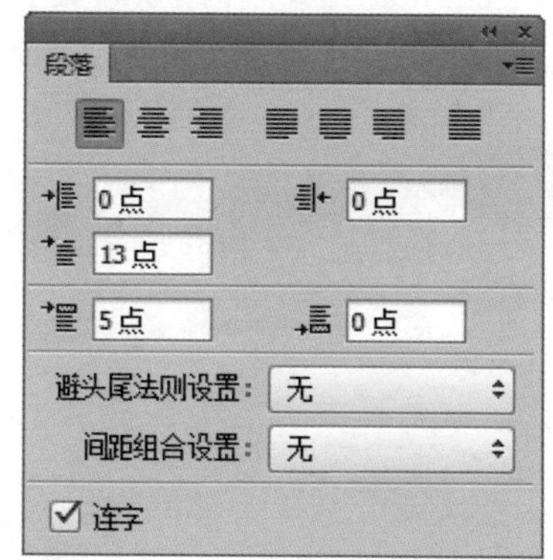

Step34 打开“光盘 \ 素材文件 \ 第 13 章 \ 条形码 .jpg”，拖动到当前文件中，调整大小和位置。

Step36 使用“横排文字工具” T 输入黑色 #000000 文字“定价：18.00 元”，设置字体为黑体，字体大小为 12 点。

学习小结

本章为 Photoshop CS6 综合案例，包括文字设计、Logo 设计、海报设计、书籍装帧设计等。

在这些综合案例中，要用到 Photoshop CS6 中的各种知识和技能。通过学习这些综合案例，可以让用户对 Photoshop CS6 有更深的了解，对各种知识做到融会贯通。

附录 A：商业案例实训（初级版）

实训 1：制作特殊图像边缘效果

在制作图像效果时，为图像添加边缘和花边等装饰物，可以使图像立体感更强，并且能够突出画面的层次感，是常用的图像修饰方法。制作特殊图像边缘效果的关键步骤如下。

关键步骤一：打开“光盘\素材文件\商业案例实训（初级版）\小孩.jpg”文件，执行“选择”→“全部”命令，或按“Ctrl+A”组合键，选择所有图像。

关键步骤二：执行“选择”→“修改”→“边界”命令，设置“宽度”为 50 像素，单击“确定”按钮。

关键步骤三：执行“选择”→“在快速蒙版模式下编辑”命令，进入快速蒙版模式。

关键步骤四：执行“滤镜”→“像素化”→“马赛克”命令，设置“单元格大小”为 10 方形，单击“确定”按钮。

关键步骤五：再次执行“选择”→“在快速蒙版模式下编辑”命令，退出快速蒙版模式。

关键步骤六：选择工具箱中的“吸管工具”，在图像中橙色位置单击吸取前景颜色，按“Alt+Delete”组合键填充前景色。

实训 2：更改人物衣饰颜色

拍摄人物照片时，通常会因为模特衣饰不够鲜艳而影响整体效果，在数码后期处理中，可以选择合适的工具更改人物衣饰色彩，关键步骤如下。

关键步骤一：打开“光盘 \ 素材文件 \ 商业案例实训(初级版)\ 少女 .jpg”文件，设置前景色为洋红色 #e3007b。

关键步骤二：选择工具箱中的“颜色替换工具”，在人物衣服上拖动鼠标进行替换。

关键步骤三：选择工具箱中的“减淡工具”，在选项栏中，设置“范围”为“中间调”，在人物的帽子上拖动鼠标减淡颜色。

关键步骤四：选择工具箱中的“海绵工具”，在选项栏中，设置“模式”为饱和，“流量”为 50%，在人物佩饰上进行涂抹。

实训 3：点亮黑夜的街灯

黑夜的街灯灯光微弱，却可以温暖寒夜的空气，点亮人们脚下的道路。下面介绍如何通过 photoshop 点亮黑夜的街灯。点亮黑夜的街灯的关键步骤如下。

关键步骤一：打开“光盘 \ 素材文件 \ 商业案例实训(初级版)\ 街灯 .jpg”文件，设置前景色为洋红色 #e3007b。

关键步骤二：选择工具箱中的“魔棒工具”，在灰色位置单击创建选区。

关键步骤三：按“Ctrl+J”组合键复制图层，在“图层”面板中，单击“锁定透明度”按钮，填充浅黄色 #fffdda。

关键步骤四：双击图层，在打开的“图层样式”对话框中，选中“外发光”复选框，设置“混合模式”为滤色，发光颜色为黄色，“不透明度”为 75%，“扩展”为 16%，“大小”为 250 像素，“范围”为 50%，“抖动”为 0%。

实训 4：为图像添加圣诞树

圣诞树是圣诞节的常见装饰物，它代表浪漫和神秘。接下来为图像添加圣诞树，关键步骤如下。

关键步骤一：打开“光盘 \ 素材文件 \ 商业案例实训（初级版）\ 红心 .jpg”文件，选择工具箱中的“自定形状工具”，在图像中绘制路径。

关键步骤二：设置前景色为绿色 #28ac01，单击“路径”面板底部的“用前景色填充路径”按钮。

关键步骤三：设置前景色为黄色 #f5e500，选择工具箱中的“画笔工具”，在选项栏中设置“大小”为 10px，单击“路径”面板底部的“用画笔描边路径”按钮。

关键步骤四：通过前面的操作，得到路径的描边效果，在路径的空白区域单击，隐藏工作路径。

实训 5：制作心形装饰文字

心形可以寓予图像感性的氛围。在 Photoshop CS6 中制作心形装饰文字，关键步骤如下。

关键步骤一： 打开“光盘\素材文件\商业案例实训（初级版）\剪影 .jpg”文件，选择工具箱中的“自定形状工具”，在图像中单击并拖动鼠标绘制路径。

关键步骤二： 选择工具箱中的“横排文字工具”T，在选项栏中设置字体样式与大小；将鼠标指针移动至路径上，此时鼠标指针会变成特殊形状。

关键步骤三： 单击设置文字插入点，画面中会出现闪烁的“I”，此时输入文字即可沿着路径排列。

关键步骤四： 按“Ctrl+Enter”组合键确定操作，并隐藏路径。

实训 6：调出浪漫金秋树林效果

秋天代表收获，漫步在秋天金黄色的树林中是一件非常浪漫的事情。下面通过一个小例子介绍如何调出浪漫金秋树林效果，关键步骤如下。

关键步骤一： 打开“光盘\素材文件\商业案例实训（初级版）\树林 .jpg”文件，执行“图像”→“模式”→“Lab 颜色”命令，切换至“通道”面板，单击“a”通道。

关键步骤二：执行“图像”→“计算”命令，在弹出的“计算”对话框中设置“源 1”通道为 a，“源 2”通道为 b，“混合”为叠加，单击“确定”按钮。

关键步骤三：设置完成后，得到“Alpha 1”，单击“Alpha 1”通道，按“Ctrl+A”组合键全选，再按“Ctrl+C”组合键复制，单击“a”通道并按“Ctrl+V”组合键粘贴。

关键步骤四：执行“图像”→“模式”→“RGB 颜色”命令，返回到“RGB”模式，按“Ctrl+D”组合键取消选择。

关键步骤五：按“Ctrl+J”组合键复制图层，更改图层混合模式为线性减淡（添加），不透明度为 50%。

实训 7：打造阿宝色效果

阿宝色是影楼后期处理的流行色调，它的整体色调偏青。使用阿宝色能改变照片的色彩风格，关键步骤如下。

关键步骤一：打开“光盘 \ 素材文件 \ 商业案例实训（初级版）\ 黄发 .jpg”文件，执行“图像”→“模式”→“Lab 颜色”命令。

关键步骤二：在“通道”面板中，选择“a”通道，按“Ctrl+A”组合键，全选通道；按“Ctrl+C”组合键复制该通道，然后选择“b”通道，按“Ctrl+V”组合键粘贴。

关键步骤三：单击 Lab 通道，按“Ctrl+D”组合键取消选区，执行“图像”→“模式”→“RGB 颜色”命令。

关键步骤四：执行“图像”→“调整”→“色彩平衡”命令，弹出“色彩平衡”对话框，设置色调平衡为中间调，色阶为（–15，–13，0），单击“确定”按钮。

关键步骤五：执行“图像”→“调整”→“色相 / 饱和度”命令，弹出“色相 / 饱和度”对话框，选择“红色”选项，设置饱和度为 35，单击“确定”按钮。

实训 8：制作阳光透射海底特效

海底世界是神秘且变幻莫测的，拥有多彩的植物和鱼类，阳光透射海底的景象是非常美的。打造该景象的关键步骤如下。

关键步骤一： 打开“光盘\素材文件\商业案例实训（初级版）\海底.jpg”文件，按“Ctrl+L”组合键，执行“色阶”命令，设置输入色阶为（0,1.31,255），单击“确定”按钮。

关键步骤二： 执行“滤镜”→“渲染”→“光照效果”命令，弹出“光照效果”对话框，设置“预设”为自定，拖动灯光到适当位置，单击“确定”按钮。

关键步骤三： 按“Ctrl+J”组合键，复制图层。执行“滤镜”→“扭曲”→“扩散亮光”命令，使用默认参数，单击“确定”按钮。

关键步骤四： 设置“图层 1”图层混合模式为柔光。

关键步骤五： 选择工具箱中的“海绵工具”，在选项栏中，设置“模式”为加色，在下方涂抹。

附录 B：商业案例实训（中级版）

实训 1：制作时尚人物剪影

剪影是指表现人物、动物或其他物体的典型外轮廓，无内部结构，通过影的造型表现形象。下面介绍如何制作时尚人物剪影效果，关键步骤如下。

关键步骤一： 执行“文件”→“新建”命令，在弹出的“新建”对话框中，设置“宽度”为 15 厘米，“高度”为 10 厘米，“分辨率”为 300 像素 / 英寸，单击“确定”按钮。

关键步骤二： 选择工具箱中的“渐变工具”，设置前景色为浅蓝色 #54c4ff，背景色为深蓝色 #006aa7，单击“径向渐变”，拖动鼠标填充渐变色。

关键步骤三： 新建“图层 1”，选择工具箱中的“钢笔工具”，在选项栏中，选择“路径”选项，依次单击鼠标创建路径。在“路径”面板中，单击“将路径作为选区载入”按钮，载入路径选区，如左下图所示。

关键步骤四： 按“Ctrl+Delete”组合键为选区填充背景深蓝色。按“Ctrl+J”组合键复制“图层 1”，按“Ctrl+T”组合键，执行自由变换操作，移动变换中心点到左下方，如右下图所示。

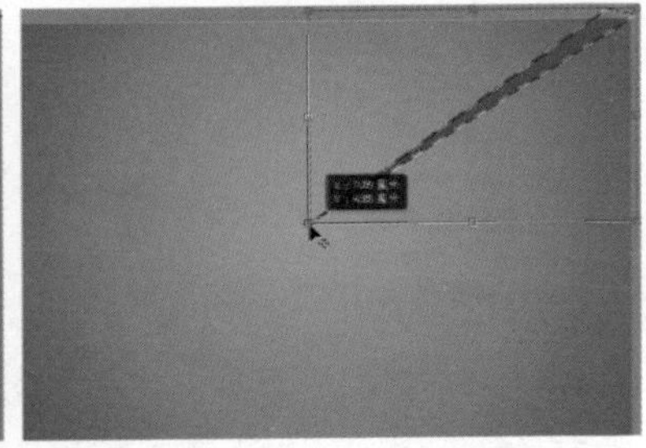

关键步骤五：在选项栏中，设置“旋转”为 7.5 度，按“Shift+Alt+Ctrl+T”组合键 48 次，以相同的角度旋转并复制对象。

关键步骤六：打开“光盘 \ 素材文件 \ 商业案例实训（中级版）\ 花纹 .tif”文件，拖动到当前文件中，移动到适当位置。打开“光盘 \ 素材文件 \ 商业案例实训（中级版）\ 人物剪影 .tif”文件，拖动到当前文件中，移动到适当位置。

实训 2：更换人物背景

更换一下人物背景，可以更好地突出人物特点。在 Photoshop CS6 中更换人物背景，关键步骤如下。

关键步骤一：打开“光盘 \ 素材文件 \ 商业案例实训（中级版）\ 长发 .jpg”文件。

关键步骤二：在“通道”面板中，拖动蓝通道至面板下方的“创建新通道”按钮 上，复制通道为“蓝 副本”。

关键步骤三：执行“图像”→“调整”→“曲线”命令，弹出“曲线”对话框，单击并向下拖动鼠标调整曲线形状，单击“确定”按钮。

关键步骤四：执行“图像”→“调整”→“色阶”命令，弹出“色阶”对话框，设置输入色阶（0,0.64,181），单击“确定”按钮，如左下图所示。

关键步骤五：选择工具箱中的“画笔工具” ，设置前景色为黑色，将鼠标指针移动至人物区域单击进行涂抹，如右下图所示。

关键步骤六：选择工具箱中的“快速选择工具” ，沿着人物拖动创建大致选区。按“Ctrl+J”组合键，复制图层，命名为“人体”，导入“光盘\素材文件\商业案例实训（中级版）\背景.jpg”。

关键步骤七：在“通道”面板中，单击“将通道作为选区载入”按钮 ，将通道载入选区。

关键步骤八：在图层面板中，双击“背景”图层，在弹出的对话框中单击“确定”按钮，将“背景”图层转换为普通图层，按“Shift+Ctrl+I”组合键反向选区。按“Ctrl+J”组合键，复制图层，命名为“头发”，按“Shift+Ctrl+]”组合键移动到最上方。

关键步骤九：为“头发”图层添加图层蒙版，使用黑色“画笔工具” 涂掉下方两侧多余图像。

实训 3：打造浪漫艺术图像效果

平淡的图像不能带给人太多的视觉感受，如果对图像进行一些艺术处理，会得到意想不到的视觉效果。打造浪漫艺术图像效果的关键步骤如下。

关键步骤一：打开“光盘\素材文件\商业案例实训（中级版）\女孩.jpg”。

关键步骤二：执行“图像”→“调整”→“亮度 / 对比度”命令，弹出“亮度 / 对比度”对话框，设置“亮度”为 55，单击“确定”按钮。

关键步骤三：新建图层，命名为“渐变”。选择“渐变工具”，在选项栏中，单击“渐变”下拉按钮，在打开的“渐变拾色器”中单击“蓝，红，黄渐变”渐变。单击选项栏中的“线性渐变”按钮。从右下角向左上角拖动鼠标，填充渐变色。

关键步骤四：设置“渐变”的图层混合模式为滤色，“不透明度”为 80%。

关键步骤五：打开“光盘\素材文件\商业案例实训(中级版)\斑点.jpg”，并拖动至当前图像中，设置图层混合模式为颜色。

关键步骤六：单击“图层”面板底部的“添加图层蒙版”按钮。使用黑色“画笔工具”，将遮盖人物的光斑涂抹掉。

关键步骤七：按住“Alt”键，拖动图层蒙版缩览图到“渐变”图层中，复制图层蒙版。

实训 4：制作彩光照射人物特效

五彩缤纷的彩光是常用的舞台效果，为人物添加彩光照射效果可以使平庸的画面更具有吸引力。制作彩光照射人物特效的关键步骤如下。

关键步骤一：打开“光盘\素材文件\商业案例实训(中级版)\侧面.jpg”文件。

关键步骤二：选择工具箱中的“渐变工具”，在选项栏中单击渐变器色条右侧的按钮，在打开的下拉列表框中，单击“透明彩虹渐变”，新建“图层 1”，拖动鼠标填充渐变色。

关键步骤三：执行“滤镜→“扭曲”→极坐标”命令，选择“极坐标到平面坐标”选项，单击“确定”按钮。

关键步骤四：按“Ctrl+T”组合键，执行自由变换操作，适当旋转对象。

关键步骤五：更改“图层1”的图层混合模式为颜色。为“图层1”添加图层蒙版，使用黑色“画笔工具”涂抹蒙版。

关键步骤六：选择背景图层，执行“滤镜”→“渲染”→“镜头光晕”命令，拖动光晕中心到左上角，设置“亮度”为150%，“镜头类型”为35毫米聚焦，单击“确定”按钮。

关键步骤七：选择图层1，执行“滤镜”→“扭曲”→“挤压”命令，设置“数量”为50%，单击“确定”按钮。

关键步骤八：适当修改蒙版，得到彩光照射人物最终效果。

实训5：制作极地球面效果

全景图经过处理可以变身为类似3D效果的球体，透视效果非常逼真。制作极地球面效果的关键步骤如下。

关键步骤一：打开“光盘\素材文件\商业案例实训(中级版)\建筑.jpg”，执行“图像”→“调整”→“阴影/高光”命令，设置“阴影”为100%，单击“确定”按钮。

关键步骤二：执行“图像”→“图像大小”命令，单击“限制长宽比”按钮取消限制，设置“宽度”和“高度”均为800像素，单击“确定”按钮。

关键步骤三：执行“图像”→“图像旋转”→“180度”命令。执行“滤镜”→“扭曲”→“极坐标”命令，选择“平面坐标到极坐标”选项，单击“确定”按钮。

关键步骤四：选择“吸管工具”，在云层位置单击吸取颜色。结合“混合器画笔工具”和“仿制图章工具”，在球体接口处涂抹融合图像。

关键步骤五：执行“滤镜”→“Camera 滤镜”命令，设置“色调”为 -50，单击“确定”按钮。按“Ctrl+J”组合键复制图层，生成“图层 1”图层，更改图层混合模式为柔光。

附录 C：商业案例实训（高级版）

实训 1：制作森林水晶球特效

森林水晶球不仅外观通透、具有美感，而且还被赋予了自然的韵味。在 Photoshop CS6 中制作森林水晶球特效，关键步骤如下。

关键步骤一：打开“光盘 \ 素材文件 \ 商业案例实训（高级版）\ 森林 .jpg”文件，选择“椭圆选框工具”，按住“Shift”键拖动鼠标创建正圆选区。按“Ctrl+J”组合键两次，复制两个图层。隐藏“图层 1 拷贝”图层，选中“图层 1”。

关键步骤二：按住“Ctrl”键，单击“图层 1”图层缩览图，载入图层选区。执行“滤镜”→“扭曲”→“球面化”命令，设置“数量”为 100%，单击“确定”按钮。按住“Ctrl+F”组合键，重复执行“球面化”命令，加强滤镜效果。

关键步骤三：显示并选中“图层 1 拷贝”图层。执行“滤镜”→“扭曲”→“旋转扭曲”命令，设置“角度”为 999 度，单击“确定”按钮。

关键步骤四：执行“选择”→“修改”→“收缩”命令，设置“收缩量”为 30 像素，单击“确定”按钮。

关键步骤五：执行“选择”→“修改”→“羽化”命令，设置“羽化半径”为 20 像素，单击“确定”按钮。

关键步骤六：按“Delete”键删除图像。按“Ctrl+D”组合键取消选区。

关键步骤七：按“Ctrl+M”组合键，执行“曲线”命令，调整曲线形状，单击“确定”按钮。

关键步骤八：打开“光盘 \ 素材文件 \ 商业案例实训（高级版）\ 舞蹈 .jpg”文件，选择“椭圆选框工具”，按住“Shift”键拖动鼠标创建正圆选区，复制粘贴到目标图像中，按“Ctrl+T”组合键，执行自由变换操作，适当缩小图像。

关键步骤九：为“图层 2”图层添加图层蒙版，使用黑色“画笔工具”

修改蒙版。在“图层”面板中，更改“图层 2”填充值为 70%。

关键步骤十：选中“图层 1”和“图层 1 拷贝”图层，按“Alt+Ctrl+E”组合键，盖印图层，生成“图层 1 拷贝(合并)”图层。

关键步骤十一：拖动“图层 1 拷贝(合并)”到“图层 2”上方。更改“图层 1 拷贝(合并)”图层混合模式为饱和度。

实训 2：牛奶包装盒设计

牛奶营养丰富，是人们喜爱的食品。因为牛奶品牌繁多，所以在追求牛奶自身品质的同时，打造产品形象和具有特色的包装设计就变得十分重要。牛奶包装盒设计的关键步骤如下。

关键步骤一：按“Ctrl+N”组合键，执行“新建”命令，设置“宽度”为 16 厘米，“高度”为 16 厘米，单击“确定”按钮。

关键步骤二：新建“包装正面”图层。选择“矩形选框工具”，拖动鼠标创建矩形选区，执行“选择”→“变换选区”命令，右击，选择“扭曲”命令，变换选区。

关键步骤三：选择“渐变工具”，在选项栏中，单击渐变色条，在打开的“渐变编辑器”对话框中，设置渐变色标为橙 #fed910、浅黄 #fff7cb、白。拖动鼠标填充渐变色。

关键步骤四：新建图层，命名为“包装侧面”。使用相同的方法创建侧面选区，拖动鼠标填充渐变色。

关键步骤五：选择“渐变工具”，在选项栏中，单击渐变色条，在打开的“渐变编辑器”对话框中，设置渐变色标为橙 #fed910、浅黄 #fff7cb、白、灰 #dad9da。拖动鼠标填充渐变色。

关键步骤六：新建图层，命名为“包装顶面”。使用相同的方法创建顶面选区，填充橙色 #fe9b0d。新建图层，选择“矩形选框工具”，创建矩形选区，填充黄色 # fedb0f。按“Ctrl+D”组合键，取消选区。

关键步骤七：执行“滤镜”→“模糊”→“动感模糊”命令，设置“角度”为 10 度，“距离”为 240 像素，单击“确定”按钮，调整大小和角度。按“Ctrl+E”组合键，向下合并图层。

关键步骤八：新建图层，命名为“侧面阴影 1”。选择“多边形套索工具”创建选区，选择“画笔工具”，选择 300 像素的柔边圆画笔，绘制浅灰色 #c8c8c8，使用相同的方法创建“侧面阴影 2”。

关键步骤九：新建图层，命名为“包装侧面 2”。选择“多边形套索工具”创建选区，填充橙色 # fea40d。

关键步骤十：按住“Ctrl”键，单击“包装正面”图层，载入图层选区。选择“渐变工具”，设置前景色为浅橙色 #fbc311，在选项栏中，单击渐变色条右侧的按钮，在下拉面板中，选择“前景色到透明渐变”，拖动鼠标填充渐变色。

关键步骤十一：复制“包装侧面”图层，命名为“侧面阴影”。按住“Ctrl”键，单击“包装侧面”图层，载入图层选区。选择“渐变工具”，设置前景色为浅灰色 # 8f8d8d，在选项栏中，单击渐变色条右侧的按钮，在下拉面板中，选择“前景色到透明渐变”，拖动鼠标填充渐变色。

关键步骤十二：打开“光盘 \ 素材文件 \ 商业案例实训（高级版）\ 草地 .tif”，拖动到当前文件中，移动到“包装正面”图层上方。执行“图层”→“创建剪贴蒙版”命令，创建剪贴蒙版。

关键步骤十三：打开“光盘 \ 素材文件 \ 商业案例实训（高级版）\ 香橙 .tif”，拖动到当前文件中，移动到“草地”图层上方，执行“图层”→“创建剪贴蒙版”命令，创建剪贴蒙版。

关键步骤十四：打开“光盘 \ 素材文件 \ 商业案例实训（高级版）\ 奶牛 .tif”，拖动到当前文件中，移动到适当位置。

关键步骤十五：选择“自定形状工具”绘制太阳。双击“太阳”图层，在打开的“图层样式”对话框中，选中“外发光”复选框，设置“不透明度”为

100%，发光颜色为白色，“扩展”为 15%，“大小”为 50 像素，“范围”为 67%，“抖动”为 0%。

关键步骤十六：选择“横排文字工具” [T]，在图像中输入白色字母“Hey! milk”，设置字体为琥珀体，字体大小为 45 和 30 点，双击文字图层“Hey！”，在“图层样式”对话框中，选中“投影”选项，设置“不透明度”为 75%，“角度”为 120 度，“距离”为 15 像素，“扩展”为 5%，“大小”为 2 像素，选中“使用全局光”选项，单击“确定”按钮。

关键步骤十七：双击文字图层“milk”，在“图层样式”对话框中，选中“投影”选项，设置“不透明度”为 75%，“角度”为 120 度，“距离”为 15 像素，“扩展”为 5%，“大小”为 2 像素，选中“使用全局光”复选框，单击”确定”按钮。

实训 3：游戏滑块界面设计

精致美观的界面设计是非常重要的，它能够提升游戏的趣味性，使游戏更有吸引力。下面介绍如何制作游戏滑块界面，关键步骤如下。

关键步骤一：按“Ctrl+N”组合键，执行“新建”命令，设置“宽度”为 21 厘米，“高度”为 14 厘米，单击“确定”按钮。双击“背景”图层，将“背景”图层转换为普通图层，为“背景”图层填充浅灰色。

关键步骤二：双击“背景”图层，打开“图层样式”对话框，选中“图案叠加”选项，设置“混合模式”为正片叠底，图案为树叶图案纸，“缩放”为 50%。

关键步骤三：选中“颜色叠加”选项，设置“混合模式”为颜色，颜色为深绿色 #046d31。新建图层，命名为“描边”，使用“矩形选框工具” [⬚] 创建矩形选区，填充白色。

关键步骤四：双击图层，在“图层样式”对话框中，选中“描边”选项，“大小”为 1 像素，填充颜色为深绿色 #1f5b05。新建图层，命名为“框架”。使用“矩形选框工具”创建矩形选区，填充任意颜色。

关键步骤五：新建图层，命名为“阴影”。选择“画笔工具”，设置“大小”为 23 像素，“硬度”为 0%，拖动鼠标绘制阴影，更改“阴影”图层的不透明度为 59%，移动到“描边”图层下方。

关键步骤六：打开“光盘\素材文件\商业案例实训（高级版）\卡通女 .jpg”，拖动到当前文件中，命名为“卡通女”。执行“图层”→“创建剪贴蒙版”命令。按“Ctrl+M”组合键，执行“曲线”命令，向左上方拖动，调亮图像。

关键步骤七：选择“椭圆工具”，在选项栏中，选择“形状”选项，绘制白色图形，命名为“左圆”。右击“描边”图层，选择“拷贝图层样式”命令，右击“左圆”图层，选择“粘贴图层样式”命令，移动到“描边”图层上方。

关键步骤八：选择“自定形状工具”，载入“箭头”形状组后，单击“箭头 2”。在左侧绘制两个黑色箭头。选中三个形状图层，按住“Alt”键，拖动复制到右侧适当位置，并水平翻转对象。

关键步骤九：选择“圆角矩形工具”，设置“半径”为 10 像素，拖动鼠标绘制形状，命名为“按钮底图”。双击“按钮底图”图层，在”图层样式”对话框中，选中“描边”选项，设置“大小”为 2 像素，“不透明度”为 55%，颜色为浅灰色 #a7a7a7。更改图层混合模式为正片叠底，“不透明度”为 69%，“填充”为 58%。

关键步骤十：使用“椭圆工具”绘制“按钮 1”形状图层。双击该图层，在“图层样式”对话框中，选中“描边”复选框，设置“大小”为 1 像素，颜色为浅灰色。

关键步骤十一：在“图层样式”对话框中，选中“渐变叠加”复选框，颜色为浅灰色 #ced0d7 到白色。

关键步骤十二：按住“Alt”键拖动复制按钮，分别命名为“按钮 2”和“按钮 3”。使用“椭圆工具”绘制“按钮 4”形状，填充为红色。

实训 4：泥斑剥落文字效果

剥落通常代表陈旧、古老和保守。从另一个角度来看，它表现出一种特殊的艺术效果。下面在 Photoshop CS6 中制作泥斑剥落文字，关键步骤如下。

关键步骤一：执行“文件”→“新建”命令，在“新建”对话框中，设置“宽度”为 800 像素，“高度”为 600 像素，“分辨率”为 300 像素 / 英寸，单击“确定”按钮。执行“滤镜”→“渲染”→“云彩”命令，得到云彩效果。

关键步骤二：使用“横排文字工具” T 输入文字“剥落”，在选项栏中，设置字体为超粗黑简体，字体大小为 63 点。复制并栅格化文字图层，按住“Ctrl”键，单击图层缩览图，载入选区，为文字填充白色。按“Ctrl+Shift+I”组合键反向选区，为选择填充黑色。更改图层混合模式为正片叠底，隐藏下方的文字图层。

关键步骤三：按“Ctrl+Shift+Alt+E”组合键盖印所有图层可见图层，命名为“盖印”。复制“盖印”图层，命名为“便条纸”。

关键步骤四：选择“盖印”图层，执行“滤镜”→“素描”→“便条纸”命令，在弹出的“便条纸”对话框中，设置“图像平衡”为 1，“粒度”为 14，“凸现”为 8，单击“确定”按钮。

关键步骤五：选择“便条纸”图层，执行“滤镜”→“素描”→“便条纸”命令，在弹出的“便条纸”对话框中，设置“图像平衡”为 13，“粒度”为 14，“凸现”为 8，单击“确定”按钮。设置“便条纸”图层混合模式为正片叠底。

关键步骤六：打开“光盘 \ 素材文件 \ 商业案例实训（高级版）\ 岩石 .jpg”文件，将岩石图像拖动到文字图像中，命名为“岩石”，更改图层混合模式为正片叠底。

关键步骤七：打开“光盘\素材文件\商业案例实训(高级版)\铁.jpg”文件，将铁图像拖动到文字图像中，命名为“铁”。更改“铁”图层混合模式为线性光，“不透明度”为 50%。

关键步骤八：打开“光盘\素材文件\商业案例实训(高级版)\叶.tif”文件，将图像拖动到文字图像中，调整大小和位置。

实训 5：化妆品 Logo 设计

化妆品的主要受众是女性群体，所以在设计化妆品 Logo 的时候，要考虑女性的心理特征，下面在 Photoshop CS6 中制作化妆品 Logo，关键步骤如下。

关键步骤一：执行“文件”→“新建”命令，设置“宽度”和“高度”为 1181 像素，“分辨率”为 72 像素 / 英寸，单击“确定”按钮。

关键步骤二：设置前景色为黄色 #edd389，选择“横排文字工具” T，在图像中输入字母“Q”，在选项栏中，设置字体为方正大标宋简体，字体大小为 600 点。双击选中字母。在“字符”面板中，设置“水平缩放”和“垂直缩放”为 80%，设置“基线偏移”为 –19。

关键步骤三：继续在图像中字母后面输入文字“妆”，在选项栏中，设置字体为方正新报宋简体，字体大小为 460 点。双击，选中字母后，在“字符”面板中，设置“水平缩放”为 75%，“垂直缩放”为 80%。

关键步骤四：打开“光盘\素材文件\商业案例实训(高级版)\图案.jpg”文件。执行“编辑”→“定义图案”命令，设置“名称”为图案，单击“确定”按钮。

关键步骤五：双击文字图层，在打开的“图层样式”对话框中，选中“斜面和浮雕”复选框，设置“样式”为内斜面，“方法”为平滑，“深度”为 1%，“方向”为上，“大小”为 3 像素，“软化”为 2 像素，阴影“角度”为 120 度，“亮度”为 30 度，“高光模式”为变暗，“不透明度”为 75%，“阴影模式”为正片叠底，“不透明度”为 75%。

关键步骤六：选中“颜色叠加”复选框，设置“混合模式”为实色混合，颜色为橙色 #dfb626，“不透明度”为 34%。

关键步骤七：选中“图案叠加”复选框，设置“混合模式”为正常，选择前面定义的图案。

关键步骤八：选中“外发光”复选框，设置“混合模式”为滤色，发光颜色为浅黄色 #ffffbe，“不透明度”为 75%，“杂色”为 0%，“扩展”为 0%，“大小”为 5 像素，“范围”为 50%，“抖动”为 0%。

关键步骤九：新建“矩形”图层，使用“矩形选框工具”创建选区。为选区填充黄色 #edd389，移动“矩形”图层到“文字”图层下方。

关键步骤十：右击“文字”图层，在打开的快捷菜单中，选择“拷贝图层样式”命令，右击“矩形”图层，在打开的快捷菜单中，选择“粘贴图层样式”命令。

关键步骤十一：按“Ctrl+J”组合键复制文字图层，生成“Q 妆 拷贝”图层。执行“图层”→“栅格化”→“文字”命令，栅格化文字。按“Ctrl+J”组合键复制图层，生成“图层 1”。

关键步骤十二：单击“锁定透明度”按钮。为图层填充白色。设置前景色为黑色，选择“横排文字工具”，在图像中输入字母“UNIQUE”，在选项栏中，设置字体为 elephant，字体大小为 80 点。